U0270628

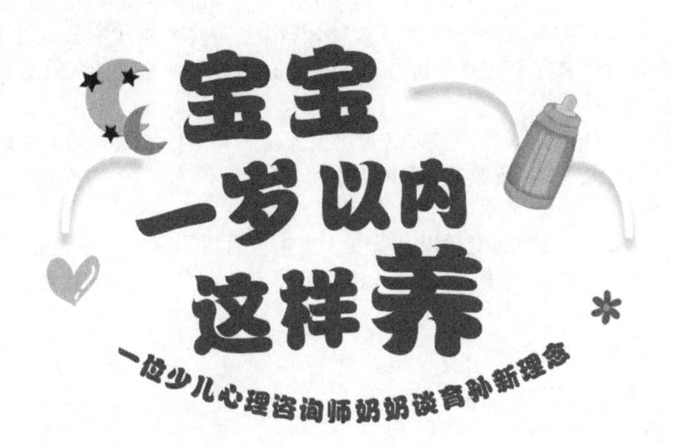

蒋爱珠 编著

上海交通大学出版社
SHANGHAI JIAO TONG UNIVERSITY PRESS

内容提要

在中国特色的现代家庭教育模式中，祖辈家长深度参与孙辈宝宝的抚养。令人遗憾的是，研究发现，在大约70%左右的家庭，隔代抚养的结果往往不尽如人意。比如，祖辈抚养的宝宝，得肥胖症的比例明显偏高。原因有多种，其中之一就是隔代家长大多是凭经验育孙，对科学育孙新理念不甚了解。书中介绍的四种育孙新理念和相关的实践方法，希望能对祖辈家长有所启示。

本书聚焦宝宝0～1岁的抚养。因为这是宝宝安全感和信任感建立的关键期，是大脑飞速发育的“窗口期”，也是身体“智慧之根”的构建期。“百年树人”，0～1岁是“百年”中最基础最重要的栽培期。

随时关注宝宝“日新月异”的变化极其重要。本书按月提示了宝宝五大能力的发展和自测，以及相应的100多个游戏例子。最后，分析了祖辈家长在育孙中，可能会感到困惑的12个问题。

图书在版编目(CIP)数据

宝宝一岁以内这样养：一位少儿心理咨询师奶奶谈育孙新理念／蒋爱珠编著．—上海：上海交通大学出版社，2022.9

ISBN 978-7-313-26688-0

Ⅰ．①宝…　Ⅱ．①蒋…　Ⅲ．①婴幼儿-哺育-基本知识　Ⅳ．①TS976.31

中国版本图书馆CIP数据核字(2022)第046315号

宝宝一岁以内这样养——一位少儿心理咨询师奶奶谈育孙新理念

BAOBAO YISUI YINEI ZHEYANGYANG：YIWEI SHAOER XINLI ZIXUNSHI NAINAI TAN YUSUN XINLINIAN

编　　著：蒋爱珠

出版发行：上海交通大学出版社　　地　　址：上海市番禺路951号

邮政编码：200030　　电　　话：021-64071208

印　　刷：上海景条印刷有限公司　　经　　销：全国新华书店

开　　本：710mm×1000mm　1/16　　印　　张：18

字　　数：246千字

版　　次：2022年9月第1版　　印　　次：2022年9月第1次印刷

书　　号：ISBN 978-7-313-26688-0

定　　价：69.00元

前　言

几年前参加了少儿心理咨询师的学习和考证后，我明白了，新时代培育宝宝是大有学问的，仅凭直觉和经验是不够的。在当了奶奶之后，又学了关于如何更好地“祖育孙”的知识，有了一些摸索，有了一些体会。由此，萌发了要写一本书的愿望，与面临同样挑战的祖辈们分享。

上海的《新民晚报》曾刊登过一项关于“祖育孙”的调查。调查发现，祖辈参与0～3岁孙辈抚养的，占84.6%，然而，大约有70%对结果并不满意。为什么需求这么高的隔代教养，效果却不尽人意呢？

因为时代在发展，科学在进步，在如何养育日新月异的宝宝这件家庭教育第一要事上，发展了很多新理论、新方法，提出了很多新问题、新挑战。

在抚养孙辈0～1岁阶段，好多问题我们在做父母时，没有想过。比如：

宝宝睡觉“狗一阵，猫一阵”，有没有规律可循呢？

宝宝不爱爬爬，直接学走路，是不是成长得更快呢？

宝宝的感统能力，是顺其自然发展，还是需要从小训练呢？

宝宝是哭了不抱、不哭才抱，还是不哭不抱、哭了才抱呢？

宝宝吃手、吃脚、吃一切手中之物，要阻止吗？

宝宝吃饭时扔食物，玩耍时扔玩具，拿什么扔什么，要做规矩吗？

那么，为什么这本书要专门聚焦0～1岁这个时期呢？我们先看一下专家是怎么说的。

美国著名的育儿专家“亲密育儿法”创始人威廉—西尔斯曾经问过一个问题：

孩子出生后哪个阶段的发展对其成功的影响最大？他给出的五个选项如下：

A. 出生后的第一年　B. 学龄前　C. 5～10岁　D. 青春期　E. 以上所有。

奶奶会选哪个答案呢？也许会说，每个阶段都很重要，这没错。然而，西尔斯教授给出的答案是A，即出生后的第一年。为什么呢？

科学研究发现，0～1岁是宝宝大脑发育最关键的一年。宝宝的大脑出生时重350～400克，满一岁时达到了700～800克，是成人大脑重量的60%左右。也就是说，0～1岁是宝宝一生中大脑发展的飞速期。如果宝宝大脑在这段关键时期得不到适宜和足够的刺激，错过了最佳发育期，对宝宝的影响有多大呢？

先看一个实验：科学家把刚生下来的同一窝小白鼠分成A、B两组，A组的小白鼠住在有吃有玩、有声有光有刺激的环境中；B组的小白鼠住在只有吃、没有玩、没有声光、没有刺激的环境中。一段时间后，解剖它们的大脑，发现A组小白鼠的大脑分量重、体积大，决定大脑质量的神经元和突触也非常多，而B组小白鼠的大脑分量轻、体积小，呈萎缩状态，神经元几乎不长。

这个实验说明，动物大脑的发育，除了需要营养之外，还需要丰富多样的环境刺激。作为万物之灵的人类宝宝而言，外部环境刺激对于大脑神经的发育就更重要了。宝宝大脑得到的外部刺激越丰富、越及时，抚养者给宝宝提供的体验与学习的机会越多，宝宝大脑神经元联结形成的突触就越多，决定宝宝未来思维能力的神经生理基础就越扎实。

再看一个例子：意大利的一个宝宝托蒂，有一只令人百思不得其解的奇怪眼睛。这只眼睛看上去正常，但却什么也看不见。事后调查发现，在托蒂刚出生时，这只眼睛因轻度感染，被绷带缠了一个多星期，取下绷带后，眼睛失明了。

为什么对成年人来说很普通的眼疾治疗方法，却会使刚刚出生的托蒂一只眼睛致残，终生失明呢？因为，新生儿托蒂的眼睛，错过了大脑视觉神经发展的敏感期。视觉敏感期是宝宝出现的最初敏感期，在这个阶段，托蒂感染的眼睛被蒙上绷带，脑部没有了对称的光信号刺激，其结果就是这只眼睛永久性的失明。

在宝宝0～1岁的成长过程中，有好几个决定宝宝养育质量的敏感期。如果大脑各功能区域的神经，在其发育的敏感期中，缺少或失去了外界环境的“对称刺激”，这部分神经就没有办法发育好。这些关键期一旦错过，在宝宝后期的成长过程中的努力，往往是事倍功半，甚至无法弥补，大脑永远也无法回到婴幼儿期的可塑性。

更重要的是，0～1岁是宝宝安全感和信任感的构建期。这个时期的抚养环境和抚养人如何，不但影响宝宝大脑发育的神经生理基础，而且会“雕刻”“塑造”宝宝的心理倾向和性格特质。在这期间，有没有给予宝宝丰富而及时的大动作和精细动作的感统刺激体验，有没有激活宝宝充分的好奇心和潜能，有没有给与宝宝足够的关爱和回应的心理滋养，决定了宝宝未来的人生发展。

《中国国民心理健康发展报告2019—2020》显示，初中生的抑郁检出率为30%，高中生接近40%，说触目惊心不为过。英国著名婴儿心理学专家蘇·格哈德说，孩子的个性是他们婴幼期的经历和感受所塑造的。孩子在青少年时期出现的几乎所有问题，都可以在婴儿阶段的情感环境找到原因。所以，帮助子女一起养育一个健康快乐的宝宝，比什么都重要。

本书包括了：

- 隔代抚养的利与弊以及如何扬长避短；
- 运用专家的理论观点与奶奶实践操作相结合的方法，阐述了新时代育儿需要学习的四个新理念；
- 宝宝每个月的五大发展：感统发展、语言发展、认知发展、情绪发展和社会发展，每个发展期的生长发育概况和自测标准参考(包括自理能力参考)，以及与培养这些发展能力相关的100多个小游戏；
- 奶奶在抚养宝宝中可能会感到困惑的12个问题的探讨。

目　录

第三部分　奶奶会遇到的一些问题

第一部分

特色的隔代教养，科学的育孙理念

作为帮助子女担负隔代教养的祖辈们，我们对隔代教养有多少了解呢？

如何让我们的辛勤付出，使我们的宝宝更健康更快乐地成长呢？

新生儿不是白纸一张，而是自带气质来到这个世界。我家宝宝是三种气质中的哪一种呢？如何根据宝宝的气质特性，培养宝宝呢？

宝宝的情绪底色影响其终身。不会说话的宝宝的情绪表达，我们如何理解，如何回应呢？如何帮助宝宝打好情绪底色呢？

宝宝的九个敏感期有多重要呢？为什么过好了敏感期事半功倍，过不好事倍功半，甚至抱憾终身呢？

宝宝的感觉统合能力训练，为什么是构建宝宝的“智慧之根”，会影响到宝宝上学甚至一生呢？

01 特色的隔代教养

育孙之路，现状困惑

◇ 隔代教养古今中外皆有

有一天，看到一篇文章，我忍不住笑了，原来隔代教育在有些国家是被作为家训传承的啊。比如：

瑞典首富瓦伦堡家族教育子女的十训，其中有一条：爷爷作为孙子的人生导师，传授智慧和经验。

诺贝尔名门世家居里世家教育子女十训，其中有一条：通过爷爷教育孙女，实现隔代教育。

美国儿科学会的育儿百科则提出："作为（外）祖父母，当你看到新生儿的第一眼，你可能会产生各种情感：疼爱、惊奇、激动、喜悦等。不管你的个人情况如何，你都应该尽可能地在小宝宝的生命中扮演积极的角色。研究显示，那些得到过（外）祖父母看护的孩子，整个婴儿期以及以后都生长发育得更好。你的心中充满对孩子的疼爱，这会深深影响孩子的发育。随着你与孩子相处的时间不断增加，你与孩子之间会建立起持久的亲情，你会为孩子提供无价的疼爱和指导。"

在历史上，清朝康熙皇帝是由祖母教育长大的；奥运冠军刘翔是在爷爷奶奶家长大的；著名哲学家罗素是由奶奶带大的；文学家高尔基则是由外祖母进行启蒙教养的。就是在寻常百姓家，由隔代教养带出来的孩子，聪明活泼健康可爱的也随处可见。

"家有一老，胜过一宝"，四海皆准。中国特色的现代家庭教育模式显示，如何养育好0～1岁宝宝，已然成为家中六位大人的头等大事了。那我们隔代养育的现状如何呢？

◇ 现状、困惑和效果

身为独生子女的年轻父母，背负着事业、家庭和孩子的三座“大山”，压力之大，前所未有。几经时代变迁和洗礼的许多祖辈们，为了子女，为了孙辈，挑起了帮助子女培育第三代的重任，也就是具有中国特色的隔代教养。

早在 2007 年上海人口福利基金会对社会隔代教育情况进行了一次调查。后来，中国科学院心理学研究所博士生导师王教授也做过此类调查。

结果显示：家有隔代教养的为总调查人数的约 89%；令人尴尬的是，对其结果并不满意的约 70%；家长中没有学习过如何教养宝宝这门学问的有 95%以上；隔代家长对如何科学养育宝宝的知识，不甚了解的差不多是 100%。

王教授认为，隔代教育作为一种客观存在的家庭教育方式，对孩子的个性发展有着极大的影响。然而，做家长的，特别是隔代家长们的现状，还远远落后于时代发展和孩子成长的需要。

因此，隔代家长如何更好地帮助子女培养宝宝，是现代教育中一个新的重要的理念。如不能与时俱进，与孙俱进，就有可能会产生三个问题：一是因理念的落后，会影响到第三代的教养质量；二是因观念的冲撞，会影响到与子女的沟通和谐；三是因吃力不讨好，会影响到隔代家长的身心健康。

如何尽可能地减少这三个问题所带来的负面影响呢？这是需要我们隔代家长和我们的子女共同努力的。但是这本书是从我们隔代家长，而不是从我们子女的角度写的。因此，子女的角度让子女自己来理解，我们隔代家长，就从我们自己的角度去努力。当然，我们隔代家长的努力，也是非常需要子女帮助的。如果这本书也能给我们的子女们一点启发、一点帮助的话，那也是很令人高兴的。

新型的隔代家长，要成为与时俱进、与孙俱进的合格的隔代家长，合力打造新式的隔代教育，让隔代教育成为“特色教育”，成为具有中国特色的启蒙教育，与子女一起把我们的第三代，培养成顺应新时代发展的、健康聪明快乐的小天使。

现有的隔代教养的形式有多种，比如：

➤ 入住式：大多是女方父母住到女儿家，全天候照料宝宝。

- 托管式:宝宝送到父母家,由老人带,周末领回家。
- 日托式:早送晚接,白天由老人带,晚上自己带。
- 轮流式:双方老人按照商量的时间表轮流带,如几天、几周或几月一轮换。
- 全托式:也就是留守宝宝,一年四季父母在外,由祖辈抚养。

不管是哪一种形式,我们隔代家长在帮助子女养育孙辈时,都要尽量地发挥我们的有利条件,克服我们的不利因素,避免一些问题的发生,更好地为培养健康快乐的宝宝添砖加瓦。

提高效果,扬长避短

◇ 八种有利因素

- 隔代家长内心的爱和亲情是最大的优势。隔代亲,亲在心;隔代亲,连着筋。这种骨肉情,能使宝宝获得积极的情感体验,增强宝宝的安全感和对世界的信任感。
- 不少离退休的隔代家长,所享有的经济收入、医疗保障和住房条件,能使他们无后顾之忧。
- 身体健康,人际交往能力强,性格开朗,待宝宝慈爱宽容,更愿意全身心地教养宝宝。这是任何育儿机构或保姆不能替代的。
- 隔代家长大多数是50后、60后,甚至70后,受过初中以上的教育,很多还受过高等教育,有一定的文化知识和传统美德,有能力给宝宝一些启蒙教育。不少老人还愿意并善于吸收新知识、新观念,有能力也愿意尝试,用现代家庭教育的理念与方法养育宝宝。
- 隔代家长历尽几十年风雨,有着丰富的生活阅历并见多识广,对宝宝来说是一份很宝贵的财富和教材,能开拓宝宝更广阔的视野、心胸和智慧。丰富的生活阅历和经验,使得老人更能细心观察宝宝的身心变化,及时与子女交流沟通。
- 自我价值的再次实现,能增加隔代家长的幸福感。成功的隔代教养是一种“三赢”：子女能放心地努力拼搏，获得更多的成功；孙辈能在祖辈浓浓的爱中，健康活泼地成长；祖辈减轻了离退休后的失落感，在教养孙辈中，感受到了自我价值和天伦之乐的幸福感。

➢ “六十而顺”的隔代家长的心态比较平和，情绪比较稳定。生活的磨难让祖辈拥有一颗平和的爱心，对孙辈有一个比较合理的期望，如健康快乐地成长比啥都好。这给宝宝的心理发展提供了一个宽松、愉快而又温暖的环境。

➢ 祖辈“返老还童”的童心，有助于同宝宝的沟通和游戏，让祖辈更容易走进宝宝的心灵，建立融洽的感情交流。如“忘年交”之间的“悄悄话”“打钩钩”。

当然，隔代教养，好还是不好，也有争议。究竟利大于弊，还是弊大于利，众说纷纭。那份调查报告显示，在隔代教养的现状中，大约有70%的家庭对结果并不满意。那么，为什么隔代教养，儿辈需要，祖辈愿意，孙辈喜欢，结果却不如人意呢？因为，隔代抚养也有需要克服的不利因素。

◇ 八种不利因素

隔代家长如果不能发挥上面所说的八种有利条件，那么，一些不利因素就会给隔代抚养带来尴尬，甚至伤害的局面。比如：

➢ 观念滞后。父母与子女的代沟是客观存在的。子女讲究新理念“网络”育儿，父母信奉老观念经验养孙。两代人共同面对大数据年代的10后、20后，在如何抚养宝宝问题上，很容易因不同见解而各持己见产生矛盾，使宝宝不知所措。另外，祖辈容易受传统思想的束缚，接受新事物比较慢，影响宝宝创新个性的发展。

➢ 补偿心理。老人认为自己年轻时，由于各种原因没有给子女很好的照顾，在抚养孙辈时，容易产生从愧疚到补偿的心理。这种补偿往往是事与愿违的溺爱，宝宝就有被“溺水”的危险。过分的溺爱和迁就容易使宝宝产生自我、任性等不良个性。

➢ 个体因素。老人自身的情绪状态性格特征如果没有根据孙辈的成长需要，进行适时适宜的调整或调节，往往会给宝宝带来一定的负面影响。比如，有的老人比较喜欢独居，不善人际交流，在这样的环境下成长的宝宝，很容易产生社交恐惧、性格孤僻等心理偏向。

- 安全心理。老人与宝宝处于生命的两端。老人的精力能力有限，对充满活力的孙辈往往感到力不从心。为安全起见，有的就采用了“圈养”的方式，使宝宝成了暖房里的花朵。对宝宝过分保护，使宝宝产生强烈的依赖性，不利于独立能力和自信心的发展。
- 圆梦心理。老人年轻时的梦想或对子女的梦想还留有遗憾，很容易把“龙凤”之希望投射到孙辈身上。如“虎妈猫爸”中的姥爷，他的“必胜诀”可是害了两代人啊！而最令人痛心的是小外孙女，在姥爷“争第一”的压力下，患了抑郁症。孩子肩负着两代人的梦想，很容易被压垮。
- 争宠心理。“4＋2＋1”的家庭模式，形成了六位大人的“团宠”。围着“小皇帝”“小太阳”转的现状造成了宝宝的生活自理能力极差，导致有的宝宝上小学了连鸡蛋也不会剥。甚至有的老人为了争宠宝宝而不择手段。2010 年曾发生过一起四位老人为争宠而大打出手，导致一位老人死亡的极端案例。其实受伤最重的往往是孩子。
- 定位不妥。祖辈容易把儿子当老大养，把孙子当老二养，“隔代亲”过了线，越了位，忽略了子女的“亲子情”，有的甚至与子女争夺宝宝的爱。更不合适的是，在孙辈面前流露对子女的不满，这对孙辈是一种很大的伤害。
- 跟不上趟。当今社会新科技新事物发展之快、之多、之广，前所未有。祖辈普遍感到跟不上孙辈的趟，不仅有的思想观念不能与时俱进、与孙俱进，甚至有的无意中会把封建迷信的一些东西灌输给宝宝，影响了宝宝的健康成长。

成功的隔代教养，祖辈除了要充分发挥八条有利条件，尽量克服八条不利因素外，还需要明白五个问题。

◇ 避免五个问题

- 角色定位要准确。亲子教养是不可替代的主角，祖辈教养只应是配角。父母对孩子的爱，是孩子心理健康和人格完善的重要根基，祖辈对孙辈的爱是锦上添花，切忌做“大红伞”。

- 要处理好“三角恋爱”。中国式的祖辈、儿辈和孙辈的“三角恋爱”，是世上最复杂最微妙的“恋爱”关系。这种关系的如何，决定了这个家庭是否具有和谐温暖、健康积极的氛围，而这个氛围是关系到宝宝能否茁壮成长的阳光雨露。
- 不让子女做甩手掌柜。不少独生子女有了“独二代”，可自己的行为举止却还是个孩子。孩子养孩子，要么不懂养，要么不想养。在父母心甘情愿或无可奈何的包揽下，不少子女陪伴手机的时间远胜于陪伴孩子。
- 亲家应是隔代教养的“同盟军”。据调查，因亲家间的文化背景和社会环境不同，在隔代教养的观念上、行为上，有一半左右曾发生过分歧、抵触，有的甚至伤害。如果两亲家两套教养，孩子易产生堪忧的双重人格。
- 维护子女在孩子中的“威信”。“威”是父母的教育权利，“信”是孩子对父母的敬佩和信服。这是一种难以估量的教育力量，包括家庭教育中的强制力、感召力和影响力。祖辈能积极地正确地维护儿辈在孩子心中的“威信”，是对孙辈最大的爱。

美国儿科学会育儿百科中提到一段话，也许对我们会有启发：“不要一味批评儿女和给出忠告，相反，要给予他们支持，并且尊重他们的做法，对他们有足够的耐心。要记住，他们现在已经为人父母了。当然，如果他们询问‘你认为我应该怎么做’时，你要提供建议。你可以与他们分享你的观点和方法，但是不要把你的意见强加于人。”

02 科学的育孙新理念

自带气质，性格可塑

◇新生儿不是白纸一张

新生儿是自带气质来到这个世上，不是白纸一张。剑桥大学心理学家 Brian Little 在研究中发现，当人们在新生儿的床边制造出一些声音的时候，有些新生儿会自然地转向发出声音的地方，充满好奇和兴趣；而另一些新生儿的反应则相反，他们会默默地转开头，主动回避令他厌烦的声音。不仅如此，他还发现那些会转向声源的新生儿，更有可能成长为外向的人，而相对的，另一些新生儿则更可能成长为内向的人。

这位心理学家提出，原来每个人的身上，都存在着这样一种与生俱来的“精神胚胎”。它在生命的最初，表现为气质脾性，影响着人们对外部刺激的反应，也在以后的成长过程中成为个体人格特质的基础内核。每个宝宝自出生起就拥有的那枚独立的“精神胚胎”，会影响着每个人一生的精神气质。

心理学家武志红说，在心理学上，气质指的是那些由遗传和生理决定的心理特性。人的气质是与生俱来、相对稳定的，我们常说“江山易改本性难移”，说的其实是气质。每个人呱呱落地时，最先表现出来的差异，就是气质差异。

所以，刚出生的宝宝不是一张白纸，每一个宝宝与众不同的个性或气质，是与生俱来，由遗传基因决定的。宝宝从出生后的最初几周内，不同气质的宝宝，就已经在行为和性格上表现出了明显的差异：有的爱动，有的喜静，有的温顺，有的易躁。而且，哪怕是同一对父母生的两个宝宝，也可能是一个外向，一个内向；一个乖巧，一个难养。

宝宝天生的特性气质不同，从一出生就需要按照宝宝的不同个性和气质,采用不同的养育方式,顺质养育,甚至对宝宝成长发育测评的标准,也应该尊重个性的差异。既需要横向地跟同龄宝宝比较,更主要的是,需要纵向地同宝宝的上一阶段相比较。

在了解了宝宝的气质类型和不同特点后,因材施养,十分重要。即顺应自己宝宝生长的自然趋势和内在规律去培育宝宝,祖辈就可以:

- 更能理解宝宝在日常生活中的各种行为特点,接纳宝宝的各种情绪,欣赏宝宝的各种"特色表现"。
- 更能对宝宝保持耐心、爱心、细心和信心,有意识地把教养要求同宝宝的个性气质相协调,相匹配。
- 更能让宝宝感觉温馨、宽松、安全和自信,更好地调整宝宝的负面情绪,激发积极情绪,改善和提升宝宝的气质。

心理学家比较重视的宝宝气质类型有三种:抚养容易型,抚养困难型,发展缓慢型。大约40%的宝宝是抚养容易型,15%是抚养困难型,10%是发展缓慢型,还有35%的宝宝是中间型,即具有两种或三种气质类型的混合特点。各种气质类型在宝宝期表现得最充分。出生后的第一年,宝宝气质的稳定性呈连续增长的模式,随着宝宝的长大,各种因素都会影响他们,那时的气质特征就比较复杂了。

由于宝宝的个性气质类型不同,奶奶的养育方式也需要因材施养,有针对性地采取不同的教养方法。那么,不同气质类型的宝宝又该如何养育呢?

◇ "抚养容易型"宝宝与奶奶

一般来说,易养型的宝宝能较快地适应环境和不同的教养方法及生活规律。睡眠、排便、饮食很有规律,节奏明显,可以预计。能够很快适应新环境、新食物、新变化、新刺激,而且反应积极。性格开朗,主动大方,不怕生,自来熟,容易结交小朋友。充满好奇心,主动探索新事物。情绪基本上积极愉快,反应适中,性情温顺,容易沟通。奶奶不需要进行特别的早期干预。在育儿过程中,宝宝也常常会得到很大的满足感。

奶奶可以:

- 顺应宝宝的规律和节奏,按部就班,顺着宝宝的规律和节奏抚养。
- 留心重视宝宝消极的一面,关注宝宝的细微变化。

- 一如既往地给予宝宝充分的关爱、及时的回应，让宝宝的情绪更加积极愉快。
- 保护宝宝的好奇心、求知欲，在安全前提下，放手让宝宝去探索。

◇ “抚养困难型”宝宝与奶奶

从某种角度讲，也可以形容这类宝宝为“精力充沛型”，反应迅速，情感丰富，精力“过剩”。但宝宝确实会存在如生活缺少规律，难以适应新环境，负面情绪比较多等问题。生活节奏差，好动任性，易发脾气，容易被认为是多动症。情绪不稳定，情绪反应强烈，沟通有一定障碍。对新环境、新事物和陌生人接受慢，缺乏主动探索。抚养这些宝宝是有一定挑战性的，奶奶更需要理性地克制和调节自己的情绪，帮助宝宝积极地适应新环境、新变化。

奶奶需要：

- 接纳宝宝，理解宝宝在其个性气质的影响下所带来的“难”。给予更多的耐心、包容和关爱。切忌嫌烦训斥，冷漠。也要切记不能放任不管，或溺爱有加。
- 保持生活环境的协调、温馨、和谐，让宝宝有足够的安全感。避免一些不良刺激，如噪音、强光等对宝宝的负面影响，保证充足的睡眠。
- 有意识地培养宝宝有规律有节奏的生活。通过耐心重复的方式，帮助宝宝适应新事物、新环境。比如：当宝宝首次接触新食物的时候，可能会拒绝进食并吐出来。这时不用强迫，更不要急躁，相信坚持几次后，情况慢慢就会有所改变。
- 给予宝宝及时的回应，有效地表扬和鼓励，让宝宝更有安全感和自信心。从六七个月开始，不会说话的宝宝，就能感觉和分辨出大人批评或表扬的语气，而且非常喜欢听到表扬。

◇ “发展缓慢型”宝宝与奶奶

这种类型的宝宝很容易被认为是“安静乖巧”型，“不讨手脚”。宝宝在做事或玩游戏时很认真，思想比较集中。但在接受新事物、新环境、陌生人时，适应性慢，往往会消极逃避。缺乏主动探索环境的愿望和兴趣。通常在第一次接触新事物时，会有所反抗，不过不会很激烈。日常生活规律缺乏，节奏弱，情绪不易外露。对环境或事物的变化，往往容易退缩。情绪反应比较缓慢，比较消极、低落，不开朗。喜静不爱笑，不好哭，不愿与人交流，胆怯孤僻。

奶奶需要：

- 理解宝宝的这种"静"，是一种消极的、低落的、迟缓的发展状态，不是"乖，懂事"，而是特别需要奶奶的细心呵护，及时回应，随时帮助。
- 给宝宝一个充满活力的有趣的生活环境。观察宝宝喜欢哪一类玩具，同宝宝一起多做玩具游戏，激发宝宝的兴趣和主动探索欲望。
- 给宝宝一定的空间和时间，积极引导，耐心等待，不给宝宝太大压力。抚养进度要与宝宝发展速度相匹配，用重复的方式，循序渐进地刺激和引导宝宝，加快反应。
- 要经常用积极的暗示和鼓励，如眼神的鼓励，口头的表扬，实际的奖励等方式，激发宝宝的好奇心和自信心。特别要注意批评的时间和方式。
- 在安全前提下，多带宝宝出去，接触新事物，结交小朋友，开阔眼界。

◇ "混合型"宝宝与奶奶

这种类型的宝宝，是兼有以上三种气质的混合型。奶奶要综合考虑以上三种气质因素，对宝宝进行引导和抚养。最重要的是，要给予宝宝充分的关爱、精心的护理和足够的耐心，帮助宝宝扬长避短，选择最适合自己和宝宝的相处方式。

气质与遗传有一定的关系，且有一定的稳定性、可变性。了解宝宝的气质，只是帮助奶奶寻找适合宝宝良性教养方式的线索之一。不同的气质类型没有高低好坏之分，我们不能选择宝宝的气质，犹如不能选择宝宝的性别一样。

不能改变宝宝与生俱来的气质，但可以塑造宝宝的性格。性格是宝宝在其基础气质上发展出来的。宝宝的气质就如同他手中的"牌"，而宝宝的性格决定了他如何"出牌"。奶奶则可以帮助父母一起，教会宝宝怎样把手中的"牌"打得更好，这将终身受益！

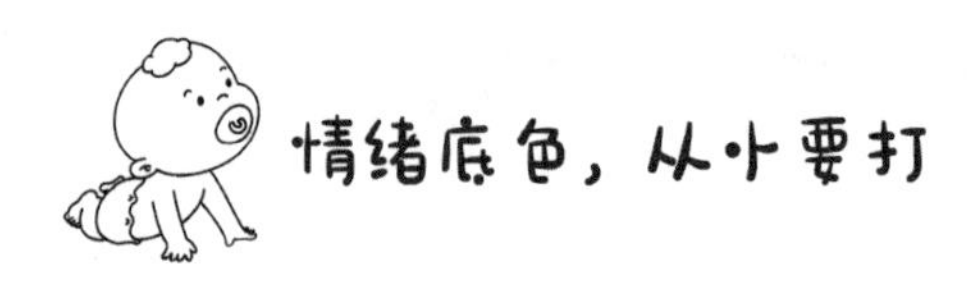

情绪底色，从小要打

◇ 宝宝是个情绪“小画家”

著名的情绪大师普拉切克用不同的颜色来代表不同的情绪。如果用普拉切克的情绪色彩来绘制每个人的情绪图谱，情绪基调就是这幅画的底色。犹如画画开始打的底色，可以决定一幅画的整体色彩。人生如画，一个人具有什么样的情绪底色，就会有什么样的人生色彩。

那么，情绪底色会从什么时候开始“打”呢？是从宝宝的情绪分化开始时就可以“打”了。新生儿从突然离开妈妈温暖的子宫，因害怕而哭的宣泄情绪，到在妈妈的怀抱里平静而睡，宝宝就进入了情绪分化的源头。也就是说，宝宝开始进入了人生这块情绪画版的打底过程，进入了人生如画的自绘过程。而在这个过程中，宝宝成长的环境和抚养人如何，将决定着这块“画板”的质量如何。

著名心理学家埃里克森认为，零到一岁是培育宝宝安全感和信任感的关键期。情绪是宝宝最早发展的心理活动，存在基本信任与不信任的心理冲突。培养宝宝对周围世界和人所产生的安全感、信赖感和接纳感，是宝宝以后各阶段人格良性发展的前提。宝宝健全的情绪发展，也是行为、情绪和智力发育的重要基础。

宝宝出生时，大脑中用以表达情绪的部分，一半已经建立起来了，也就是说，已具备了表达情绪的物质基础。随着第一次主动呼吸，宝宝就已经有了情绪发展的潜力和能力。宝宝最初的情绪，主要是由生理需要是否得到满足而激发的，如饿了，痛了。随着月龄的增长和身心的发展，情绪逐渐向更复杂的感情分化，如快乐，嫉妒，并开始了充满“喜，怒，哀，乐”的人生旅途。这是一个十分有趣的过程。

◇ 宝宝的情绪发展可丰富有趣呢

让我们了解一下这个过程，理解宝宝在过程中的“不可理喻”，帮助宝宝建立基本的安全感和信任感，打下健康的情绪底色。

※0～3个月宝宝初期情绪的特点

科学家们曾经运用先进的录像技术检测新生儿的面部表情，发现新生儿显示了五种不同的面部表情和情绪，分别是：惊奇、痛苦、厌恶、自发的微笑和兴趣。而这些情绪反应，都能从宝宝哭和笑的两种基本表情中体现出来。如何知道刚出生的宝宝喜欢什么，对什么感兴趣呢？心理学家建议，对于新生儿或更大月龄的宝宝，想要了解他的兴趣，可以从与宝宝的"目光交流"中，观察他的"注意力"来发现。

通常，新生儿最喜欢做三件事：注视人脸、和家人互动、观察会动的物体。宝宝在舒适、开心、感兴趣时候的表情很简单——即平静的"注视"，或略皱眉头集中地看。奶奶可以跟随宝宝的注视方向，跟宝宝进行更多的交流，回应他们的情绪，如轻柔抚触。

当宝宝生理上得到了最大的满足，或看到熟悉的人，有喜欢的人陪伴，听到舒缓的音乐，宝宝会露出非常开心满意的笑容。宝宝在回应不喜欢的味道时，会很自然地表现出厌恶，如尝到酸或苦味时。厌恶的表情包括：张开嘴巴，提上唇和皱鼻子。当宝宝看到陌生的人脸，拿到一个新的玩具，或是眼前闪过色彩鲜艳的东西时，会表达好奇，眼睛睁大，目光注视，眉毛晃动。

2个月的宝宝已经开始有动机地与奶奶做情感上的交流了。比如，刚出生的宝宝会无缘无故地笑，渐渐会因为被人逗而笑，这是宝宝的社会情绪在逐步发展。宝宝的视野越来越清晰，听觉也越来越灵敏，当出现有刺激的声音或影像时，宝宝就会挥动胳膊，并伴以双腿有力地蹬踏，来表示内心的喜悦与兴奋。

当然，当宝宝愤怒时，这也是他表达情绪的一种有效辅助手段。宝宝的行动受到限制，特别当手和手臂被固定时，或某件事情想做却被阻止时，求关注，没有回应时，宝宝会生气，会表达悲伤。比如，当宝宝希望同奶奶互动时，奶奶没有回应或者游戏做到一半走了，宝宝会很难过，会表现出悲伤。悲伤的表达包括哭、嘴角下弯、眉毛皱在一起，等等。

3个月的宝宝变成了"微笑谈话"的大师了。有时候宝宝会通过咧嘴一笑来引起奶奶的注意，宝宝想同奶奶交流了。有时候宝宝会躺在那里看着奶奶,直到奶奶露出第一个微笑,然后宝宝会热情地用笑来回应。宝宝的整个身体都会参与和奶奶的对话:小手会张开,或者手臂抬起来,小腿随着说话的节奏而移动;面部表情也可能会参与对话:笑容满面,张开嘴巴,瞪大眼睛,或吐吐舌头。

对宝宝这些早期情绪的关注,理解和交流,做到快速热情地回应和满足,在培养宝宝健康健全的社交和情感发展中,扮演着非常重要的"情绪起点"角色。

※4～6个月宝宝情绪分化发展

这个阶段的宝宝,会通过表情、咿呀发音、注视、吸吮身体的某一部分或物体和一些身体动作,来表达各种情绪。与前两个月相比,宝宝发展出了更丰富的情绪和面部表情,来表达自己的喜好和厌恶。宝宝因感到不舒服而哭的时间减少了,但哭声会更大。因此,不少奶奶觉得6个月的宝宝哭得最厉害。

这个阶段的宝宝情绪也有了发展,比如:

·生气

发展心理学认为,宝宝开始感到"生气",是在6个月大的时候。但在四五个月的时候,宝宝就开始有了一些"看上去生气"的征兆——睁着眼睛哭(有时甚至没有眼泪)。研究发现宝宝对人的注视,会延长他们哭的时间。有一些学者推测,宝宝把看到的成人的行为当做一种反馈,影响他们的情绪。比如,求关注而没有得到及时回应。

·警惕/谨慎

发展心理学有个非常著名的悬崖实验,把宝宝放在一块一半有深度错觉、一半没有错觉的玻璃板上,让妈妈在玻璃板的另一边。当妈妈快乐热情地招呼宝宝时,发现宝宝会朝着妈妈,毫不犹豫地爬过没有悬崖错觉的一半玻璃板。但是,显然不敢爬过看起来具有悬崖错觉的另一半玻璃板。因为这个阶段的宝宝开始出现了深度感,表现出了"警惕"、谨慎或迟疑的情感体验。

在日常生活中,宝宝也常常会出现类似的情况。比如,宝宝对感到不愉快或困惑的人或事物,会转过头去不看,或者把目光移到别的地方,同时积极的情绪表达也减少了。宝宝的这种能力是一种适应性能力,主动转移注意力的能力，也是宝宝日后情绪管理的基础，因此奶奶不必为此担心宝宝“胆小”。

• 惧怕

惧怕大约在宝宝出生后的第6个月发生。这是由于突然遇到强刺激，心理失去平衡所发生的情绪反应。宝宝的惧怕是习得的，如听到了放鞭炮的声音，宝宝会有似乎是惊怕的反应。奶奶无须紧张地用夸张的言语或动作去保护宝宝，只需要轻轻地抱住宝宝，慢慢地解释那是什么声音，就可以了。宝宝害怕陌生人也是这时期惧怕情绪的突出表现，随着宝宝成长，慢慢会有所改变。

• 社会性微笑

这个阶段的宝宝，出现了更为显著的社会性微笑。宝宝只在刚出生后的短时间内，对人的面部感兴趣，出现的笑容也是一种无意识笑。随后的几个月，是宝宝发展与人互动的一个重要阶段，出现的是有意识的社会性微笑。比如，对奶奶的逗引，宝宝会“开环大笑”，或者“喋喋不休”持续数分钟之久，这是宝宝在与奶奶进行开心的交谈哦。宝宝对着即使是最吸引人的玩具，也会很快感到厌倦，但对熟人、小朋友，甚至陌生人，一般都有很强的用微笑进行交流的欲望，如果对方朝宝宝笑，宝宝会懂得以微笑作回应。

据很多学者研究了宝宝的笑容，发现不同的笑容也有不同的含义。比如，简单的微笑，表示宝宝准备好开始一个互动游戏了；愉悦的微笑，同宝宝的视觉或认知相关的愉悦体验，比如同宝宝玩“躲脸”游戏；由衷的微笑，嘴张得很开，下颚也更加向下，发自内心的，与触觉和身体上获得的愉悦刺激相关的笑，如同宝宝玩挠痒痒、碰鼻子游戏。

笑被称为是开启宝宝智力之门的一把“金钥匙”，对宝宝的大脑发育也是一种非常重要的良性刺激。会笑、早笑、多笑的宝宝，更能刺激大脑的发育。宝宝已经会出声大笑，这时特别需要把握逗引的适度问题。因为过度的大笑可能会引起宝宝瞬间窒息、缺氧甚至是暂时性脑贫血，从而损伤大脑，偶尔大笑也容易导致下颌关节脱臼。

• 开始认生

这个阶段的宝宝，在原始感情（如舒服、不舒服、恐惧、发怒）的基础上，又增加了人类的复合情绪（如喜、悲、羡慕、嫉妒）。见到生人害怕，因而拽着奶奶不放的“认生”表现，已经或即将出现，时间在5～9个月之间出现，是宝宝社交情绪发展的重要时期。

• **惊讶**

大约在4个月，宝宝开始表现出惊讶的表情。像大人一样，当看到从来没见过的东西或人时，或者见过的东西有不同时，有新发现时，宝宝会表现出惊讶。比如，一项关于婴儿的研究显示，婴儿看着不同的成年人走向他们，婴儿表现出惊讶的表情多于高兴和害怕。

• **嫉妒**

通常认为2岁后的宝宝才会出现嫉妒情绪。但其实从宝宝三四个月开始，他们就已经会因为奶奶将注意力转向其他人，如和别人聊天或逗弄其他宝宝而生气，会以蹬腿和发出不满的叫声来表示抗议。到六七个月后，宝宝看到奶奶抱着其他的小朋友，会哭闹甚至拉扯奶奶的衣服。

6个月时，宝宝身上似乎产生了一种欢快的情绪惯性，一种身心反应的稳定模式。如果情绪经常负面，会影响宝宝的身体健康，甚至会影响以后人格的发展。宝宝在欢乐的气氛中能够发挥最大的潜能，长大后的乐观开朗、勇敢自信、富有爱心和同情心，就是从这里开始形成的。

※7～9个月宝宝自我意识情绪的发展

经过上半年的发展，宝宝能比较自如地应付日常生活的基本挑战了，变得更加生动，常常笑容可掬，赢得全家人的欢心。宝宝一个人高高兴兴玩耍的时间变长，啼哭的时间变少了，还特别喜欢同家人一起游戏、欢闹。在愉快的家庭氛围中，宝宝的情绪比较稳定，身心发育健康。

这个阶段，宝宝的情绪又有了新的发展，比如，宝宝开始意识到自我的存在，已经能够用不同的方式来表达自己的情绪。能够初步认识他人的情绪和对自己所表示的态度，并能发展出几种肢体语言与人交流。

• **认生依恋**

随着认知的发展，宝宝开始认生了。认生的宝宝出现了对亲近人的依恋情绪。宝宝最喜欢和照料自己的人亲近，这种亲近会给宝宝带来舒服、愉快和安全的情绪。当亲人一旦要离开，宝宝就会产生不愉快的情绪。

• **敏感恐惧**

宝宝的听知觉与视知觉能力都有所提高了，对一些刺激比较大的事物，产生了很大的恐惧情绪，如怕黑，怕打雷闪电，怕吵闹的声音，怕陌生的人或环境，等等。这是许多宝宝到这个时期都会出现的情况，奶奶不用过分担心。

• **察言观色**

作为一种天生的本能，宝宝在读取大人面部表情、音调语气时，获得信息的能力不低于成年人。虽然言语不通，但宝宝开始能"察言观色"了，能较为准确地识别奶奶的表情了。并依据对奶奶的表情判断，知道奶奶是高兴了还是生气了，是表扬还是批评，是同意了还是反对了，从而来选择自己的回应。宝宝已经会看懂奶奶表情来做互动，多与宝宝互动，也是基于这样的认知能力，做阶梯式提高。

• **自我概念**

宝宝的自我概念变得更强，也表现得更加活跃，并尝试用自己的方式表达诉求。比如，要求自己吃饭，喜欢为家人表演游戏，如果听到喝彩称赞，就会兴奋地重复原来的语言和动作。宝宝已能听懂奶奶常说的鼓励或赞扬的话，或者不满意批评的话。宝宝能够初次体验成功的快乐，这种积极的情绪力量，将极大地帮助宝宝形成自信的个性心理特征，对于宝宝成长来说，是极为宝贵的。

• **分离焦虑**

进入这个阶段，奶奶发现宝宝特别会粘人，一刻也离不得，最尴尬的是，自己上厕所也没有自由了。如果奶奶离开自己的视线，宝宝会感觉到很不安，怕找不到奶奶。宝宝开始有了自我意识，非常害怕被丢弃，需要时刻感觉到奶奶爱他，才会感到安全，才会快乐地玩耍。由于宝宝还没有建立时间概念，不明白奶奶说的"过一会儿回来"是多久，担心被抛弃，让宝宝感觉到非常焦虑而大哭大闹。如电视剧《女医明妃传》里赵国公家的宝宝，因乳娘的离去而伤心焦虑以至于哭闹不止，饮食不思。

奶奶要注意几个不离开：宝宝累的时候，饥饿的时候，生病的时候，情绪不好的时候，不要离开。也不要在宝宝没发觉的时候，偷偷离开。

• **"社会参照"**

宝宝发展了一个新的"社会参照"的情绪功能。如果奶奶带宝宝来到一个陌生的情景，或者，做一个从来没有体验过的事情时，宝宝会犹豫不决，迟疑不定。怎么办呢？聪明的宝宝，往往会从奶奶的脸上，寻找奶奶的表情信息，以帮助自己确定作出什么样的反应，或据此来决定自己的行动。

如果奶奶看起来愉快或很平静，宝宝也可能作出积极的情绪反应。相反，如果奶奶表现得紧张或慌乱，宝宝也会变得警惕和退缩。这个情绪功能很重要，能帮助宝宝获得安全感，促进宝宝对新异刺激的探索活动，丰富宝宝的情感世界。

※10～12个月宝宝情绪开始细化

宝宝开始对其他小朋友感兴趣了，会用自己的方式去同小朋友打招呼，能够用多种肢体语言，来表达自身的情绪和情感。宝宝有了显著的进步：见到陌生人，不再咧开嘴巴哭了，别人对自己笑，他也会笑脸相迎，虽然不主动伸手要别人抱，但也不拒绝别人抱他的愿望。

宝宝有主意了，情绪越复杂了，欲望、兴趣、探索、需求等越发强烈。但是语言还不会表达，双腿又走不了，两手还不够灵活。于是，焦虑多，挫折多，脾气就容易大，动不动就摇头、甩手、叫嚷，甚至打人。

宝宝自我意识越来越明显，会越来越独立，越来越自信，开始懂得享受成功的快乐和发泄受挫的痛苦，也会渐渐显露出叛逆的倾向。

宝宝学会了使用意识控制和自我安慰的方式，来调节自身不愉快的情绪。比如晃动肢体，用嘴咬东西，抚摸安慰物，远离引起不愉快的人或事物。

宝宝已经学会了或者正在学习多种了不起的运动技能。比如，爬、站、走等，并能通过不同的声音、丰富的表情，甚至简单的词语与奶奶进行交流了。此时，宝宝的情绪也进一步细化了，如愤怒情绪也开始细化为不安、生气与恐惧等。比如，当宝宝愿望受阻时，会表示生气；遇到令宝宝沮丧的事情时，会表达愤怒；被赞赏时会流露出开心；被责备时会表现出伤心。自主逃避与关注奶奶的态度，成了宝宝对愤怒情绪进行自我调节的主要方式。

宝宝现在很害怕自己的生活秩序被打破，因为他们对世界的认识和理解更复杂了。在这个“次序敏感期”中，宝宝会经常出现不可理喻的对事物次序的“执拗”。比如，奶奶一直给宝宝先穿裤子后穿衣服，如果哪天，奶奶给宝宝先穿衣服后穿裤子了，宝宝会哭闹，会要奶奶把穿好的衣服脱下来，重新再按先穿裤子后穿衣服的习惯次序，再穿一遍。

此时，宝宝出现了一种新的分离焦虑的情绪。当依恋的或喜欢的人离开时，宝宝会表示出强烈的不安，他不知道这个他依恋的人还会不会回来。宝宝的大脑已经发展到可以预期损失。比如，当奶奶拿起钥匙要出门时，宝宝就开始变得非常不安，甚至声嘶力竭地哭闹，宝宝怕奶奶出去不回来了。

◇ 读懂宝宝的肢体语言

宝宝在不会用语言表达需求或情绪时，奶奶怎么了解宝宝的情绪呢？宝宝除了用哭或笑来表达情感以外，丰富的面部表情和肢体语言，也是宝宝与外界交流的主要手段，用以表达他们的情绪需求和对身边的环境事物的感受。通过宝宝在各个不同月龄段所传递的丰富信息，奶奶可以理解宝宝这种重要的表达沟通方式，读懂宝宝的内心世界，帮助宝宝在情感、认知和心智等方面健康快乐地成长。比如：

- 醒来时心情愉悦：宝宝通常会小手松开，手指向前伸展，想邀奶奶一起玩哦。
- 累了想睡觉：宝宝的小手指会放松地弯着，手臂也松软地松下来，或者小手使劲揉眼睛。
- 紧张害怕或小肚子不舒服：小手紧紧地握着拳头。
- 手臂放松小手轻轻地握着：宝宝心情很好，想独自安静一会儿。
- 张开双臂将身体扑向你：是宝宝要求你抱抱，亲亲。
- 伸出一只胳膊指向前方：身子用力向外倾斜，宝宝告诉你要到那个地方去。
- 小脚丫踢椅子：宝宝坐的不耐烦了，要起来了。
- 把玩具扔到地上：宝宝寂寞了，想让奶奶帮他捡起来，同他一起玩。
- 扭转头或没有眼神交流了：宝宝是想自己玩了。

小动作透露了小宝宝丰富的内心世界，奶奶要尽量快速读懂，积极回应，及时满足，宝宝就能减少交流过程中的焦虑，快乐成长。

如果奶奶能够了解宝宝在不同月龄阶段的情绪表现特点，就能帮助奶奶理解宝宝的情绪信息，及时给予关怀，可以更好更有效地帮助宝宝，培养健康的情智力。

在宝宝的情绪发育过程中，可能会出现一种被称为“屏气发作”的可怕现象：有的宝宝会在发怒、恐惧、悲伤或剧痛等情绪的急剧变化过程中，因大哭不止导致过度换气，可能会出现很严重的反应，使呼吸中枢受到抑制，出现呼吸暂停、口唇发紫、躯干四肢强直，甚至昏厥、意识丧失等症状，一般持续 0.5～1 分钟，然后症状缓解。发作过后，宝宝一般都神志自如，无任何异常。

屏气发作是一种异常的心理行为。当宝宝发作时，奶奶不要太惊慌，需保持自身情绪的镇静和稳定，对宝宝用柔和的语气，给予充分的关心和呵护，切忌粗暴地训斥。但是，如果发作次数比较频繁，应予以高度重视，及时去医院就诊。因为屏气时间过长，次数过多，会引起脑缺氧，影响神经系统的发育。

◇ 重视宝宝的“皮肤饥饿”

什么是“皮肤饥饿”呢？美国心理学家施皮茨调查发现，如果育婴室不用保育员，仅采用机械化喂奶，使婴儿不与人接触，婴儿的生理与心理的发育都受到影响。而增加了保育员后，规定了每天抱起婴儿的时间和次数，则能帮婴儿缓解心理的“皮肤饥饿”，睡眠和吃奶都较以前有很大的进步，患病率大大下降。

美国心理学家哈洛有一项很著名的猴子实验。将刚出生的恒河猴交给两只“代理妈妈”来抚养，一只是用铁丝做的，给小猴子提供奶水的“妈妈”，另一只则是在铁丝外包着柔软的毛绒，能够给宝宝提供抚触感的“妈妈”。实验结果显示，一天中，小猴会花 18 个小时待在“毛绒妈妈”身边，而趴在“铁丝妈妈”怀里吸奶，只有 3 个小时，其余时间就在二者之间跑来跑去。

可见，初生宝宝，不管是动物，还是人类，都极其需要温暖、搂抱、抚触，满足“皮肤饥饿”的渴望，人类宝宝尤为突出。宝宝即使长大会走了，也经常喜欢扯着大人的衣襟，或者靠着大人走，这也是一种“皮肤饥饿”的表现。

遗憾的是，皮肤这个人体最大感官的内在需求，往往不引人注意，没给予重视。如果宝宝一旦皮肤表面出红疹了，立刻会被重视被关照，这是应该的。但如果宝宝表露出皮肤的“饥饿感”需求时，往往被人忽略。因为很多人不知道，宝宝除了有物质的饥饿感，天生还有着一种少为人知的“皮肤饥饿”感的需求。

可见，肌肤相亲，不仅是宝宝生理发育的需要，也是宝宝心理发展的需要，更是宝宝健康的情绪和人际发展的需要。奶奶的怀抱越温暖，越亲密，宝宝的情绪就越稳定，越自信。所以，要经常给宝宝拥抱和温柔的抚触。这个问题现在已经越来越被重视了。比如，很多医院已经开设了亲子抚触的课程，宝宝出生时，让宝宝在父母宽大温暖的掌心中，慢慢学会安静，同时也感受父母最温柔的按摩，营造快乐的情绪。

“皮肤饥饿”中的宝宝，对拥抱抚摸的渴望，犹如一颗小幼苗对阳光雨露的渴望。这种渴望感被满足的程度，直接影响到宝宝心理和生理的成长质量。“皮肤饥饿”满足度高的宝宝，他的情绪发育健康，安全感、信任感和幸福感都好，因而宝宝啼哭少，睡眠好，生长发育好，抵抗力较强，智力发育也明显提前。

研究显示，如果宝宝的“皮肤饥饿”经常遭到忽视，会影响宝宝安全感和信任感的构建和发展，会导致宝宝情绪不安，表情淡漠，缺乏自信、好奇心和探索欲望。比如，宝宝会食欲不振，睡眠不好，行动缓慢，反应迟钝，还会导致生长迟缓，甚至平均身高会低于同龄的健康宝宝。

临床医生还发现，皮肤经常处于“饥饿”状态的宝宝，由于缺少皮肤刺激，精细动作和大运动能力发展缓慢，会产生一些不正常的行为模式，如不停地咬嘴唇，或啃咬指甲，甚至出现莫名其妙的举动，比如用肢体去碰撞墙壁的现象。

◇ “静止脸”会让宝宝崩溃

著名的曼彻斯特大学教授的“静止脸”实验研究显示，妈妈给宝宝显示冷漠情绪的脸，会让宝宝直接崩溃。在刚开始实验之初，妈妈热情地与宝宝聊天、拉手、微笑等互动，宝宝的情绪是开心愉悦的。当“静止脸”实验开始后，妈妈转变情绪，面无表情地看着宝宝，态度是冷漠的，麻木的，也没有任何互动。宝宝发现了妈妈情绪的变化，脸上的笑容也瞬间消失了。

但是，聪明的宝宝，开始用各种小动作来求关注，一会儿笑着逗妈妈，一会儿用手指指着妈妈的脸，一会儿发出各种声音，千方百计要想引起妈妈的注意。可是宝宝发现无论怎么努力，妈妈都没有反应以后，就开始崩溃大哭。如果实验继续下去，宝宝的心理也会受到严重的创伤。因为，实验数据证明，在妈妈对宝宝冷漠以对、毫无反应的这段时间里，宝宝开始出现心跳加速、压力激素分泌增加等一系列生理反应。

实验提示我们，宝宝虽小，却是个小小的“观察家”和“心理学家”。当观察到妈妈愉快的表情时，受快乐情绪感染，宝宝能乐妈妈所乐，悦妈妈所悦，很开心。一旦妈妈出现“静止脸”，宝宝笑脸瞬间也变“静止”，然后会千方百计地去取悦逗引妈妈。当得不到妈妈热情的回应，体验不到妈妈的爱后，宝宝会心理崩溃，情绪崩溃。

为什么呢？因为宝宝会对周围的环境、事物和人产生相应的感知能与运动能。环境、事物和人的情况良好，会使宝宝产生愉快的情绪与情感，对周围人物产生信任感，反之，会产生焦虑与恐惧的情绪，使宝宝变得呆滞、胆小恐惧。所以，宝宝最重要最亲近的人，都是宝宝情绪的重要“社会性参照”，不管是积极的还是消极的。

消极的“社会性参照”的情绪影响，对宝宝安全感的建立、身心健康和情智力的发展，也是极为不利的。积极的“社会性参照”是宝宝认知发展的载体，是培养宝宝积极情绪的重要渠道，能激发宝宝对新情境和新事物的兴趣，扩大探索范围，提高情智力和认知力。

奶奶的情绪表情和行为表现在照料宝宝的时候，会无意中给宝宝提供一个情绪和行为的“参照”榜样。宝宝会自然而然地模仿奶奶，即使是很小的宝宝，也会通过大脑的神经系统，模仿奶奶的情感表达方式。比如，在奶奶笑口常开情绪积极的熏陶下，宝宝会潜移默化地以奶奶作为自己的情绪楷模，乐观积极，活泼可爱。

◇ 培养好情绪需要的条件

❖满足宝宝吃喝玩乐是基本条件

对于宝宝来说，吃喝玩乐是天大的事，是赖以生存的基本需求。宝宝情绪不好，大哭大闹，大多数时候是因为宝宝的这些需求没有得到应有的满足。宝宝需要充足的睡眠、足够的营养、周到的照料和亲人的陪伴。只有睡够了，吃好了，舒适了，安全了，宝宝才会终止哭闹，才会开心满意地笑，变得愉快或安静。

大多数茁壮成长的宝宝都有着固定的生活时间安排。良好的生活习惯是宝宝情绪健康发展的重要保证。如果宝宝的生活习惯紊乱，睡眠不足，饮食不周，不仅会情绪烦躁、哭闹不休，对宝宝的大脑发育也极为不利。

游戏是让宝宝快乐的最佳方式。适宜而有趣的玩具和游戏，基本能满足宝宝的玩乐需求。比如，合适的发光发声玩具是不错的选择，这些玩具在锻炼宝宝的视觉和听觉神经的同时，也能吸引宝宝保持高度的关注，激发宝宝的新鲜感，同时让他的心情保持愉悦。

奶奶每天可以和宝宝玩一些互动游戏，充实宝宝的生活，刺激宝宝的感官发育。比如，抱着宝宝小心地做下坠或摇晃的动作，并伴以有节奏的短句，如“开飞机啦”“坐降落伞喽”之类的，让宝宝感受到不同的感官刺激。这个游戏刺激的度非常重要，要根据宝宝的情况而定。

※保持和谐的家庭氛围

家庭氛围对宝宝而言，犹如滋润万物的阳光雨露。试想，如果当自然界发生了空气污染，狂风暴雨，地震火灾时，万物何以健康生长？同理，如果家庭氛围中，经常发生打闹争吵，冷漠无视，缺吃少穿时，宝宝何以健康生长？宝宝的健康生长离不开风和日丽的家庭氛围。美满和谐的家庭氛围，能使宝宝建立起对他人的信任，良好的情感传递，可以为宝宝将来的人际关系能力打下良好的基础。

给宝宝一个温馨和睦的家庭氛围，其实都是在家庭琐事上体现的。比如：

经常进行三代人之间的沟通。如祖辈与子辈，祖辈与孙辈，子辈与孙辈之间，如有不同想法多交流，尽量做到求同存异。家庭氛围轻松愉快，好比家里经常开窗透风，吐故纳新，保持空气新鲜一样，保持家庭氛围的健康和睦。

与宝宝用微笑对话。比如，当宝宝用微笑来表达内心时，如果奶奶能够作出积极的反应，回以幸福的微笑，宝宝一定会更加快乐的。随着宝宝长大，会渐渐发出“呵呵”“哦哦”的喃语来，有时叽里咕噜会说好一会儿。奶奶可以微笑地重复宝宝的喃语，宝宝会很兴奋地反复发音，进行“对话”，这是语言发育的基础。

宝宝虽然听不懂奶奶的话，但能感受和理解到奶奶的语意和语气。这样积极的情感交流，很利于培养宝宝的情绪能力。用微笑同宝宝对话，不仅能促进宝宝语言的发育，而且能培养宝宝用微笑同他人交流的习惯，培养社会人际能力。

※经常保持与宝宝眼对眼的情感交流

同宝宝经常用眼神交流。每位家人走过宝宝旁边,都用充满爱意的眼神同宝宝进行交流,宝宝会懂得:“你喜欢我哦!”宝宝的眼神会发亮的。或者,当宝宝睡在摇篮里时,在宝宝正上方30厘米处,温柔地和他凝视,并且努力让宝宝捕捉到你的目光,专注的目光会让宝宝感到非常快乐。

宝宝从三四个月开始,会咿呀咿呀自言自语“宇宙话”,还会边说边环顾四周,仿佛在寻找说话对象。如果奶奶和宝宝眼对眼,顺应宝宝此时的情绪和表情,进行应答,宝宝会非常有兴致地来回与奶奶对答,进行“宇宙”和“地球”的碰撞,甚至可达十多分钟。

如果奶奶仔细观察,可以发现如果宝宝的表情,在“对话”开始时是高兴的,那么对话的过程,宝宝的情绪会很兴奋。如果表情是生气的,那么在对话的过程中,不管奶奶用的是什么语言,只要奶奶的表情是充满了同情,充满了爱意,宝宝的情绪也会慢慢地从生气转化到平静,然后到高兴。虽然宝宝听不懂奶奶的话,但从奶奶充满爱意的表情和语气中,感受到安慰,关爱,情绪也会变得积极正向。

※每天按摩,有利于培养宝宝的积极情绪

每天能为宝宝做一至两次全身按摩,能够经常给宝宝充满爱的抚触,不仅对宝宝的生长发育有极大的好处,而且对宝宝的心智情感发育,也有非常重要的促进作用。奶奶可以先让宝宝仰卧,从头脸开始,然后腹部、四肢,到宝宝大一点了,再让他俯卧,也是按从上到下的顺序轻轻地抚摸。

全身抚摸会让宝宝感到放松,舒服,情绪平稳。如果宝宝陷入在负面情绪中,哭闹不止,奶奶可以抱着宝宝,用手温柔地慢慢地放到宝宝的后背,抚摸宝宝的背部,尤其是从腰下到尾骨那一段,对安抚和调节宝宝的情绪有非常好的效果。

心理学家提出手是宝宝的“第二大脑”,“孩子的智慧在孩子的手指尖上”这话被现代医学所证实。经常运动手掌与十指,会使大脑的神经受到刺激,得到锻炼,这也是人们通常说的“手巧”与“心灵”的关系。奶奶从小就可以多多抚摸刺激宝宝的五指和手部,做舒展、牵拉、把握等动作,做“斗斗飞”“拉大锯”“挠一挠”等游戏,经常把宝宝的小手,放在奶奶的脸颊上,去亲亲宝宝的手，宝宝的情绪会很开心的。

※读懂宝宝表情，及时“排难解忧”

宝宝稍大些，大脑皮层的情感中枢开始起作用了，宝宝会利用面部表情来表达自己的喜怒好恶。比如觉察到奶奶进入房间，宝宝会满脸笑容地迎接，如果有人拿走他喜欢的玩具，则会表示一脸的愤怒。读懂宝宝的情绪，理解他的行为，就能够知道怎么让宝宝的情绪健康地发展，心情更快乐。

比如，宝宝哭了，敏感的奶奶可以通过宝宝的眉毛嘴巴发声的变化，来判断宝宝是哪里痛了，或者是饿了，或者是无聊了，及时给予帮助，会给宝宝带来满足后的愉悦情绪。要是宝宝身体痛的话，那么哭的时候，嘴角会向下，眉毛会拧成一道弯；如果他是在生气，那么宝宝的脸颊会潮红，眉毛会向下，下颚咬紧。

此时，奶奶的关注、陪伴特别重要，引导宝宝把不高兴的情绪发泄出来，进行有效的沟通，让宝宝体验自己情绪的变化和感觉。虽然宝宝还不会用语言表达，但宝宝的肢体语言和表情，奶奶的肢体语言和表情，筑成了一座充满爱的“沟通桥”。宝宝就在这座沟通桥上，不断完善，茁壮成长。

※培养宝宝认识和体验不同的情绪

奶奶要经常鼓励宝宝用各种方式，表达自己的心情，比如，游戏、表情、身体语言等等。即使是在宝宝学会说话之前，也可以帮助宝宝认识情绪。看不同面部表情的照片，让宝宝认识不同情绪的不同表情，然后问他哪一个是他现在的心情，宝宝会选择开心或者是生气。最近几年，出版了很多让宝宝认识不同情绪的面部表情的幼儿绘本，帮助宝宝认识情绪，以及如何调节和转化情绪。

如果宝宝能表达自己的心情时，那么，识别和控制情绪就会容易很多。但是奶奶不能对宝宝的负面情绪，反应过度。因为对宝宝来说，生气、悲伤是非常正常的情绪反应和体验。如果奶奶压制了这些负面情绪，宝宝或许会觉得沮丧，或者会认为自己有生气、愤怒等情绪是错误的。这不利于宝宝情绪的健康发展。

※多创造机会让宝宝感受积极情绪

宝宝经历过体验负面情绪，认识负面情绪，再而转化成正面情绪的过程，对培养宝宝的情绪能力是十分重要的。奶奶在这个过程中，怎么做呢？在宝宝感到沮丧时，留一个宝宝感兴趣的悬念，刺激宝宝继续努力，是个不错的尝试。

比如，在同宝宝做找玩具游戏时，奶奶把一只小绒毛狗放在被子下，露出一点点，让宝宝找。有时候宝宝东看看，西摸摸，找了几次没找到，不高兴很沮丧，想放弃了。这时，奶奶不要马上拿出小狗狗给宝宝，因为宝宝体会不到，认识不到自己的负面情绪。

奶奶可以抱着宝宝说，“奶奶知道找不到小狗狗，宝宝不高兴了，可小狗狗在等着宝宝去找它呀，找不到它，小狗狗也会不高兴哦，宝宝再去找找看吧！”。有了“小狗狗在等我找到它”的悬念，会激发宝宝去继续寻找小狗狗的兴趣。

如果奶奶发现宝宝确实找不到，可以悄悄地把被子拉开一点，引导宝宝继续寻找。当宝宝找到后，奶奶给宝宝一个拥抱，夸奖几句，宝宝会很兴奋，还会缠着奶奶再继续玩。奶奶要给宝宝时间和机会，自己去试错，去努力。成功后，宝宝更能体验到克服困难努力尝试后的快乐和喜悦的正面情绪。

日常生活的小事也是培养宝宝积极情绪的好时机。比如，宝宝的精细动作和大运动能力发展到一定的自主水平时，奶奶就可以利用各种小事情来培养宝宝的情绪能力了。比如，妈妈下班回家了，奶奶可以对宝宝说，妈妈上了一天班，很累了哦，宝宝去帮妈妈敲敲背，揉揉腰，好吗？奶奶拿着宝宝的小手放到妈妈的背上，做个示范动作，鼓励宝宝自己做，宝宝会非常乐意做。看到妈妈那么享受那么开心，宝宝会体会到帮助别人的满足感和幸福感。

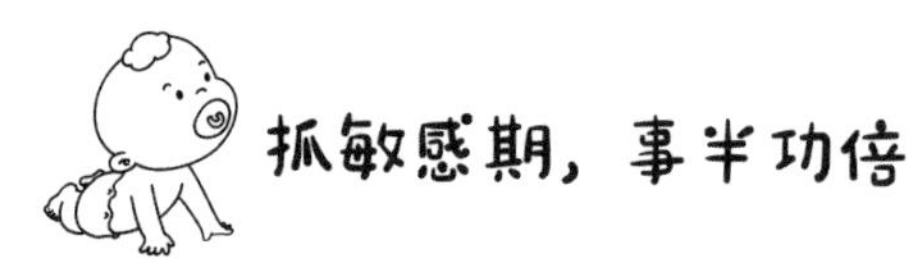

抓敏感期，事半功倍

◇ 什么是敏感期

著名国际教育家蒙特梭利在 1936 年提出了敏感期的概念。她认为孩子在几周或几个月内会重复做某一类事情，而且每天都要重复进行，并且对其他的事情却不感兴趣，这些阶段就是敏感期。一旦人体内产生了这种敏感力，内心就会有一股无法遏止的动力，驱使宝宝对特定事物发生浓厚兴趣，进而有了尝试和学习的热情和执拗，直到这个内在需求被满足了，这股动力才会消逝，然后会迎接下一个敏感力的出现。

宝宝的敏感期是自然赋予的生命助力。每一个敏感期的出现都将引发下一个敏感期的到来。而敏感期的发展，也是保证宝宝未来发展的一个重要的成长关键期。好好地把握宝宝敏感期的成长，学会运用这股自然的神助力，就等于把握了宝宝未来的发展，能事半功倍地帮助宝宝更健康地成长。

宝宝各个敏感期发生的顺序，是遵循宝宝身体发育的自然法则，从上到下，从里到外的规律。但每个宝宝各个敏感期出现的时间、表现都不尽相同。那么，如何捕捉宝宝的敏感期呢?

奶奶可以根据宝宝发育到了哪个阶段，及时观察宝宝的变化，探究宝宝处在什么样的敏感期，并给他提供适合他敏感期发展的环境、条件和帮助，让宝宝自己在探索和尝试中度过敏感期。

奶奶要注意的是：当敏感期出现时，不要试图按照自己的想法去改变宝宝，而要给予他足够的自主权，给他按照自己内在的需求去发展的权利，适时协助而不干预。当宝宝热衷于探索有兴趣的事物时，奶奶要放手让宝宝自己做，只要注意安全，奶奶可以当个欣赏者，鼓励者，如果宝宝愿意，也可以当个参与者。

我们要尊重和遵守宝宝生命的自然法则，理解和帮助宝宝顺利地渡过每一个敏感期。如果奶奶缺乏对敏感期的理解，盲目阻止宝宝不可思议的执拗举动，会使宝宝失去这种上天赐予的敏感力，不仅会给宝宝的性格发展和情绪能力带来障碍，而且会影响他对周围事物的认知和处理问题的方式。

捕捉宝宝的每一个敏感期，就是捕捉到了影响宝宝一生的关键期，帮助宝宝顺利渡过每一个敏感期，宝宝的心智水平就能上升到更高的一个层面。宝宝有哪些关键期或敏感期呢?

◇ 宝宝的九个敏感期

❖视觉敏感期

“眼睛是心灵的窗户”。视觉是其他感觉的基础，是大脑发育的起点。进入大脑的信息83%来自视觉。视觉敏感期是宝宝的第一个敏感期，与大脑的发育有着极大的联系。如果新生儿的眼睛被蒙上数日，错过了视觉敏感期的发育，宝宝会终身失明。两个半月左右的宝宝，视觉会跟踪移动的物体聚集，追视能力开始形成。

生命最初的“追视”能力是宝宝学习能力的入门，在学龄前宝宝的认知发展中是有无穷延伸非常重要的认知能力。儿医会叮嘱，要练抬头，练追视。宝宝会开始研究自己的双手，慢慢地，宝宝有三维感、空间感、颜色感。视觉敏感期还会影响宝宝智力的发育，科学研究证明，利用视觉形象，可以大大提高宝宝的注意力、记忆力和综合能力，视觉敏感度高的宝宝，脑部发育和语言发展会更好。

❖听觉敏感期

宝宝出生即有声音的定向能力；4个月左右能辨别喜欢或不喜欢的声音，会主动发出声音，能模仿发声，对悦耳的声音非常感兴趣；6个月左右能对不同语调作出不同的反应，爱听“妈妈腔”，会主动寻找声源；8个月左右能模仿复杂的发音；10个月左右能判断哪类声音有意义，喜欢听表扬，不喜欢听批评，会听从简单的指令；周岁左右会开口了。

听觉能力与语言发展，与认知外部世界的能力，有着至关重要的关联作用。对宝宝说话要清晰、缓慢、重复、简短、具体。听觉的敏锐性、辨别力和知觉能力的发展，在宝宝不同阶段有不同的表现。

❖口唇敏感期

也称“口欲期”。口是宝宝唤醒身体其他部分的神奇力量，是认识外在世界的神奇“窗口”。宝宝是用口来打开世界这扇大门的，是连接自己和这个世界的一个自然的通道。当宝宝开始尝试用嘴巴来辨别眼前所有的物体，拿什么都往嘴里塞，用舌头和嘴唇来帮助认识世界时，吃手吃脚就是宝宝的工作了。这是个质的飞跃。

在宝宝出生的头几个月，手和腿不受大脑的控制，随便踢蹬，而吃手是被大脑控制的有目的的行为，对大脑的发育起着很重要的作用。4个月的宝宝正在练习，将手伸到嘴里，并将手留在嘴里。5～6个月的时候，宝宝开始喜欢咬人，除了出牙因素外，这也是他们的一种情绪表达。吃手可以满足心理和生理两方面的需求，既能获得心理快感，也能锻炼手、眼、脑的协调能力。

※手的敏感期

与口的敏感期后期重叠的是手的敏感期。宝宝用口功能的建立来唤醒手的功能。手是宝宝的第二大脑。宝宝是用手来思考的，手的自由使用表达了宝宝的思维和思考过程。从出生时的紧握双拳，到五指放开大把抓，从三指抓，到二指捏，再到一指抠，宝宝的精细动作越来越好，手眼脑的协调越来越好。会用双手倒换玩具，会翻书能涂鸦，用双手的探索来刺激大脑的发育，协调大脑和身体的关系。

宝宝热衷于“扔了捡，捡了再扔”，这是宝宝在探索空间概念和因果关系。9个月左右，手腕到上臂的支配能力会有一个很大的突破，出现了打人现象，这也是一种探索和情绪的交流，宝宝在锻炼自己的手臂肌肉和手指动作。宝宝在用双手探索和发现外在世界的同时，也在逐步构建自己的世界，这是极其重要的认知过程。

※大动作敏感期

敏感期中所经历的“二抬四翻六坐七滚八爬九扶立”，到跨出人生的第一步，是大动作敏感期发育的规律。走是宝宝的第二次诞生。独立行走的时间，是因人而异的，给予适时的、适宜的帮助和“放手”非常重要。主要有四个敏感阶段：

0～3个月的翻身敏感。宝宝学会灵巧熟练的翻身，自由的选择姿势，为进一步的活动打下了基础；

3～6个月的坐立敏感。宝宝颈部、前臂、腰部等处肌肉力量逐渐增强，喜欢蹲跳，锻炼双腿的支撑力；

6～9个月的爬行敏感。爬行完善了宝宝的前庭运动感觉和本体感觉，经过原地爬、后退爬、匍匐和肘膝盖协调爬行过程后，对于宝宝的体位感觉、平衡性、协调性以及记忆、注意力集中等都有重要的意义。

9～12个月行走敏感。宝宝喜欢扶着东西站立，下蹲，走几步。比如，喜欢双脚站在奶奶的脚背上，让奶奶双手牵着一起行走，这一切都是为行走做前期的准备和预热。

※空间敏感期

空间敏感期是所有敏感期中最有趣的一个，也是令人“头疼”的时期。出生至五六个月的宝宝没有空间感，“世界是平的”。之后，宝宝通过一系列的令人不可思议的探索行为，如拿到什么扔什么，用手指抠小孔，热衷于“藏猫猫”，千方百计钻橱柜，反反复复倒抽屉，物品垒高了再推，乐此不疲。这些都是宝宝最早对空间的感受，体验了“物与物分离”的重大发现所带来的兴奋满足和快乐自信。

对空间的探索是宝宝自我创造的过程，是突破极限的过程，也是构建专注力的过程。在这些过程中，宝宝逐步建构起自己的空间智能，了解物体的移动和秩序的转换，初步发展和建立抽象思维的基础。

※模仿敏感期

宝宝模仿能力是与生俱来的，新生儿几小时后就会模仿妈妈吐舌头，最初的模仿行为就是宝宝与大人之间交流的一种方式，也是一种学习和适应。宝宝成长的本身就是一个模仿的过程。宝宝学习语言，发音发声就是从模仿开始的。真正的模仿行为出现在7～9个月。宝宝尽管并不知道模仿行为，会产生什么样的结果，但理解他人行为的能力，已经有了比较大的发展。

此后，宝宝的模仿能力越来越强，动作如打电话，语言如词音，表情如喜怒，都会有模有样地模仿。模仿就是宝宝最先获得知识，认识世界，并逐渐形成自我意识，构建自信的来源，是大脑发展的重要途径。要给宝宝创造各种合适的有创造性的模仿机会。

※语言敏感期

语言敏感期是指宝宝在学习和使用语言的过程中所表现出来的一种特殊现象。刚出生的婴儿，体内就有一种自发的力量会吸收和储藏语言。宝宝天生就有一种能力，能够准确无误地判断出哪一种声音是自己需要的。因为宝宝内在的敏感性，能让他们在许多声音中，选出自己特别感兴趣的那一种，并对其信息加以吸取。

在0～1岁的语言前期，新生儿就能够分辨不同的声音，偏爱妈妈的声音，对语言有一定的感知能力。1～2个月，使用不同的哭声表达需求；2～3个月，能发出喃语声，喜欢听大人重复他的声音；3～4个月，对母音很敏感，会跟着模仿发出母音；5～6个月，能发出“啊啊”的声音，对叠音词很感兴趣，有的宝宝能清晰地发出“妈妈，爸爸”的声音；7～8个月，能听得懂一些语言，可以依据大人的指令做拍手、握手、挥手等动作，了解了“不”的含义；9～11个月，能够发出很多语音，尝试喊爸妈，摇头表示反对，对拟声词非常感兴趣，会模仿动物发声。1岁时，能简单运用语言工具，蹦出几个字或片语替代一句话。

❈爱的敏感期

亲人的爱，是宝宝构建自我、认识世界的最重要的甚至是唯一的桥梁，是心智人格等各方面发展最重要的基础。爱的沐浴能给宝宝带来强烈的安全感和幸福感。宝宝从第一声啼哭起，就渴望着在爱的沐浴下成长。国外有一项研究显示，如果新生儿缺乏一个稳定的抚养者的情感满足，食物营养并不是必要的存活条件。爱，不是空洞抽象的。周围人所给予宝宝的爱，宝宝能通过他们的眼神、声音、表情、触摸、同情、共鸣、回应等反应中，切实地感受得到。

宝宝的敏感期是自然赋予宝宝的强大的生命力，也是更好地培育宝宝的关键期。这种可遇而不可求的“机遇”，虽然短暂，但对宝宝一生的成长和发展却极其重要，有着不可估量的作用。误导或错过对这些敏感期的辅助、开发和利用，就会错失最佳学习时机，日后的弥补是事倍功半，甚至会给宝宝造成不可逆的巨大损失。如果借助大自然给与的“神力”，善于运用这股助力，我们就能事半功倍地帮助宝宝更好地成长。

感统能力，智慧之根

◇ 什么是感觉统合能力

感觉统合能力是指大脑将身体各部分感觉器官输入的各种感觉刺激信

息组织加工、综合处理的过程。经过大脑统合作用,完成对身体内外知觉作出反应。简单的模式就是:大脑接收到信息—大脑处理信息—身体做出相应的反应。

有位老师曾举了一个最简单的例子——宝宝吃苹果,来解说这个模式。宝宝吃苹果的过程,就是调动了大脑和身体的一部分机能才能实现的。宝宝的大脑首先获得奶奶让宝宝吃苹果的指令(听觉),宝宝触摸到苹果光滑外皮(触觉),闻到苹果清甜的味道(嗅觉),吃苹果时尝到苹果的甜味(味觉)。如果苹果足够重,宝宝拿起苹果需要掌握好平衡(前庭觉),如果宝宝把苹果核扔到垃圾桶,则是考验了宝宝的本体觉。

所谓感觉统合失调,是指外部的感觉刺激信号无法在宝宝的大脑神经系统进行有效的组合。意味着宝宝的大脑对身体各器官缺乏或失去了控制和组合的能力,使机体不能和谐的运作。比如,上面宝宝吃苹果的例子就不会那么顺利,体会也不会那么深了。

也就是说,感觉统合就是指大脑和身体相互协调的过程。身体是一切智慧的“根”,视、听、嗅、味、触、平衡感等感觉,是身体往外探索的“门”。学习最重要的工具是身体。所以说,身体是构建智慧之根,根不牢固,任何的学习皆成虚幻。

心理学专家爱尔斯指出,宝宝在成长过程中出现的许多情绪和行为上的问题,如情绪障碍、行为障碍、学习障碍、人际摩擦、适应性差、心理素质差、社交退缩等,都与宝宝的感觉统合失调有着极大的关系。感统失调会严重影响宝宝的健康成长,对宝宝智力开发和综合能力的培养非常不利。

宝宝大脑发育有其自然的内在规律,感觉及感觉统合能力的发展是其发展的第一步。

有学者提出,婴幼儿时期的感觉统合学习,几乎占据了一生的80%。

在这个阶段,宝宝从躺平看世界,到能够坐着看世界,随后可以站着看世界,最终能够自如看世界。其中,大动作和精细动作的发育是紧密配合的,因为很多人体的活动,需要同时协调运用这两种技能。因此,从小对宝宝感觉统合能力的培养和训练,对其身心发展起着其他任何学习都无法替代的作用。

◇ 为什么容易被忽视

据国家卫生计生委一个科普项目显示，现代化都市家庭中，或多或少存在感觉统合失调的孩子高达85%以上，其中约有30%的孩子为重度感觉统合失调。北京心理卫生协会秘书长，感觉统合训练专家甄教授说，感觉统合教育是幼儿最基础的教育，幼儿首先进行的学习，不是弹琴，也不是绘画，而是感觉统合的学习。0～3岁的婴儿期是培养和训练宝宝感觉统合能力的关键时期，尤其0～1岁，对宝宝一生的影响极大。

这个重要的概念，在奶奶这一代，可以说是前所未闻的。在年轻的父母一代，也有很多是不知其所以然的。这就是为什么，奶奶可以经常发现：

- 有的宝宝看着聪明，可为什么却好动，注意力不集中，经常丢三落四？
- 有的宝宝看着懂事，可为什么却脾气急躁，很难与小朋友相处，具有攻击性？
- 有的宝宝看着可爱，可为什么却胆小害羞，缺乏自信，粘人爱哭闹？
- 有的宝宝看着伶俐，可为什么却动作不协调，运动性差，笨手笨脚？

出现这些情况的原因可能有多种，但因宝宝的感觉统合失调而引发，是一个非常重要的因素。那么，宝宝为什么会出现感觉统合失调的问题呢？大致有五个原因：

- 妈妈在怀孕时缺乏足够的休息和营养，或烟酒、浓茶、咖啡的刺激，或情绪处于应激状态，或早产、剖腹产，等等。这些都容易造成胎儿大脑发育不足，出生后触觉发育不良，是导致宝宝感觉统合失调的主要原因之一。
- 由于宝宝大脑发育存在幼态延续的现象，出生时大脑只发育了23%左右，剩下的77%的大脑发育是在后天，尤其是在婴幼儿期。77%左右的大脑后天可塑性给宝宝的大脑如何发育，提供了一个极为重要的婴幼儿大脑可塑期。用什么"塑"呢，那就是在宝宝大脑不同的发育阶段，给予身体和各感官丰富的足够的适宜的刺激。否则，缺乏刺激，会影响宝宝大脑的健康发育，也是造成宝宝感觉统合失调的主要原因。
- 宝宝出生后，摇抱少，活动少，静躺多，静坐多，没有很好地完成从仰卧到俯卧的“龙抬头”，从被抱到被背的两次空间旋转（所以提倡“百日”时的翻身抬头训练）等一系列大动作训练。而到了七、八、九三个月期间，怕脏或怕摔着宝宝，奶奶抱得多宝宝爬得少，或甚至没有经过爬行而直接走路了。爬得少或活动空间太小，过多限制宝宝的活动范围，过早使用学步车，会造成前庭平衡失常，头部支撑力不足，协调性和平衡感差。另外，宝宝的成长缺少游戏，缺少感官刺激，造成幼儿右脑感觉刺激不足，这些都会造成感觉统合的失调。

- 宝宝对外界事物的了解和认识，最主要的是通过视、听、嗅、味、触的感官来获得的。现在的小家庭，父母基本是独生子女，大多只育有一个宝宝，而又居住在钢筋水泥楼里，宝宝的世界很小，感官刺激很少。现在的家庭环境不像过去，兄弟姐妹多个，邻居伙伴不少。宝宝从六七个月起，就有了想与人交往的意愿。在宝宝感官发育过程中，如说话、走路、奔跑、游戏、运动，甚至争吵、打架，那时都有伴儿。在与兄弟姊妹和玩伴的交往中，宝宝还能学会平等对待，轮流分享，情绪控制，扬长避短，人际能力以及合群性。现在的宝宝，成长缺少伙伴，群体生活不足，感官刺激不足，大动作精细动作能力不足，就可能造成感觉统合的失调。
- 现代家庭“1－2－4”的生活模式，六个大人围着一个宝宝“团宠”，各式疼爱有加，小太阳般被溺爱，或者各种限制过多，小花儿般被保护，错过宝宝感觉统合最佳培育期，而又没有及时纠正。比如，该学的时候不让学，影响宝宝的兴趣发展；该动的时候不让动，影响宝宝的探索发展；该哭的时候不让哭，影响宝宝的情绪发展；该爬的时候不让爬，影响宝宝的感觉统合能力发展；该玩的时候不让玩，影响宝宝的智力发展。

另外，奶奶容易采用传统方式养宝宝，容易出现两个极端，或急于培养，拔苗助长，或听其自然，自生自长。还有的奶奶，宝宝一闹，就把宝宝交给电视。宝宝长时间盯着电视、电脑屏幕，不仅会使宝宝眼球运动减少，还会使眼球充血，出现眼球干燥，甚至导致眼球视网膜的感光功能失调，造成植物神经紊乱等。这些都是造成宝宝感觉统合失调的原因。

◇ 五种感统能力失调的表现

为什么专家们提出，婴幼儿期最基础的学习训练是感觉统合能力的培养呢？如果错过了婴幼儿感觉统合能力学习和训练的最佳期，宝宝在以后的学习生活中，会出现哪些感觉统合失调的表现和问题呢？

※前庭平衡失调

如果前庭平衡失调，会出现发展不良的表现，如：

- 平衡感很差：显得笨手笨脚，常常跌倒，不小心就撞翻物品或撞上家具。
- 过于兴奋：经常过于兴奋，甚至到处疯跑或满地打滚；好动不安，摇来晃去，喜欢旋转，或久转不晕或一转就晕。
- 喜欢抖动身体：摇头甩手，坐立难安，没办法好好地坐下来。
- 注意力不集中：上课不专心，爱做小动作，很难与其他同学相处。
- 身体形象不佳：如看书时，一会趴着、一会坐着、一会躺着；站无站相，坐无坐相。
- 方向感很差：无法正确掌握方向，在学习与生活中常常观测不准距离。
- 容易心烦气躁：会严重影响学习与认知热情。

※ 视觉感统能力失调

“百闻不如一见”真的有道理。眼睛是心灵的窗户，视觉是人类其他感觉的基础，是人类最重要的信息来源，在大脑获得外界信息的渠道中约占83％。好好地利用视觉形象可以大大地提高宝宝的注意力、记忆力、学习能力和综合能力，视敏度高的宝宝大脑中的“感光胶片”更清晰更准确，脑部发育也更好，智商也会更高。

视觉功能如何，不是普通意义上的视力好坏，而是一种视知觉功能，是视觉的更高级别。视知觉是指一个人如何对所看到的东西，具有注意能力、分辨能力、记忆能力、比较能力、联想能力、协调能力、追踪能力和空间感觉能力，并赋予意义的知觉能力。我们所看的东西需要结合认知，才能区别其意义，做出合适的决定，采取正确的行动。

视觉感统能力失调的常见表现：

- 移动视线困难：从一个焦点移动到另一个焦点有困难。没办法盯着一个移动的物体，常常跟丢。无法顺着一个方向，很平顺地移动视线：例如看书时，很难从头到尾把一行字看完，再看下一行，看着看着不是跳字就是跳行。
- 喜欢眯眼看东西：因为脑部无法快速过滤掉不重要的视觉讯息，常常需要眯着眼睛来帮忙减少不必要的视觉输入，也很爱闭上或遮住一只眼睛。
- 无法流利地阅读：尽管能长时间看动画片，玩电动玩具，却不爱阅读。阅读时，经常出现跳读、漏读，或多读，很快就失去耐性。视觉耐力差，眼睛很容易就感到疲累。
- 视觉区辨不良：通常看不出较小的差异，例如，玩"找不同"游戏时，有明显的障碍，总是找不出两张图有什么不同的地方。
- 直观性差：不能直观地评估物品的大小或长短等，对图形观察不仔细，不能按照正确的答案找出对应的数量。常误判周围环境中物品的相对距离，方向感很差，容易迷路。
- 写字时偏旁部首颠倒，会出现横不平、竖不直，大小不一，左右颠倒、上下颠倒，不能辨别简单的形近字，如数字 6 与 9，拼音 b 与 d，写字时常常会漏掉笔画，或漏字，或写一串数字时会漏掉几个。
- 视觉上失误，缺乏空间感：不能把字写在格子里；写字不整齐，通常很难把一行字写整齐，不是越写越高，就是越写越低，有时还会写出格子。

如果视觉统合失调没有及时调整，时间久了，必然会造成宝宝学习能力下降，自信心下降，容易在心理上产生阴影。

儿童视觉的形成和发展是具有一定规律的，不同月龄阶段的宝宝，其视觉发展也会表现出不同的阶段性特征。

美国学者 N.Barraga(白拉格)列出了儿童正常的视力发展表：

- 0～1 个月，看光或相关事物，眼肌调节能力差。
- 1～2 个月，追视物体及光源，对色彩斑斓物感兴趣，盯住大人的脸，开始双眼协调运动。

- 2～3 个月，注视地看，能区别面孔，黄色、橙色及红色。
- 3～4 个月，眼睛运动更加自如，视力有所改进，能较顺利地追视物体。
- 4～5 个月，视点由物体开始向身体各部分转移，想抓或移向其喜爱的物体，开始用视觉探索环境，能认出熟悉面孔，视野发育亦趋完善。
- 5～6 个月，够到或抓住物体，表明手眼协调开始。
- 6～7 个月，视点能从物体转向物体，捡起失落的物体，眼球能自如移动。
- 7～8 个月，熟练地观察物体并注视结果，观察运动物体并能快速追视。
- 9～10 个月，视力很好，转眼自如，能搜寻物体甚至转向角落，模仿面部表情或玩看到的游戏。
- 11 个月～1 岁半，视觉敏捷，视功能充分发展，玩积木或组装物体。

对照宝宝每个月视力发展表，能帮助我们随时观察衡量宝宝的视力发育状况，进行及时有效的训练培养，提升宝宝的视知觉能力。

※听觉感统能力失调

0～2 岁不仅是宝宝的视觉敏感期也是听觉的敏感期。如果能对宝宝的听觉和视觉同时进行刺激和训练，可以提高宝宝的反应敏捷度，更有助于感觉之间的连接，促进感知觉的发展。

宝宝的听觉能力决定着宝宝的注意力和语言能力，更决定着宝宝的思维能力和自信心，是宝宝拥有创造性思维，成为创新人才的必备能力之一。听知觉能力包括辨别力、记忆力、编序力、理解力、结合力。奶奶在宝宝的听觉发展敏感期，对宝宝进行科学合理的刺激、训练和培育是至关重要的。

听觉感统能力失调常见表现：

- 声音来源分辨困难：难以单纯借由听觉来辨识声源与方向，需要转头寻找，才能找出声音是从哪里来的。
- 难以专注：无法专注于聆听某个声音，总是会被其他声音干扰。例如，做游戏时，只要房间里有其他声音或人，就无法专注。
- 听理解力差：没办法了解或记忆他所听到的讯息。可能会常常误解别人所讲的内容，常常要求对方重新说一次，通常一次只能执行一个或两个连续的指令，多了就会记不得。

- 表达想法困难：对于要将自己的想法说出来有困难。抓不到谈话的主题。有时无法感受他人谈话的重点，回答不切题，无法针对别人的问题做出适当的反应。
- 语言学习不良：懂得的词汇量偏少，有时没办法使用正确的文法，语句。讲话时口齿不清，学到的东西一会儿就忘了，学习效果不好，甚至会有学习障碍。
- 记忆力差，注意力不集中：好动，不喜欢和别人讲话。对别人的话听而不闻，丢三落四，经常忘记老师说的话和留的作业等。

※本体统合失调

本体感是宝宝对于身体的一种感觉，如果失调，会影响宝宝对身体的控制。宝宝在书写过程中，对笔的控制需要用到手部的肌肉，保持坐姿需要运用腰部的肌力，说话时需要口腔肌肉的配合。所以，本体感失调，会直接影响到宝宝的学习行为。

本体觉失调的常见表现：

- 容易有恐高症：不敢爬高，对于一般人都可以接受的高度也无法忍受。即使是双手可以抓牢的简单攀爬动作，都不愿意做，害怕坠落。下楼梯的时候会异常的紧张，双手紧握扶手；不敢从有护栏的阳台往外看。
- 不喜欢爬楼梯：一上楼梯就觉得不舒服，花很长时间才能学会上下楼梯，但常常贴着墙走或是紧抓着扶手。
- 讨厌双脚悬空：不喜欢坐高脚椅或被高高地抱起，总是挣扎着要下来。不爱玩游乐场中的大型设施，例如秋千、滑板、攀爬架还有旋转木马等。不爱体能活动，比如，尽可能地避免做从上面往下跳的动作。
- 容易觉得晕眩：被转几个圈就会失去平衡，头晕甚至会吐。不管是乘车、坐船、搭火车还是搭飞机，都很容易晕眩。严重一点的，甚至连搭乘手扶梯和电梯也会无法忍受。
- 动作缓慢：比较偏好静态活动，行为动作比较慢。比如，帮助收拾凌乱的玩具，会不知怎么做，在高高低低的路面行走会很慢，等等。不喜欢玩会移动的玩具,喜欢可以在固定位置玩的东西。

➢ 手脚笨拙:手脚不灵活,精细动作不良。比如,不会系鞋带、扣纽扣、用筷子,手工能力差。

➢ 过分顾忌身体如何行动,经常处于紧张,焦虑状态。抗挫能力差,缺乏自信,消极退缩,不敢表现。做翻滚、骑车、跳绳、拍球等运动比较困难。

※触觉统合失调

触觉,也称压觉,是指分布于全身最大的器官——皮肤上的神经细胞,接受来自外界的温度、湿度、疼痛、压力、振动以及物体质感等刺激之后,所产生的一种感觉,是人类生存所需要的最基本、最重要的感觉之一。触觉是宝宝在成长过程中探索环境的重要中介,也是保护身体免受伤害的重要防线。触觉的敏锐度会影响大脑辨识能力、身体的灵活及情绪的好坏。

宝宝对触觉的反应几乎同成人差不多,这种功能是与生俱来的。触觉也是宝宝同父母或抚养人之间的一种情感纽带。这种重要的感官功能的过分敏感或过分迟钝,都会给宝宝的成长发育带来很大的影响。

触觉统合失调有两种,一是触觉敏感型,二是触觉迟钝型,其表现是完全不同的。

常见的触觉过度敏感表现:

➢ 容易紧张,胆小怕事。对外界的新刺激适应性较弱,会固执于熟悉的经验,熟悉的环境和动作,表现为害怕陌生环境,对任何新的学习都会容易排斥,缺乏自信。

➢ 粘人爱哭,怕陌生人。会拒绝他人的拥抱,逗弄或安抚,拒绝别人善意的拍肩关怀。在团体中容易和别人争吵,朋友少,常陷于孤独中。

➢ 不合群,不喜欢拥挤。不喜欢他人触摸,如产生触碰现象时,会感到不舒服或有情绪化的反应,表现出焦虑、敌意与攻击性。

➢ 经常出现很多令人无法理解的行为。比如,不肯赤脚走在草地上、沙土上或是涉水,经常可以看到踮着脚尖走路,以减少跟地面接触的机会。严重的会拒绝洗头洗澡、梳头理发、刷牙剪指甲。

➢ 由于经常会喜欢某种特殊熟悉的感觉,所以容易有偏食、吸吮手指和触摸生殖器的习惯。不喜欢脏脏的感觉,因此排斥如玩沙、手指画、粘贴、涂料、泥巴还有黏土等游戏。

- 情绪起伏大，在玩得高兴时，常常会突然生气，让人难以应付，对于身体上的疼痛反应过度。

常见的触觉反应迟钝表现：

- 反应慢，手脚动作不灵活。大脑的分辨能力差，发音或小肌肉运动都显得笨拙。过分乖巧，渴求较少，睡多动少，手足笨拙，反应迟钝，协调性差，疼痛感差，容易自伤，说话迟缓。
- 缺乏自我意识，人情冷漠，无法保护自己，学习能力也很难发展。害怕陌生环境，胆小怕黑，紧张、退缩、不敢表现。
- 情绪不稳定，固执，性情孤僻，爱发小脾气；怕别人触碰自己，容易吵架，不合群或者不会和别人玩，人际交往能力差，有时会自言自语，很难与人沟通。
- 除非是很强烈的刺激，否则对触碰、刮伤、挫伤等所引起的疼痛，好像没什么反应。甚至自己的嘴巴或鼻子四周脏了，也没什么感觉或反应。
- 常常感觉不到别人的痛苦。在做游戏的时候，当撞到其他小朋友或是宠物时，看起来仿佛一点歉意都没有，实际上，根本没有感觉到别人（或小动物）的痛苦。

触觉过分敏感或过分迟钝的问题都会给宝宝在成长过程中带来人格上、情绪上、学习上和交往上很大的困惑和障碍。

◇ 感统能力失调的预警信号

那么，如何观察到宝宝有没有感觉统合失调的蛛丝马迹呢？其实，不会说话的宝宝一直在用他的行为、举止、神态和表情在同我们沟通交流，发出警示信号。比如，一位研究儿童感觉统合失调的专家说过两个阶段的预警号。

第一阶段预警号：宝宝吸吮缺乏连贯性；对于轻微的摇晃感到害怕，甚至嚎哭；对于照顾者的触摸感抗拒；目光不会追随移动的物体。

第二阶段预警号：宝宝在俯卧时未能抬起头（2～3个月）；宝宝没有经过四肢爬行阶段，就直接走路；宝宝一岁后仍未能用拇指和食指捡起小物件；不会模仿别人。

再比如，在感觉统合能力发展中，精细动作的健康发育起了至关重要的作用，每个月宝宝都可能会向我们发出一些预警号：

➢ 0～1个月：手不会紧握成拳；
➢ 1～2个月：躺着时手臂不会挥动；
➢ 2～3个月：手仍常紧握成拳，不松开；
➢ 3～4个月：不会取物放入口中；
➢ 4～5个月：双手不会各自抓物；
➢ 5～6个月：不会玩弄玩具上的绳索，不会敲打玩具；
➢ 6～7个月：不会将玩具由一手交到另一手；
➢ 7～8个月：不会用大拇指与其他手指来捡拾物品，不会自己拿饼干吃；
➢ 8～9个月：不会用食指触碰按钮，开关；
➢ 9～10个月：不会拍手；
➢ 11～12个月：不会用大拇指和食指尖拿葡萄干，不会拉下袜子；
➢ 12～14个月：单手无法同时拾起2个小东西。

绝大多数宝宝的感觉统合失调不是病理现象，而是生理现象。

◇ 早发现早训练早治愈

宝宝感觉统合能力失调不是宝宝病了。宝宝上面那些向我们发出的警示信号，包括在本书中第二部分，宝宝每个月的成长发育评估项目的参考标准和警示，其实都是宝宝向我们发出的求救信号。所以，如果宝宝身上出现了让奶奶无法理解或解决的情况，请尽早让宝宝接受专业的评测，给予宝宝针对性的训练。只要我们能早预测，早发现，早训练，宝宝的感觉统合能力失调就会得到不同程度的提高、改善或痊愈。

宝宝感官的科学训练有很多方法，方法的精髓可以说是“刺激”和“游戏”。在刺激中游戏，在游戏中刺激，这两条是预防感统失调的关键。

著名心理学家皮亚杰说，宝宝的教育就是感官的教育。还有专家指出，婴幼儿早教，重点在于感官刺激，感官是宝宝接受外界信息和学习的传感器。宝宝的各种感觉器官功能，开发越充分，就越能更好地统筹各种感官，从而接收到更多的外界良性刺激。而良性刺激越多，神经元连接则越多，这非常有利于宝宝早期大脑的更好发育。

感觉统合训练也是一种全身心的训练，是涉及心理、大脑和躯体三者之间的相互关系的训练。奶奶可以抓住宝宝的每一个发育关键期，进行“对称”性刺激。在每个敏感期阶段，宝宝都会出现一种学习新技能的内驱力“爆发”情况。也就是说，在这个阶段，宝宝会专注于开发身体的某个功能，比如在手的敏感期，宝宝手指功能的开发。奶奶可以利用各种机会，创造性地、有针对性地给予宝宝充分的有效的感官刺激训练。

玩游戏是给宝宝最好最有效的训练。奶奶要了解，玩游戏是宝宝的工作，宝宝是在玩乐中学习和成长的。培养宝宝每一个敏感期的特殊功能，最有效的办法就是在游戏中培养。同宝宝一起做各种有趣的游戏，激发宝宝的潜力，引发宝宝自身发展规律的动力。

专家指出，0～3 岁，特别是 6～12 个月，正是宝宝学坐、学站、学爬和学走等大动作的关键期，是宝宝大动作能力、精细动作能力的大发展期，也是构建感觉统合能力基础的最佳时期。玩游戏就是一个最佳途径。本书在每个月成长概况中，都有与培养宝宝各种能力相关的游戏例子供参考。

美国学者创立的“运动游戏疗法”，又称为感觉统合训练，是一种用游戏治“病”的方法。通过一些特制的器具，如滑板、滑梯、平衡木、滚筒、独脚凳等，帮助宝宝在游戏中有针对性地刺激感觉，来促进宝宝身体和大脑之间的协调功能，帮助宝宝解决感觉统合能力失调的问题，从根本上解决宝宝学习困难、注意力不集中、语言迟缓、人际关系淡漠等问题。

第二部分

宝宝每个月成长概况、自测和游戏

宝宝发育的内在规律，让我们有共性的发育标准可供参考。

宝宝发育的自身节奏，让我们尊重宝宝的个体差异去养育。

规律或节奏，既是连续性的，又是阶段性的。宝宝前一个阶段的发育，是这个阶段发育的基础；而这个阶段的发育，是下一个阶段发育的延续。

奶奶应既不纠结于前一个阶段，又不盲目于下一个阶段，而是着眼于当下阶段，才是明智的选择。

03 0～3个月

新生儿的最初30天内，宝宝的大脑发展最迅速，会用令人吃惊的速度，从能看到、听到、摸到和闻到的刺激中，来获取外面世界没有加工过的信息。一个月后，速度便逐渐降低。由于新生宝宝的感官系统还没有完全建立，父母和看护人就是宝宝与外界环境之间的重要或者唯一的桥梁。要抓住尽可能的机会，给予宝宝视觉听觉触觉等各方面的感官刺激，并给予适当的运动机会。因为大脑的发育成长，是依赖于这些感官的刺激和活动。

宝宝感知觉训练，一般在出生10天左右就可进行了。宝宝的观察和模仿能力，从呱呱坠地那一刻就开始了。在4个小时左右，有的宝宝就会模仿大人伸舌、张嘴，甚至在嘴里动动舌头。早期亲密关系的建立，能够培养宝宝的信赖感和安全感，给宝宝良好性格的发展奠定重要的基础。

◇宝宝发育概况

❈感统发展

·大动作能力

宝宝出生后，在大动作上几乎所有手掌、手臂和腿部的动作仍是生理性反射动作。比如，踏步反射，扶掖站在硬板上能迈开步子，或用手托住宝宝小脚，会踏步，有时还会伸出手臂，双腿嬉戏。10天左右，有些宝宝俯卧时能将下巴抬起几秒钟，会短暂抬头可离开床面，眼睛抬起会观看，头部会左右转动。

俯卧时头可以从一侧转到另一侧。有些宝宝开始学会使用大块肌肉，腿也在不断地增加力量，顺畅地上下肢运动，看起来像在骑自行车。腹部朝下时，宝宝的下肢会做爬行动作，仿佛是要撑起来的样子。身体会有些痉挛，下巴会颤抖，双手会抖动，快满月时逐渐消失。

·精细动作能力

宝宝出生时，双手通常呈现大拇指在内，四指在外的握拳状态或只是稍微张开，至二三十天后双拳会放松，触碰手掌会握拳，会抓牢任何触碰他手掌的东西。比如，放笔杆在宝宝的手心里能紧握10秒钟以上，但很快会掉下。宝宝每只手通常具有大约0.9千克的抓握力。手指运动非常有限，但可以屈伸手臂，可以将手举至视线范围内，也可以送到嘴边。

·视觉能力

视觉是大脑发育的起点。宝宝在出生几小时内就能认得妈妈的脸，一周后能认得人脸，能够和大人对视并且视线会追随。2周左右，宝宝的眼睛对距离50厘米左右的灯光有反应，眼球可追随灯光运动。3周左右，就学会注视视野中出现的物体，视线能追随玩具或人脸从身体的侧边移至正中间。

宝宝能看到眼前20～30厘米的物体，并能注视离眼睛20厘米处的，模拟妈妈面容的黑白图画10秒左右。90%以上的新生儿有追看移动物体的能力，并追随物体转移视线，但没有彩色的视觉。研究发现，宝宝喜欢看黑白或者高对比度的图案。喜欢看人的面孔甚于其他图案。眼睛还会追随红球或有色玩具上下左右移动。

宝宝看到自己熟悉的形状和一些特殊面孔时，会特别兴奋。在觉醒的时候，宝宝的头会转向有光源的方向，喜欢看明亮的地方。当奶奶将脸靠近宝宝的脸，并做一些面部表情时，宝宝不仅会注视奶奶的脸，还会有轻微的反应，眼珠子会随着奶奶的表情转动。奶奶将手突然从远处移至宝宝眼前，宝宝会眨眼。

·听觉能力

刚出生的宝宝就已有相当的听觉能力了，3～4天后，宝宝则能逐步学会分辨不同的声音。能分辨声音刺耳与优美的区别，对声音的反应也十分敏锐，偏爱轻柔、旋律优美、节奏鲜明的音乐。宝宝的耳朵像是自动天线，会自动地转动到能接受声音的最好方向。

宝宝会密切注意人的声音，将头转向熟悉的声音，兴致勃勃地观察四周，倾听新的声音，吸收新的信息。但会对噪音敏感，听到无节律的噪声时，会停止吸吮并显得躁动不安。听到响一点的关门声，会受到惊吓。哭泣时听到声音就会停止，耳朵会自动转向声源。离耳朵15厘米处，摇动带有声响的玩具，宝宝能转头眨眼。

日本研究发现，新生儿如果听到针对他的咿咿呀呀声时，宝宝的大脑前部区域的神经系统会变得更加活跃，能够促进宝宝语言发育。

• 触觉能力

宝宝的触觉很灵敏，轻轻触动宝宝的口唇部，便会引起宝宝的吮吸动作，并会转动头部，用手指轻轻地触动宝宝的手心，宝宝的小手会立即紧紧握住。宝宝对触摸和蜡烛包的包裹方法十分敏感，喜欢柔软而不是粗糙的感觉，不喜欢被粗鲁的搂抱。宝宝通过大人的触摸方式，温柔、细腻或粗暴，来理解你的脾气和感觉。

• 嗅味觉能力

新生儿宝宝的嗅觉比较发达，刺激性强的气味会使宝宝皱鼻，一周时能够辨认妈妈的乳汁气味，能区别妈妈和奶垫的气味。闻到一种喜欢的气味时，宝宝会有心率加快、活动量改变的反应。宝宝一周后能辨别甜、苦、咸、酸等味道。宝宝喜欢甜食，最讨厌苦和辣的食物，其次是酸的食物。

※语言发展

宝宝刚一出生就具有啼哭和发音的能力，能发细小喉音，有时甚至会发出“啊啊”的声音。宝宝啼哭时，当大人发出同样的哭声回应时，宝宝能回应性发音二次。当大人同宝宝讲话时，小嘴能模仿开合。新生儿期间最重要的发育特征之一，是出现第一次生理性微笑或咯咯笑。

宝宝是用哭的语言同大人交流的。比如，宝宝在饥饿时，用的是一种乞求感的哭声，声音由小变大，并且很有节奏感。在困倦时，宝宝的啼哭呈阵发性，一声声不耐烦的号叫。宝宝的语言发育在很大程度上取决于宝宝呼吸水平的高低，而新生儿的呼吸在各项功能中是最为薄弱的，所以，奶奶要特别关注宝宝的呼吸功能，尽量给宝宝多的活动机会，刺激宝宝四肢的活动，促进宝宝的呼吸系统快速反应，从而提高宝宝的语言功能。

※认知发展

宝宝在需要人帮助时，会哭着寻求。宝宝会记得两三秒内重复出现的东西。在宝宝的视野里，看到人或玩具时会兴奋。但如果看的时间过长，宝宝就又会变得“看不见”。宝宝快满月时反应灵敏许多，开始对外界事物感兴趣。

※情绪发展

宝宝出生后不愉快的情绪占主导地位，饿了、冷了、尿了、病了、困了，甚至寂寞了，哭就是他们唯一的“语言”和表达方式。经常呼唤宝宝的乳名，宝宝会感到很快乐。宝宝对大人的抚慰会有高兴的反应。新生儿很容易感到不舒服而不高兴，他们所寻求的是舒适感，或至少是对不舒适的缓解。宝宝大部分时间脸上没有什么表情，醒着时会有茫然、平静的表情。

宝宝最初的基本情绪都比较简单，随着生长发育，情绪中的社会性成分才会越来越多。新生儿有很多特点如软弱、易睡、易怒、易敏感，最大的特点是情绪的快速转变，不满愤怒可以瞬间转为心满意足，大声啼哭可以马上转为眉开眼笑，反之亦然。

※社会发展

宝宝一出生，就表现出与外界交流的天赋。宝宝与大人的对视就是交流的开始。对宝宝温和地说话，或将他抱着贴在胸口时，宝宝会注视大人的脸，并做眼睛的对视接触。这样的对视，对宝宝行为能力的健康发展，具有重大而深远的意义。宝宝用表情和躯体语言与大人交流，对大脑和心理发育有很大的帮助。

多数宝宝在满月逗引时会笑。宝宝迫切需要大人的关注和爱护，会紧抓抱着宝宝的人，被抱或看到人脸时会安静。

◇成长测试标准参考

0～1个月宝宝成长发育标准参考

分类	项目	测试方法	参考标准
大动作能力	抬头	双手交叉在胸前抬头	能左右转头
	扶坐	双手扶宝宝上臂外侧	头竖直2秒以上
精细动作能力	抓握	给宝宝勺把或笔杆能紧握	握10秒左右
语言能力	喉音	和宝宝对视说话，快乐时能发喉音	发出细小喉音

（续表）

分类	项目	测试方法	参考标准
语言能力	回应	宝宝啼哭时，大人发出同样哭声	能回应性发音 2 次
认知能力	看脸谱	将脸谱放在宝宝正面 20 厘米处，	能注视 10 秒以上
	眨眼	大人将手突然从远处移到宝宝眼前	会眨眼
	听定向	用声音在离头部 10 厘米处摇动	会注视转头找声源
人际交往能力	逗笑	用手抚触胸脯发出回应性微笑	15 天前出现
生活自理能力	识把	用“呜”声示大便，建立条件反射	对声音刺激有反应

发展警示：宝宝如有以下状况，请尽快与儿科医生联系：

- 四肢很少有动作，看起来很僵硬；
- 四肢肌肉似乎非常松软或无力；
- 不能轻松地吸吮或吞咽；
- 在强光照射下不会眨眼；
- 对剧烈的声响没有反应；
- 视线不会关注并跟随面前左右移动的物体；
- 在没有哭泣或兴奋的情况下，下巴不停颤动；
- 身高体重不增加。

◇ 与能力发展相关的游戏

※大动作能力训练

游戏：抬头练习三法。

游戏目的：锻炼宝宝颈部，背部肌肉，为早抬头做准备。

从宝宝出生起，就可以开始训练宝宝的感觉统合能力了。将宝宝抱在怀里轻轻地摇晃，就可以达到刺激前庭，改善平衡反应，增加肌肉张力的效果。

在新生儿的生活中，趴着是一个重要的形式。美国儿科学会建议，把宝宝带回家的那一天开始，就应该每天抽时间让宝宝趴一小会儿。刚开始，宝宝可能不喜欢趴着，因为肌肉力量不足以支持他的头部抬起来。在确保安全的前提下，如果有条件的话，我们可以尽可能早一点教会宝宝俯卧抬头。这样，对宝宝整个的神经发育是非常好的，对宝宝背部肌肉的锻炼是很重要的，还有利于锻炼颈部增强灵活度，有利于锻炼胸部增加肺活量，还有利于宝宝的大脑发育。奶奶可以让宝宝：

➢ 趴一下。先把仰卧着的宝宝的胳膊放到胸前，然后把宝宝慢慢翻转过来，让宝宝趴在床或地毯上。奶奶可以轻轻地把宝宝朝左边的头转向右边，然后在左边轻轻地呼唤宝宝的名字，或说话唱歌，宝宝会把头转回左边，根据宝宝的能力，也可以在宝宝头的上方，说话唱歌，抖动玩具，引发宝宝抬头的兴趣，这样每天来回做几次，可以练习宝宝颈部的灵活性。

➢ 竖一下。奶奶可以用两只手分别托住宝宝的颈背部和臀部，把宝宝竖着抱起来一会儿，由于宝宝的骨骼发育还很弱，竖着抱的时间依人而异不宜长。抱着宝宝的时候，奶奶最好能嘴不闲，脚不停，在室内一边溜达一边做“导游”，这样不仅能锻炼宝宝颈部的支撑力，而且还能引发宝宝对各种事物的关注和兴趣。

➢ 俯一下。奶奶可以躺在床上或沙发上，在宝宝空腹时，让宝宝自然地俯在奶奶的腹部，用双手放在宝宝的背部按摩，并且想法逗引宝宝抬头。比如，奶奶可以用色彩鲜艳伴有响声的玩具，在宝宝的眼前慢慢移动到头部的两侧，诱使宝宝努力抬头，并能随着玩具的方向转动，这个方法不仅锻炼了宝宝俯卧抬头的持久力，而且也增强了宝宝颈部转动的能力。

游戏训练要注意的事项：

要选择舒适安全的场合，挑选宝宝心情愉快、体能正常的时候进行，避免在宝宝喝奶后立即进行。

根据宝宝的状况，一天可以训练多次。每次训练的时间不要太长，几分钟甚至几秒钟都可以，一旦宝宝流露出疲倦或不安的情绪，训练要立即停止。

这是宝宝人生第一次大动作训练。要享受训练如游戏的过程，以游戏的心态顺其自然。不要把训练宝宝尽早抬头作为唯一目标，更不要把自己的宝宝与抬头早的宝宝相比而产生焦虑，再小的宝宝都会感觉到负能量的传递。

每次训练完后，都要让宝宝仰卧在床上休息片刻，奶奶可以让宝宝侧身、抚摸一下他的后背，让他的肌肉放松。经常的爱抚和鼓励，宝宝都能感觉到来自奶奶的爱哦！

※精细动作能力训练

游戏：打开小拳头。

游戏目的：刺激宝宝的手指肌张力和灵活性的发展。

新生儿基本上都是五指紧握，大拇指在里面的，很少松开，很多宝宝甚至过了满月依然紧握双拳。当然，也有的新生儿才两个多星期，双手就能五指松开进行活动。

训练宝宝手的技能，对于开发智力十分重要。手指的动作越精巧越复杂，就越能在大脑皮层建立更多的神经联系，让大脑发育得更好。

及时打开新生儿的小拳头有很多好处：

➢ 可以尽早给宝宝奠定良好的手指肌张力和五指灵活性的基础，尤其是对拇指的肌肉发展是非常有利的。
➢ 中医认为手指手掌连接着身体的各个系统，及时对新生儿进行手指松开训练，能更好地促进宝宝大脑和神经系统的发育。
➢ 手指分开后，开拓了双手的功能，极大地提升了宝宝探索世界的好奇心和兴趣。宝宝能够主动地学习和进行一些力所能及的活动，使得感知觉的能力得到很好的发育。
➢ 手部动作的进一步开发，使宝宝和环境产生了互动，同奶奶有了更多的动作交流，这种互动和交流的经验对宝宝今后的发展意义重大。

奶奶可以这样做：

➢ 刚开始时，奶奶可以轻轻地抚摸宝宝的手指，刺激他手部皮肤的感觉，让宝宝感觉到安全。然后，奶奶可以给宝宝做一些力所能及的训练，绝对不可以操之过急。比如，慢慢地温柔地打开宝宝紧握的双拳，让他体会到舒展手指的轻松感，并用自己的手指，或者其他合适的，粗细软硬不一样的物品让宝宝抓，抓了以后，宝宝的手就会松开，再塞上去，抓完了又松开，反复几次锻炼宝宝五指的肌张力和灵活性。

- 帮宝宝洗澡时，奶奶可以把手指尖轻轻伸进宝宝的手掌里，在小手心里慢慢地来回转动，边清洗边按摩，肌肤温柔的触感能刺激宝宝触觉神经，使宝宝身心放松，小拳头很容易就松开了。
- 奶奶还可以把宝宝搂在怀里，把手指伸进他的手心里，大手握小手，轻轻地摸一摸，缓缓地摇一摇，然后慢慢地打开宝宝的拳头，让小手掌触摸奶奶的脸，不停地和宝宝说说话。拿起宝宝的手掌，轻轻掰开拇指，再将手指一根一根打开，再一根一根合拢，轻柔地抚摸，边做边说话，唱歌。让宝宝握住玩具，奶奶拿住宝宝的小手，一起摇摇，听听玩具会发出什么声音，让宝宝在游戏中慢慢学习控制，使用自己的手。

◇视觉能力训练

游戏："东张西望"。

游戏目的：适宜的视觉刺激，能培养宝宝的视知觉能力。

视敏度高的宝宝，大脑中的"感光胶片"更清晰更准确，脑部发育也更好，智商也会更高。研究发现，90%以上的新生儿有追看移动物品的能力。将宝宝放在一个清洁明亮空气新鲜的环境里，奶奶在宝宝视线范围内，慢慢走动，并对宝宝微笑说话，使他注视你，让他的视线追随你移动的方向。

奶奶还可以在宝宝的小床周围，根据宝宝的喜好挑选图片让宝宝观看。比如，新生儿喜欢曲线胜过直线，喜欢三维图形胜过二维图形，喜欢人脸胜过其他图形，喜欢黑白色胜过彩色。

奶奶还可以每天坚持给宝宝看书，看一张彩页的书，讲一个故事，比方说大公鸡、拔萝卜等。抱着他每天五分钟，坚持一年的话，宝宝终身都喜欢书。据说，犹太人给每个新生儿，都会送上一本粘了蜂蜜的书，给宝宝舔，让宝宝从小就知道书是甜的，是美好的。从小与书结缘，大概也是为什么犹太人是世界上拿诺贝尔奖最多的原因之一吧。

◇听觉能力训练

游戏：高低回应。

游戏目的：刺激宝宝的听觉神经的发育。

新生儿除了睡觉以外，大多时间会哭闹。奶奶可以来个回声对应。比如，宝宝“啊－啊－啊”地哭的时候，奶奶可用比宝宝高一点的声音，慢一点的速度，也给他一个“啊－啊－啊”的回应。这时候的宝宝就会感觉到非常新奇，会停止他的哭声或竖起耳朵来听。

这不仅能刺激宝宝的神经系统的发育，也能巧妙地观察宝宝的耳朵听力是否好，是否灵敏。如果从新生儿开始就给宝宝进行生动活泼、简单易懂的说话唱歌的听觉训练，这样的“对牛弹琴”，不仅宝宝的听觉能力、语言发展能力会得到根本的提高，对宝宝的智力发展和情绪发展也有着重要的作用。

◇触觉能力训练

游戏：抚触。

游戏目的：刺激宝宝触觉神经的发展。

宝宝一出生就渴望大人的抚摸、拥抱，犹如幼苗渴望阳光雨露一般。经常地温柔地给予宝宝各种抚触，是帮助宝宝建立亲密感、安全感和信任感的重要途径。这是医学界在治疗早产儿时候，发现的一种促进宝宝生长发育和智力发育的操作手法。

奶奶可以在宝宝身体的一些敏感部位，做“小花猫挠痒痒”游戏，进行舒服适宜的抚触。奶奶动作要轻柔，可以同时温柔地跟宝宝说话，或者轻轻地唱歌，或者放一些柔和的音乐。宝宝虽然对痒没有反应，但会非常喜欢这样的时刻。奶奶还可以用柔软的物品，比如真丝围巾、毛绒玩具等，抚触宝宝的身体，刺激宝宝触觉神经的发育。

以下几点需要注意：

- 要保持按摩手掌的温热。
- 宝宝疲倦烦躁时，不适宜做抚触。
- 如果宝宝哭了，停止按摩，因为宝宝可能有其他需要。
- 最初用力要轻，逐渐加力，让宝宝慢慢适应。
- 不要强迫宝宝保持某种姿势。
- 不要让润肤油滴进宝宝眼睛。

◇语言能力训练

游戏:悄悄话。

游戏目的:开启宝宝的语言听觉能力。

新生儿能发细小的喉音,听到声音会转向声源。在宝宝清醒时,奶奶可以利用一切机会和宝宝对话。比如,奶奶经常满脸笑容地面对着宝宝说说悄悄话,声音要轻柔,语气要温和,表情要生动。不管给宝宝做什么事,拿什么东西给宝宝,奶奶都可以用不同的声音和语调说给宝宝听,开启宝宝的语言听觉能力。

◇情绪社会能力训练

游戏:逗笑。

游戏目的:尽早培养宝宝对笑的条件反射。

有研究显示,宝宝笑得越早、越多,越聪明。因此不要忽略宝宝逗笑的训练,让宝宝在快乐的氛围中,在笑声中学会与人交往,为培养良好的性格和社会适应能力打下基础。新生儿的笑还是自发的、被动性的笑,还没发育到社会性微笑。但是,奶奶也可以用各种方法刺激宝宝笑。比如,奶奶可以用毛绒玩具抚摸宝宝的脸颊,逗笑宝宝,宝宝会因舒服的刺激露出暖人心扉的微笑。

这种笑与宝宝在睡觉时脸部肌肉收缩的笑不同。对奶奶逗笑的外界刺激,宝宝以笑来回答,这是宝宝第一个学习的条件反射,是一个里程碑的行为,奶奶要记录下来哦。宝宝常在30天左右学会逗笑。如果宝宝42天还不会逗笑,奶奶要密切观察,如果到了60天后还不会逗笑,就要考虑是否存在智力落后的可能。

◇认知能力训练

游戏:咂嘴吐舌眨眼睛。

游戏目的:培养宝宝的观察能力和模仿能力。

宝宝的观察和模仿能力从一出生就拥有了。在出生后的最初4个小时里，宝宝就已经会模仿大人伸舌头，张嘴或在嘴巴里面转舌头，或模仿大人的脸部表情了。奶奶可以和宝宝面对面，相距大约 20 厘米，宝宝会紧盯着奶奶的脸和眼睛，当二人的眼光聚在一起时，奶奶要和宝宝亲切地对视，并缓慢、交替地做一些面部表情，如张嘴、鼓腮、伸舌等动作，进行无声的语言交流，同时，观察宝宝的反应。

这个月奶奶要注意的几个问题如下：

- 宝宝一出生对光就有感觉，尤其是对黑白和明暗特别敏感和关注。所以，要经常变换宝宝睡眠的体位，使光线投射的方向经常改变。避免宝宝的眼球经常性的只转向一侧而造成斜视；避免因怕阳光照着宝宝的眼睛，总在有光的一面挡住宝宝的眼睛；避免夜里在宝宝睡觉的房间里开着灯。宝宝睡眠时不关灯会增加患近视眼的可能性。国外有研究，睡在灯光下的宝宝与睡在黑暗中的宝宝相比，近视发病率高出四倍。
- 奶奶不需要在静悄悄的房间里走“猫步”。有不少奶奶认为新生儿容易惊醒、害怕声响，房间里白天黑夜都鸦雀无声，走路都小心翼翼的，耳背的爷爷都不敢说话。其实，这是不利于宝宝的听觉细胞的发育和听觉功能的提高。新生儿听觉能力的培养，不是在寂静中发展的，而是在适合的时间，适宜的声音，适当的刺激中发展的。奶奶在一天中可以给宝宝除了安静睡觉以外，提供一些听各种声音的机会，比如，儿歌音乐，说话逗笑，有声玩具，游戏娱乐，让宝宝感觉和体会到声音的时有时无，时高时低，时强时柔的多种变化，从而加速宝宝听觉系统的发展。
- 新生宝宝已经具备了复杂的运动能力，这时候宝宝的手脚要适当地解放出来，让他感受这个世界。奶奶不要怕宝宝会抓自己的脸，便给他戴上手套，或包起来不让动。奶奶可以每天给宝宝一个“放松”的时间，解开襁褓，让宝宝睡在宽松的睡袋里，手脚和身体不受束缚，双手能从袖口中伸出来去触摸各种东西，让宝宝自由挥动拳头，观手，玩手，吸吮手，手眼协调一致地活动，不断地探索，宝宝的学习潜力将进一步开发。

1～2个月

这个月是宝宝发育成长最迅速的时期,尽量做好多方位的训练。宝宝的发育是遵循从上到下的原则,尤其头部运动,是全身其他运动的先导。宝宝的运动能力有了很大的发展,会做一些简单的动作,如稍微用力拉住宝宝的手,他的头就可以完全后仰了。俯卧抬头能力大大增强,头可离床大约45度,左右转头更加灵活。

宝宝双手也有了相应的发展变化,紧握的双拳也逐渐松开了。能握拨浪鼓片刻,扶坐时能注视目标并能挥动双臂。六周大时,宝宝转动头部和用嘴衔住自己嘴边物体的行为,会越来越频繁。宝宝会越来越熟练地把拳头放到嘴里,学会了自我安抚。宝宝还不会主动寻求与环境的接触,而是被迫对刺激做出反应。宝宝注视13～18厘米远的物体时,无法使双眼同时对准它,看到的东西是重影的。

◇宝宝发育概况

❖感统发展

· 大动作能力

宝宝反射行为现在开始消失,逐渐被自主性的动作所取代。宝宝的四肢抽动开始减少,全身运动变得较有韵律,手臂、腿部转动平稳。当俯卧时,头开始向上举起,下颌能逐渐离开平面5～7厘米,与床面约呈45度角,左右转头也灵活了。拉着宝宝手腕坐起时,头可自行短时竖直2～5秒。到二月末,有些宝宝可竖着抱了,趴在肩上的头能竖立一小会,稍停片刻后,头又垂下来。宝宝能够越来越好地控制颈部的肌肉,可以移动头看周围的东西。

宝宝的腿会从刚出生时的屈曲状态开始尝试伸直,扶住腋下,宝宝能迈几步。当奶奶走近宝宝时,宝宝会手舞足蹈,面部也会抖动,嘴巴还一张一合的。奶奶扶住宝宝肩部,让宝宝坐着时,宝宝的头会向下垂,他的下颌会垂到胸前,但宝宝能使头反复地竖起来。有的宝宝现在已经开始尝试翻身,

上半身和手臂都能翻过去，已经能从侧卧翻转成仰卧了，

• **精细动作能力**

宝宝的手部运动将出现许多变化，手的功能开始发育。心理学家认为，手是“智慧的前哨”，手巧脑更灵。手指的动作越精巧复杂，就越能在大脑皮层建立更多的神经联系，大脑会变得更发达。宝宝大部分时间已经能够松开手掌，手臂会自然弯曲来感知世界了。宝宝会张开和留意小手了，而且对手特别喜欢非常感兴趣。

触碰宝宝小手时会有抓握反应，能握住手中的物品片刻，如能握住拨浪鼓 30 秒左右，但还不会主动把手松开去抓东西。有的宝宝经常会用一只手抓住另一只手，想要去碰任何能够得着的东西。宝宝会攥着拳头放嘴边吸吮，甚至放得很深，研究和吸吮小拳头，开始学着吸吮大拇指，这是控制力的一个进步。

宝宝仰卧时，会伸手到眼前观看，会注视小手五秒以上，会玩自己的小手并能互相握起来。虽然有时也会伸展手指，但仅仅是一种无意识的动作。如果宝宝对他新发现的手指头有点儿“上瘾”，奶奶不用担心，这是宝宝在自我安慰，它会让宝宝感到非常安心，还能帮助宝宝的大脑发育。

宝宝出现了一些抚摸动作，譬如会无意识地抓衣服、头发和自己的脸，抚摸衣服、被褥，抚摸抱他的看护人和周围的物体。这种最初的抚摸动作标志了宝宝认知活动的开始。

• **视觉能力**

宝宝还处在单视线和单色彩的时期，比较清楚的注视距离为 15～25 厘米，处在“眼开眼闭看世界”的状态，暂时的“斜眼”现象极为普遍。视线能随灯光或物体从外眼角移动，超过身体中间。但视觉集中的现象也开始越来越明显了。宝宝能注视物体了，比如，把玩具放到离宝宝眼睛 20 厘米处，宝宝能注视 7 秒以上。如果给宝宝看两样东西时，视线只会集中于其中一样东西。宝宝喜欢看活动着的物体和熟悉的人脸。

宝宝眼睛的协调性开始发展了，双眼可以同时运动并尝试聚焦，眼睛可以追视 90 度范围内移动的物体。辨认颜色的视觉敏感能力依然非常差，色调差别很小的东西几乎是看不见的。宝宝对黑白有了清晰的而不是模糊的影像，所以如果想刺激宝宝的视觉发育，奶奶给宝宝最好的认知图片，就是

大而色彩单调的黑白色图片。

宝宝的视力在增强，到了两个月末左右，由于视觉和听觉联系增多，视听觉联系有了共同的分辨能力。宝宝会对某张图表示偏爱，会愉快地注视着喜爱的挂图，眼睛滴溜溜地转。对长期细心照料宝宝的人，如妈妈、奶奶会感到倍加亲近，可以很专注地凝视奶奶。醒着时候的宝宝更加活泼和灵敏，开始更多地观察周围的世界。

• 听觉能力

宝宝听力有了很大的提高，喜欢听大人对他说话，对大人的说话声能作出反应，没人理会他的时候会感到寂寞而哭闹。对声音的反应十分敏锐，听到声音以后，头能顺着响声转动 180 度。对熟悉或陌生、喜欢或讨厌的声音能作出不同的反应。如果突然听到很大的声音，就会引起全身反应，显得很恐怖，甚至哭闹。喜欢听轻快柔和的音乐。对不同方向发出的声音会转头寻找声源。

宝宝玩具的声响不要超过 70 分贝，生活环境的噪声不要超过 100 分贝。宝宝对音乐产生了兴趣，对噪音会皱眉，烦躁。优美舒缓的音乐会使宝宝安静，宝宝会静静地听，还会把头转向音乐方向，已具有一定的辨别方向的能力。

• 触觉能力

宝宝另一个微妙的刺激就是肤觉刺激，宝宝喜欢被人轻轻搂拍、抚摸。这种肌肤交流，不但能使宝宝感到莫大的安慰与满足，而且还有助于宝宝产生发自内心的信赖感。

• 嗅味觉能力

宝宝在胎儿时期嗅觉器官就已经成熟，新生儿能通过嗅觉来辨别妈妈的奶味，寻找乳头和妈妈。总是面朝妈妈睡觉。可区分五味——酸甜苦辣咸，闻到不喜欢的味道会退缩，回避。

※语言发展

宝宝不会说话，但有了表达的意愿，有了发音能力，主要为反射性发音，发音情况部分地取决于宝宝声道的生理结构。会发出“a，o，e”等声音，高兴的时候，或是早晨刚起床的时候，小嘴会咿咿呀呀地叫，这些喃喃自语是宝宝最早的语言。宝宝的各种哭声是表达情绪和需求的主要“语言”。当奶奶跟宝宝说话时，他的小嘴也有说话的动作，嘴唇会微微上翘，向前伸成“o”型，这就是模仿。宝宝会重复某些元音，如“啊”或“哦”。宝宝开始发不同单音，如“咕咕”鸽子声音，尤其是当奶奶用清楚、简单的词汇和句子交谈时，宝宝发音增多。

❖认知发展

宝宝对声音很感兴趣，会发出各种声音来表达感情和需要。宝宝能记得爸爸妈妈或奶奶的脸，看到了会高兴，渐渐能把他们和其他人区别开来了。当物体或人物在宝宝视野内消失时，宝宝会认为物体就不存在了。比如，用一样宝宝感兴趣的物体放在他眼前，当他用眼睛跟踪时，把该物体移到一个他看不见的地方，他会马上失去兴趣，转向其他事物。

宝宝会很专注地凝视着别人，开始模仿大人的脸部表情，面部表情会越来越丰富。宝宝看到自己喜欢的图画会笑，显露出对某一幅彩图的偏爱。宝宝开始发现自己的小手小脚了，并会有兴趣地玩弄。有的宝宝已经认识奶瓶了，当奶奶拿起奶瓶，宝宝会眼睛盯着奶瓶，嘴巴不停地咂巴。

宝宝对物品的记忆持续增强，会有一些短暂的记忆。对喜欢或不喜欢的物品会有不同的表情。会尝试把物品和相应的称呼联系在一起。

❖情绪发展

宝宝出现了第一次真正的微笑，笑容越来越多地出现，并逐渐从原来的无意识状态变成有意识的行为，已具有社会性了。研究显示，全世界宝宝，不管哪个国家哪种肤色，出现第一次社会性微笑的时间都差不多。宝宝甚至会尖叫或笑出声来表达自己的情感了，看到别人微笑时会跟着微笑。宝宝正在尝试着不同的面部表情，如撅嘴巴，挑眉毛，皱眉头，张大或眯起眼睛等来表达自己的情感，还会用哭和笑来表达自己的需求和感受。

宝宝会表现出愤怒、悲痛、激动、喜悦等情绪了。宝宝能安静愉悦地听轻快柔和的音乐，并对噪声表示不满，会皱眉，烦躁。打针会让宝宝产生愤怒情绪，痛时发出的哭声，已不是简单的条件反射了，而伴有伤心情绪。人的声音和面孔能引起宝宝微笑，并会用微笑表示高兴，而咧嘴笑或做鬼脸的动作和表情，也变成了真正的对人愉快和友善的表达。宝宝还会通过吸吮手使自己安静下来。

※社会发展

微笑是宝宝与人交往的开端，这种微笑已经不是过去的无意识状态，而是具有社会性了。宝宝开始留意他身边的人，并聆听大人们的谈话了。喜欢周围有人陪伴，当有人走近时，宝宝会感到兴奋，会笑脸相迎。和宝宝逗笑或轻触前胸或肚皮，会咯咯笑出声来。会直接地对视看人，也会很专注地凝视别人，当没人理他的时候，会感到寂寞而哭闹。

当奶奶对着宝宝微笑时，宝宝会感到很开心，整个身体将参与这种“交流”。如果奶奶对宝宝说话，他的手会张开，一只或两只手臂会上举，而且上下肢可以随你说话的音调，进行有节奏地运动。宝宝也会模仿奶奶的面部动作，奶奶说话时，他会张开嘴巴，并睁开眼睛，如果奶奶伸出舌头，他也会做同样的动作。

◇成长测试标准参考

1～2个月宝宝成长发育标准参考

分类	项目	测试方法	参考标准
大动作能力	抬头	宝宝双手交叉在胸前，奶奶逗引他	能抬头45度
	竖抱	头部直立不用扶持	能坚持2～5秒钟
精细动作能力	看手	仰卧位时能看小手（不穿太厚时）	看5秒以上
	紧握	把一个手指放入宝宝手中	能紧握10秒左右
语言能力	发音	逗宝宝时能发元音啊，哦，呜等	会发3个元音
认知能力	追视	手拿红色球在宝宝仰卧位眼前30厘米左右处移动	追视180度并转头
	看画	给宝宝看他喜欢和不喜欢的图画	喜欢的会笑，反之眼睛一扫而过
	转头	奶奶在一边叫唤宝宝乳名	能随声转头寻看
人际交往能力	逗笑	宝宝高兴时挠痒痒肉，能发出笑声	45天前能发出咯咯笑声
生活自理能力	吞咽	用调羹喂水，观察吞咽吮吸	吞咽好

发展警示：宝宝如有以下状况，请尽快与儿科医生联系：

➢ 孩子的身高、体重和头围不能逐渐增加；

- 不能对别人微笑；
- 两只眼睛不能同时跟随移动的物体；
- 双拳还没有松开；
- 快 2 个月时没有注意过自己的手；
- 不能转头找到发出声音的来源；
- 抱坐时，头不能稳定。

◇与能力发展相关的游戏

※大动作训练游戏

游戏：抬头转头。

游戏的目的：训练颈部肌肉力量，锻炼颈部内部关节的协调性。

将宝宝背靠奶奶胸腹部，让宝宝脸冲前方，爷爷在奶奶背后用玩具慢慢地左右摇晃，逗引宝宝左右转头追视玩具，在头部上方摇晃发声玩具，逗引宝宝抬头，训练颈部肌肉，使之能支撑头部抬起的重量，并用肘部支撑把前胸抬起，为以后匍行及爬行作准备。

在训练俯卧抬头的同时，可以用手顶住孩子的足底，虽然宝宝的头和四肢尚不能离开床面，但宝宝会用全身的力量向前蹿行。这种类似爬行的动作是与生俱来的本能。与 8 个月时爬行不同，练习的目的不是教宝宝爬的技能，而是通过练习，促进宝宝大脑感觉统合的健康发展，同时也是开发智力的潜能。

※精细动作训练

游戏：捏捏抓抓。

游戏目的：发展宝宝手部感觉能力和手的握持能力。

奶奶每天抚捏宝宝的 10 个手指和脚趾，并一边唱手指歌，一边告诉他手指名称，每捏完一遍，奶奶就用自己食指在宝宝的手心中，轻轻地弹滑几下，然后让宝宝的小手抓住您的手指。通过轻轻抚捏和抓宝宝的手和手指，可以让宝宝意识到，这是他自己的双手，帮助宝宝发展自我意识。

还可以准备一些轻抚宝宝的物品，如毛巾、丝绸、羽毛、小塑料杯等东西在宝宝的手指手心上滑一下，擦一下，同时告诉宝宝每个不同物品的触感。

对这类刺激活动，宝宝会感到非常快乐，有趣。也可自制铃铛手链套在宝宝的手腕上，拉着宝宝的手轻轻摇晃，让宝宝凭借听觉寻找出声的位置，意识到什么是手。当宝宝明白手不只能放进嘴巴，也能做出其他动作时，慢慢就会对自己的小手产生浓厚的兴趣。

※视觉能力训练

游戏：追视。

游戏目的：提高视觉的灵敏度促进智力发展。

尽早训练宝宝的追视能力非常重要。宝宝的视觉运动可反映他的智力水平。智商高的宝宝，会经常转动眼睛，而智商低的宝宝，眼睛反应可能会迟钝一些。因此，保护和发展好宝宝的视觉能力，培育宝宝视觉分辨力和视觉专注力，显得尤为重要。把宝宝喜欢的玩具，放在宝宝看得见的距离。当宝宝视力集中时，把玩具慢慢地移动一点，让宝宝追视玩具，锻炼宝宝的视觉能力。

奶奶可以抱着宝宝，看着他的眼睛，慢慢晃动你的食指，放在他眼前以引起他的注意。当奶奶吸引到他的注意力时，晃动着手指向左边移动，并观察他的眼睛是否也跟着移动，再移到右边，观察他的眼睛是否也跟着动。奶奶可以一边晃动你的手指，一边唱着儿歌，宝宝会喜欢这个小游戏。刚开始时，宝宝会跟着你的手指移动视力，持续时间很短。但若每天坚持练习，奶奶就会发现宝宝在不断地进步。

※听觉能力训练

游戏：视听定向。

游戏目的：训练宝宝对声音的感觉和敏锐能力。

奶奶准备好各种发声玩具，如会发出“沙沙”声音的纸张等。奶奶在宝宝的视线范围内，摇响玩具，等宝宝在倾听时，把玩具慢慢移开，在宝宝头的上下左右摇动。如果奶奶抱着宝宝，也可在宝宝后方摇动玩具。注意声音要在宝宝的可接受范围内，宝宝会转动着头去寻找玩具，可训练宝宝的听觉感知能力。

奶奶也可以拿一张用手指搓搓会发出“沙沙”响的纸张，在宝宝的耳边，由远而近地搓着纸张，看宝宝的反应。如果宝宝转头寻找声音了，就停止移动，继续搓几下，让宝宝倾听一会儿。然后，再由近而远地移动纸张，直至宝宝没反应，如此反复几次。奶奶可以给宝宝换一只耳朵，再如此重复做几遍。“沙沙”响的声音比玩具的声音轻微，可训练宝宝对声音的敏锐能力。

◇触觉能力训练

游戏：打开紧握的手。

游戏目的：训练宝宝的抓握能力。

虽然宝宝的手还没有完全打开，但奶奶可以有意识地用拨浪鼓等小玩具，去触碰宝宝的小手，刺激宝宝松开手指，让宝宝感觉到不同玩具的质地感。然后，把玩具放在宝宝的手心里，刺激宝宝握紧玩具，在宝宝还没松手前，再慢慢地把玩具从宝宝的手心里抽出来，训练宝宝的触觉能力和抓握能力。

※语言能力训练

游戏：引诱发声。

游戏目的：通过发音练习提高语音感知。

一般来说，2个月的宝宝已经有语言能力了，是宝宝语言智能的萌动时期。宝宝嘴里经常会发出“咿咿呀呀”的声音，特别喜欢听人说话，会着迷似的看着说话人。奶奶可以眼对眼地看着宝宝，用亲切温和的声音，带着略为夸张的口形，对宝宝发单个韵母a(啊)，o(喔)，u(呜)，e(鹅)的声音。

在与奶奶对视时，可以发现宝宝不仅能集中一会儿注意力，而且还有灵活的、快乐清新的表情和微笑。奶奶引逗宝宝开心，会激发他的快乐情绪，激发宝宝的发音内驱力，提高语音感知能力。当宝宝高兴地发出各种声音或尖叫时，奶奶都要积极地作出相应的回应，宝宝会更兴奋地继续发音练习。

※认知能力训练

游戏：图片刺激。

游戏目的：培养视觉的分辨、记忆和选择能力。

奶奶在能让宝宝看得见的墙上，挂上适合宝宝的图片。奶奶把宝宝抱在胸前，让宝宝的脸，面向墙上的图片，逗引宝宝看。奶奶一边给宝宝介绍图片，一边观察宝宝脸上的面部表情和眼神的变化。

宝宝虽然只有2个月，但已会用面部表情，显露出自己对图片的喜好与否：喜欢的，宝宝似曾相识，表现出眉飞色舞，手舞足蹈，会盯着看；陌生的，宝宝的表情先是比较冷静，皱眉凝视，过会儿才挥动四肢，高兴地看；不喜欢的，宝宝毫无兴趣，表情冷淡，甚至会调过头，不看图片。如果经常给宝宝这样的训练，可以培养宝宝的视觉分辨、记忆和选择能力，培养选择性喜欢和选择性躲避的能力。

◇情绪和社会能力训练

游戏：逗逗笑笑。

游戏目的：培养宝宝体验和认识不同的表情。

宝宝开始有了社会性微笑，而且还会笑出声音，这是件大好事哦！奶奶要经常逗引宝宝咯咯笑，要响亮而快活地笑。宝宝能经常笑口常开，对引起笑反射的条件感受越多，大脑中神经联系越广泛，宝宝的大脑越聪明。

如果宝宝只会微笑不会笑出声音，可能奶奶和宝宝的交流还不够，逗乐的次数比较少。奶奶可以观察宝宝对身体的哪一个部位比较敏感，对这块“痒痒肉”可以经常抚触，逗引宝宝出声笑，大声笑。此外，奶奶可以做怪脸，比如，微笑、生气、愤怒、皱眉头、眯眼睛、撅嘴巴等，有时把宝宝举起，或拿出某一种玩具逗宝宝笑。每一种方法可以交替利用，让宝宝经常发笑。

很有意思的是，奶奶可以发现宝宝不仅笑得开心，而且还尝试着模仿奶奶的表情。更重要的是，宝宝通过这些游戏，能学习、体验和认识不同的表情，构建以后用表情来表达自己需求和心情的能力。

爱笑的宝宝不仅性格好，招人喜欢惹人爱，而且经常地笑会有利于促进宝宝大脑的发育。如果宝宝不会笑，除了与逗得太少有关系外，也可能与智力落后有关。如果宝宝2个月后仍然不会笑，就要带宝宝去找医生检查有无智力落后的情况。

奶奶要注意的问题：

➤ 让宝宝放开手脚玩。宝宝进入了用手感知世界的敏感期，只要醒着，两只手就会不停地探索，这是宝宝心理发展的非常重要的阶段，奶奶不仅不能干涉，而且要创造条件，提供帮助让宝宝玩得开心。比如，手上系条红布条，脚上带个能响的脚镯（当然要确保安全），宝宝对手上的红布条、能响的脚镯会非常感兴趣。尽量让宝宝在宽敞明亮的地方自由活动。

➢ 玩具要放对地方。宝宝能注意周围的人和物，如果宝宝睡在摇篮里，尽量避免在距离摇篮 1.5 米以内的空间摆设玩具或物件，要在 1.5 米之外，摆两件以上的玩具或物件但不能多，两件之间要有一定的距离，能让宝宝的眼睛轮流着注视这些玩具，促进眼球转动，防止对眼。更要避免在摇篮的前上方挂一个玩具，由于距离近，宝宝长时间注视，眼球不动，容易形成对眼。避免让宝宝长时间躺在摇篮里，否则，宝宝的视觉世界太狭窄，不利于宝宝的视觉发育和身心健康发展。

本月宝宝开始进入了脑细胞增长的第二个高峰期。宝宝非常可爱，圆鼓鼓的小脸，粉嫩的皮肤，奶痂消退，湿疹减轻，眼睛越来越有神，能有目的地去观察周围的新鲜事物。身体控制由反射动作转变为意志性动作。宝宝感知觉和手脚的运动能力都进入了一个新的发展阶段。宝宝会翻半个身，竖抱时头稳，能转头追视活动着的人和物，俯卧抬头可达 45～90 度。

宝宝本能的握持反射消失了，标志着手的功能开始真正发育了。会主动观察自己的双手，喜欢把小手放在口里。能看到物体的模糊轮廓，还能感觉到物体质地之间的较大差别。能循着声音转头寻找声源。这个月重点要锻炼宝宝的手部抓握能力，视觉听觉能力，翻身能力，多与宝宝说话唱歌，促进宝宝的语言发展。

◇宝宝发育概况

※感统发展

• 大动作能力

宝宝能够更好地控制自己的身体，比较自如地移动胳膊和腿了。俯卧抬头能力大大增强，能比较稳固地抬头达 45～90 度。俯卧抬头的时间也越来越长，并且能够把头和肩膀高高地抬起来。俯卧时臀部低，双脚弯曲，被拉着站起来时，双脚贴着地面，能短暂支撑。宝宝被抱起时，会将自己的身体紧缩起来，竖抱时头比较稳。喜欢在大人的腿上跳跃。

趴着的时候，会蹬腿向前挪，这是宝宝尝试自己活动的第一步。有的宝宝趴卧时还会短时间将头胸抬起。趴着时会用手肘支撑起上身。会同时移动双臂或双腿，喜欢蹬腿，而且挺有力。由偶然翻身 90 度到有意翻身 90 度，宝宝可能已经会从侧卧翻到仰卧，再从仰卧翻到侧卧，也就是翻半个身。靠上身和上肢的力量翻身，往往是仅把头和上身翻过去，而臀部以下还是仰卧位的姿势。翻滚动作开始逐渐变得协调了。

• 精细动作能力

宝宝随着本能的握持反射的消失，标志着手的动作开始真正发育了。手是智慧的来源，灵巧的双手能带来一个聪慧的大脑。手的乱抓、不协调活动等都是精细动作发展的一个必经过程。宝宝对自己的小手非常感兴趣了，手掌不再呈握拳状态，会张开闭拢，双手通常是张开的，会将手握在一起。

宝宝已经具有很好的抓握能力了，开始抓握时，往往是用小拇指的侧边握东西，然后逐渐发展到用大拇指侧边，最后发展用手指握东西。手的抓握往往是先会用中指对掌心一把抓，然后才会用拇指对食指钳捏。宝宝是先学会拿起玩具，后学会放下玩具。手臂能左右活动并开始挥击，但很难击中目标。

宝宝会把双手放在胸前玩，眼睛会看双手，这是手眼协调的起步。宝宝会用手探索自己的脸、眼睛和嘴巴，会无意识地抚摸衣服、被褥，抚摸抱着他的大人和周围的物体。这种最初的抚摸动作，标志了宝宝认知活动的开始。扶坐时能向眼前的物体伸手去尝试抓，会双手握住并挥动玩具，会主动伸出小手拍打玩具，玩具在手中停留的时间延长，比如，能握住拨浪鼓 30 秒左右。

宝宝会经常仔细研究他的小手，把手伸到嘴里，还会试着嘬一嘬。以前宝宝吸吮的是小拳头，现在宝宝可能已经改成吸吮大拇指了，这是宝宝控制力的一个进步。有的宝宝甚至可抓住奶奶的两个食指悬空。

• 视觉能力

宝宝视力已发展到能看清 1 米以内的所有东西，视觉能力和记忆能力已经建立了联系。经常注视自己的小手，连续注视小手，可能长达 5～10 秒钟。眼睛和头会跟随缓慢移动的物品而移动，比如，能追视移动的红球达到 180 度。

宝宝通过吮吸和研究小手，眼睛变得有神了，更加协调了，两只眼睛可以同时运动并聚焦。能够有目的地看东西了。可把精力集中在很小的物体上，能看见 8 毫米大小的东西。可以按物体调整视焦距，对有兴趣的物体，能集中而持久地注视。

对形状和颜色产生了偏好，开始对颜色产生了分辨能力。最喜欢的颜色是红色，奶奶可以多给宝宝准备一些红、黄、蓝这些基础颜色的玩具和物品，多多锻炼宝宝视觉能力。宝宝最喜欢观看快跑的汽车，会跑的小狗。

• 听觉能力

宝宝的听力变得更加敏锐，对音乐更加敏感。听到不同的音乐声，开始会出现不同的面部表情。比如，对喜欢的熟悉音乐，常会面露微笑；对不喜欢的陌生音乐，则会有疑惑的甚至厌恶的表情。经常给宝宝听他喜欢的音乐和其他优美舒适的音乐，对培养他的情绪力、注意力、语言能力都有很大的帮助。

在宝宝的听觉范围内所能听到的声音，都会被宝宝收入耳内，产生听觉并传入大脑，留下痕迹，直到入睡时痕迹才消去。宝宝辨别声音的能力还不强，但能够分辨出他所熟悉的人说话的声音了。听到声音会扭转头颈，寻找声源。宝宝已具有一定的辨别方向的能力，听到声音后，头能顺着响声转动 180 度。宝宝的听觉力和记忆力之间已经建立了联系。

• 触觉能力

心理学家认为，宝宝非常渴望触觉刺激，这在宝宝的情商发展中占据重要地位。通过触觉刺激，宝宝会发展出依赖的行为，会增强宝宝的安全感。与宝宝间亲密的皮肤接触，是一种促进宝宝生长发育和智力发育的重要途径。抚触的时间可选择在两次喂奶间，最好的时间是晚上宝宝洗完澡后。

奶奶可将宝宝衣物脱去，在身下铺上柔软的毛巾被，使用适合宝宝的婴儿油或乳液进行按摩。奶奶在按摩前，先要搓搓双手，保持双手的温热。奶奶抚触的动作要轻柔，可以同时温柔地跟宝宝说话，或者轻轻地唱歌，或者放一些柔和的音乐。宝宝会非常喜欢这样的时刻。虽然给宝宝做抚触有这么多的好处，但给宝宝做抚触的时候，应以宝宝的舒适为标准，不能无视宝宝的感受。强行操作只会引起宝宝的反感，失去了原有的意义了。

奶奶需要注意以下几点：宝宝疲倦、烦躁时，不适宜做抚触。如果宝宝哭了，就应该停止按摩，因为宝宝可能有其他需求。最初用力要轻，逐渐加些力，让宝宝慢慢适应。不要强迫宝宝保持某种姿势。

• 嗅味觉能力

嗅觉和味觉继续发展，能辨别不同味道，并表示自己的好恶，遇到不喜欢的味道会退缩，回避。在棉棒上沾少许稀释过的醋，让宝宝舔舐，观察宝宝是否出现回避退缩等行为。

※语言发展

宝宝开始有了积极的想“说”的表现和表达自己的欲望。宝宝越是高兴发音就越多，嘴里还会不断地发出咿呀的学语声，并用咯咯声和咕噜声甚至长声尖叫来回应听到的声音，与人交流。开始发不同单音，能发出清晰的元音，如啊、噢、呜等，会发长元音，有人逗引时会笑出声应答，发出一些舒适状态的声音，比如呵呵笑声，能大声地发出类似元音字母的声音，如“ou”“h”“k”“ai”。

※认知发展

宝宝进入脑细胞增长的第二个高峰期了，需要互动式的体验和结构化的游戏时间。一个刺激丰富的环境，能促进宝宝认知结构的发展。奶奶能及时给予宝宝回应，调节宝宝同环境之间的接触，会直接影响宝宝的脑部发育。宝宝能记得几秒钟内重复出现的东西，开始出现短暂记忆。开始辨认并区分家庭中的成员了。

宝宝反应也灵敏许多，开始对外界事物感兴趣，开始感到自身的存在。宝宝已经具备了高度感，如果你突然放低抱在怀里的宝宝，他会吓一大跳。在很多时间，宝宝会躺着等待，观察奶奶的反应，直到奶奶开始微笑，然后他也以喜悦的笑容作为回应，宝宝的整个身体会参与这种对视对话。宝宝的手会张开，一只或两只手臂上举，而且上下肢可以随奶奶说话的音调，进行有节奏地运动。宝宝的模仿力越来越强，会模仿奶奶的面部活动，奶奶说话时他会张开嘴巴，并睁开眼睛，如果你伸出舌头，他也会做同样的动作。

很多宝宝已经认识奶瓶了，一看到奶奶拿着，就知道给自己喂奶或喝水了，有的会安静微笑地等待着，有的则会舞动手脚欢乐地招呼着。

※情绪发展

宝宝的情绪已不再完全取决于生理需要了，而是有了心理需求了。宝宝已经能够感受并表达快乐的情绪。对人经常报以微笑，能阅读并辨别他人的面部表情。会使用一些自我安慰的方法，如吮吸大拇指或橡皮奶嘴来抚慰情绪。宝宝可能已经学会掌握用微笑“谈话”，与奶奶进行“交谈”，或者咯咯大笑引起奶奶的注意。

宝宝已经有了悲伤的情绪（奶奶要注意对宝宝的安慰），比如，遇到痛的刺激时发出的哭声，已不是简单的条件反射了，而伴有悲伤情绪的表达。宝宝见到熟悉的人，或经常接触的人，会开心地笑，高兴时会大声尖叫。奶奶的出现会激发宝宝愉快的心情，表现出更多的积极情绪。宝宝已经开始学会发脾气甚至打挺了，有时会无缘无故地哭闹，奶奶可以用转移注意力，换个环境，或换个人哄哄等方法，一般宝宝很快会好的。

※社会发展

宝宝现处于依恋建立期，有了社交欲望，有了社会性的需求。宝宝很愿意与其他宝宝和大人们“交朋友”，当宝宝看到有人走进房间时，他会露出微笑；当有人伸出双臂想要抱他时，他也会张开双臂。宝宝会自发微笑迎人，见人会手舞足蹈表示欢乐，还会笑出声。会紧抓抱着宝宝的人。对亲人的出现会做出不同反应。能注视不同表情的面孔。有人面对面地逗他时，他会愉快地朝着面前的人微笑。

◇成长测试标准参考

2～3个月宝宝成长发育标准参考

分类	项目	测试方法	参考标准
大动作能力	翻身	仰卧床上，在一侧用带响玩具逗引	能从仰卧翻至侧仰卧
	抬头	俯卧抬头	抬头45～90度
	扶腋迈步	扶住宝宝腋下，尝试迈步	能迈4步
	俯卧托举	从两侧托胸并举起宝宝	头躯干髋部成直线，膝屈成游泳状

（续表）

分类	项目	测试方法	参考标准
精细动作能力	手握手	仰卧位上肢能自由活动，观察双手	在胸前互握玩耍，抓脸、衣服、被子
	拉牵铃绳	把牵铃的绳套在手或脚上，观察宝宝	拉动牵铃的绳，使铃发声
语言能力	“交谈”	同宝宝说话观察其反应	会发出声音回应
	发音	宝宝高兴时会发长元音或双元音	会发3个音
认知能力	认妈妈	观察宝宝看到妈妈时的动作表情	会开心地主动投怀
	追视	拿一只红球在宝宝眼前晃动	头颈会上下左右环形追视
人际交往能力	见人笑	带宝宝到户外，引导他与邻居接触	会用笑打招呼
生活自理能力	识把	发出“嘘嘘，呜呜”声，建立条件反射	识把大便

发展警示：宝宝如有以下状况，请尽快与儿科医生联系：

- 孩子的身高、体重和头围不能逐渐增加；
- 不能对别人微笑；
- 两只眼睛不能同时跟随移动的物体；
- 不能转头找到发出声音的来源；
- 抱坐时，头不能稳定，不能抬头；
- 听到剧烈声响时没有反应；
- 听到你的声音不会笑；
- 快3个月时，不会碰触和抓住东西；
- 不会发出咿咿呀呀的声音。

◇与能力发展相关的游戏

❖大动作能力训练

游戏：左翻右翻。

游戏目的：训练腰背部肌肉和脊柱肌肉的力量。

人们说的“三翻六坐”是有一定道理的。一般3个月开始可以训练翻身了。当宝宝学会翻身后，能大大开阔视野，开始进入认识世界的一个新阶段。

宝宝仰卧时，奶奶可以拿一个有趣的新玩具逗引宝宝，当宝宝伸手想要拿时，将玩具向左侧移动，宝宝的头就会随着玩具移动，上肢上身也会跟着转，接着下身和下肢也会转，全身就侧卧了。如果宝宝习惯侧睡，就在他的左侧放一个有趣的玩具，再把他的右腿放到左腿上，再将他一只手放在胸腹之间，轻托宝宝右边的肩膀，在背后轻轻向左推，宝宝就会转向左侧。反复练习几次后，宝宝就会自己做90度的侧翻了。

等到宝宝能完全独立地从仰卧翻到侧卧，或从侧卧翻到仰卧，就可以训练宝宝，从俯卧翻成仰卧位。奶奶可以把玩具放在宝宝的头上方，当宝宝翻成俯卧姿势后，帮助宝宝把双手放成向前趴的姿势，给宝宝一个喜欢的玩具，让宝宝玩一会。

然后，奶奶将一只手插到宝宝胸部下方，让宝宝慢慢地由俯卧的姿势，翻成仰卧的姿势，奶奶把宝宝左腿放在右腿上，用左手扶住宝宝左腿，用右手指刺激宝宝背部，使宝宝主动向右翻身，翻至侧卧位，继续刺激或用玩具逗引宝宝进一步翻至俯卧位，每天坚持游戏，宝宝很快就会自己翻身了。

游戏期间，奶奶不要用自己的手，去代替宝宝翻身训练。训练期间，安全第一，不能操之过急，根据宝宝的身体和情绪，安排训练进度，一日2～3次，一次2～3分钟为好。别忘了，每次练习以后，都要笑着亲亲宝宝，抚摸宝宝哦。

※精细动作能力训练

游戏：伸手够物。

游戏目的：训练宝宝伸手抓握能力。

训练宝宝一双灵巧的手，能更好地刺激大脑智能的进一步发展。3个月的宝宝，双手能在胸前互握在一起玩耍了，看见喜欢的玩具会尝试用手去够取，要给宝宝更多的抓握够取的机会。奶奶可以在宝宝看得见的地方，悬挂带响的色彩鲜艳的玩具，如小气球、小动物、小灯笼、小铃铛、彩色手套等，将宝宝脸朝前竖抱在胸，或扶住宝宝，脸朝前靠奶奶坐着，逗引宝宝伸手够物，抓握悬挂玩具。

如果一下子够不上，奶奶可轻轻地推宝宝的上臂去伸手够取，抓握悬吊的玩具。宝宝会对重复展示的东西产生厌烦，奶奶要经常调换悬挂玩具，让宝宝更有兴趣抓握够取，而且注意不能老在一个地方悬挂，要经常变换位置，防止宝宝对眼或斜眼。建议每日数次，每次1～2分钟。

※视力游戏训练

游戏：多角度追视。

游戏目的：锻炼宝宝目光的执著力，视力的灵活性。

宝宝的眼睛能看到奶奶指认的物体了，并不能说追视能力就好了。等宝宝1岁或2岁时，奶奶可能会发现，宝宝看绘本就匆匆瞥一眼，没兴趣，或者拼图就是找不准，一个重要的原因就是宝宝的追视能力没有训练好。生命最初的追视能力如果从小就练，对宝宝的视知觉能力的发展有事半功倍的作用。

奶奶可准备几个气球，红、黄、蓝等，每只球颜色要单一、鲜艳，个头要大一点。让宝宝平躺或腹爬在床上，先在宝宝的床上方挂一个红气球，不要离宝宝太近，也不要超过3米。奶奶可一边指着气球，一边对宝宝说："宝宝，快看气球，一只红色的气球！"吸引宝宝抬起眼睛看，当宝宝看着气球时，奶奶拉着气球慢慢进行远近高低的移动，并观察宝宝的视线，会不会追视移动着的气球。当宝宝每天睡醒时，可练习追视气球的游戏数次，并在宝宝观看气球时，反复清晰地说"红色，红色的气球"。2～3天后，换一只黄颜色的气球，等三只气球都观察完了，再从头轮流做一遍。

在换气球时，也要把挂气球的位置变化一下，防止宝宝的眼睛经常盯着一个方向而造成对眼或斜眼。建议奶奶最好让宝宝用各种姿势观察气球，如平躺，抱着坐起，腹爬，扶着站起，等等，给宝宝丰富的感觉刺激，培养宝宝追视的执著力和灵活性，获得不同的视觉经验。

※听觉能力游戏训练

游戏：寻找声源。

游戏目的：训练宝宝对声音的感知能力。

让宝宝依偎着枕头坐在床上或沙发上，奶奶拿一个拨浪鼓在离宝宝前方30厘米处摇动，告诉宝宝我们要玩拨浪鼓啦，吸引宝宝的注意力，如果宝宝看到了而且很开心地要抓拨浪鼓，就让宝宝注视几秒钟后，给宝宝一个亲热的回应。然后，奶奶边摇着拨浪鼓在宝宝的左边摇几下，边问拨浪鼓在哪儿呢，等到宝宝把头转到左边后，奶奶拿着拨浪鼓同宝宝逗几下。

接着，用同样的方法在宝宝的右边和后边摇几下鼓，一边摇一边逗引宝宝，拨浪鼓去哪儿啦，训练宝宝转头寻找声源的能力，培养追踪声音来源的能力，感受声音远近的能力。在玩拨浪鼓游戏时，要注意声音不要太大，距离不要太近，时间不要太久，要依据宝宝的舒适度而定。

※语言能力训练

游戏：引诱发音。

游戏目的：促进宝宝多发音。

宝宝开始有了积极要“说”的欲望。高兴时会发出如“啊—啊”“噢—噢”，有时可能会是“咕咕”的喉音，越高兴发音越多。奶奶要经常用亲切温柔的声音，同宝宝说话，面对面看着宝宝，让宝宝明显地能看到奶奶的口型，逗引宝宝发音、发笑。无论宝宝发出什么声音，奶奶都要作出生动、夸张、有趣的回应，重复宝宝的发音，宝宝会很兴奋。训练时，不要过分在乎宝宝能发几个音，而是要每天坚持与宝宝玩发音游戏，引发宝宝开心、欢笑、发声，促进宝宝多发音，培养语言感知力。

※情绪能力训练

游戏：表情。

游戏目的：训练对表情的观察力，培养良好的情绪感知能力。

宝宝的笑是第一缕智慧的曙光。宝宝有了社会性微笑，而且有了可以集中注意几秒钟的能力了。这时，奶奶可以和宝宝做逗笑游戏了。奶奶同宝宝脸对脸，眼对眼地对视微笑着，脸间隔距离为 15～30 厘米。奶奶一边对宝宝微笑，逗宝宝说：“笑一个，宝宝，宝宝笑一个，像奶奶这样笑一个。”刚开始进行这个游戏时，宝宝也许对奶奶没有什么“反应”，没有笑。但是，宝宝会一直用小眼睛看着奶奶，这其实已经达到了游戏训练的一部分目的了。多对宝宝笑一笑，再弹动舌头，发出一些声音，努力地用表情去逗笑宝宝，坚持下去，就会达到预期的游戏目的。

游戏应选择在宝宝情绪较好、较安静的时间进行。游戏时，奶奶要有耐心、韧性，坚持进行。宝宝在奶奶逗时会笑，最早 5 天出现，多数 25 天出现，最迟 40 天出现；而会笑出声，最早 20 天，多数 50 天，最迟 70 天。如果两个月左右，宝宝还不会笑出声，要去咨询儿科医生。

※认知能力游戏训练

游戏：拉铃铛。

目的：训练感知和选择能力。

奶奶让宝宝仰卧，吊一个大气球在宝宝能看到的地方，拉一条安全的软绳子，一头系在球上，一头系在宝宝的手腕上。奶奶扶着宝宝的左手摇动，会牵动大花球上的铃铛作响。然后，奶奶松手让宝宝自己玩，宝宝会舞动四肢，甚至晃动身体让铃铛作响。渐渐地，宝宝学会只动手腕就会将铃铛摇响。过两天，奶奶可以把绳子再绑到右脚踝上。宝宝经过多次尝试后，也学会了动一个脚踝就能使铃铛作响。

然后，奶奶可以再换一只肢体让宝宝尝试。宝宝看着气球上下左右晃动，听着铃铛声高声低，到能让一个肢体晃动摇响铃铛，这种训练感知能力的运动过程，能锻炼大脑专门指使选择肢体活动的能力，对益智十分有用。奶奶要注意，离开宝宝时，一定要解开宝宝身上的绳子，确保安全。

※社会能力训练

游戏：互动。

游戏目的：学习与人交往能力。

宝宝已经有了一定的社会性需求，尽管尚小，各方面能力有限，无法独立进行社交，但从小培养宝宝的社交意识和社交能力仍是非常重要的。社交能力不同于运动能力或身体技能，社交能力是一种互动的能力。因此要培养宝宝的社交能力，就需要培养宝宝的互动能力。

在和宝宝相处时，奶奶可以经常俯身面对宝宝，微笑着和宝宝说话玩耍，并试着和宝宝交流，或者对着宝宝做各种各样的表情。跟宝宝交流互动时，尽量使面部表情丰富一些。多抚摸拥抱宝宝，带给宝宝更多愉快的情感体验。当宝宝试图用表情、行动表示时，奶奶要给予积极的回应。

奶奶可以用手抚摸宝宝的脸，并告知宝宝，这是宝宝的耳朵、鼻子、嘴巴等。还可以拉着宝宝的手来抚摸自己的脸、耳朵、双手等，边抚摸边告诉宝宝这是奶奶的脸、耳朵、手等。通过这样的互相抚摸的互动、训练和对话，不仅能增强与宝宝之间的亲密感，还能训练宝宝的理解和接受能力，有助于日后宝宝社交能力的养成和发展。

04 3～6 个月

世界著名早期教育专家伯顿说，这个阶段的宝宝开始频繁地露出真正的社会性微笑。宝宝不管是单独注视，还是用手触摸或打击周围物体的时候，都会用眼睛看到自己的手，随后会久久地注视它，进入发展手眼协调能力的最佳时期。两只眼睛可以同时运动并聚焦，比较喜欢看近的东西。抓握、注视和吮吸在某种程度上已经具有协调性了。社会性微笑和对手的注视以及对周围物体的探索，显示着宝宝开始对探索世界产生了真正的兴趣。

在出生后的最初四个月中，脑壳成长是宝宝一生中最快速的时期。唾液分泌开始旺盛，已经开始有思维和短暂记忆了。宝宝的运动欲望更为强烈了，喜欢用自己的双手和膝盖，支撑着身体从一个地方移动到另一个地方。这是宝宝运动能力的一个转折点。宝宝的身体运动开始变得有目的性了。哭闹的时候见少，心情愉快的时候居多。开始出现一系列情绪，包括兴趣、沮丧、厌恶。

◇宝宝发育概况

※感统发展

• 大动作能力

宝宝的运动能力发展迅速，髋关节和膝关节变得更灵活，胳膊、腿、手更协调了。蹬腿动作也更加有力，会经常弯曲着双脚，在空中做踩脚踏车的动作。能自主地屈曲和伸直腿，会从平躺的姿势转为趴的姿势。让宝宝双脚着地，能感觉到他在用力地向下蹬。开始学会踢被子。扶住宝宝腋下能站立片刻。可以有限地弯曲腰以下的肌肉，能提高臀部。很多宝宝开始喜欢用自己的双手和膝盖支撑着移动身体，有的甚至尝试着从腹部爬行过渡到双手和膝盖交替爬行。

宝宝俯卧位时，会用两上肢支撑头部和上身，能昂头与平面呈 90 度。当宝宝用肘部支撑时，就可以抬起头部和胸部达 10 秒以上，头部可以保持稳定，且能短暂竖直，并能根据自己的意愿，朝各个方向转头观看。这是一个很重要的发展。这样，几乎可以用站立的角度看世界，是个不小的进步。俯卧时还可以从一边滚向另一边，可以由俯卧滚成侧卧或仰躺，可以比较灵活地将头转向任何一边。仰躺时，可以把头自由地转动 180 度，抬头超过 90 度，会伸长脖子看手够脚。开始学会翻身了，能歪歪斜斜地靠坐起来了。竖抱着时，颈部张力反射消失，腰部能够挺起来了。

• 精细动作能力

宝宝大脑中控制手眼协调和识别物体的部分功能正在迅速发育。宝宝小手现在大部分时间都是张开的，大拇指从握着到张开，是宝宝精细动作能力的一次质的飞跃，也是这个月龄宝宝的一项非常重要的运动能力。宝宝会用掌心满把抓，其他四指抵住掌心，手掌抓握是手部抓握能力的开始。一旦宝宝出现了真正的抓握动作，会主动把手伸向他想要够到的东西，会不停地抓周围任何可以够得着的东西，如自己的衣服、小被子和玩具等，然后直接往嘴里送，还常把手指放在嘴里吸吮。

宝宝会握住并摇响玩具，如摇动并注视握在手中的拨浪鼓，会握紧拳头或拍打物品，这意味着手眼协调动作开始发生。仰卧时双手会在中间相扣，经常把双手放在胸前并相互接触，并仔细地注视。会把两只小手合在一起，并把手指伸开，又握回来。会把玩具从一只手换到另一只手上，这是宝宝发育良好的一个重要标志。

因为倒手技能是需要在大脑指挥、肌肉控制、手眼协调的共同作用下，才能完成的高难度动作哦。在小床上方悬挂玩具，宝宝小手能击中吊起的小玩具并能抓住玩具，还能先后用两手抓住两块积木。如果把两只气球的绳子各放在宝宝的手心，让他抓握住，宝宝会非常开心地挥动双臂，看着气球上下左右地飘动。

• 视觉能力

宝宝眼里的世界已由“平面”变成了“立体”，视觉能力已经近乎成熟了。

大部分宝宝视觉聚集系统会得到充分的发育，两只眼睛可以同时运动并聚焦，能在看 1 米以内的较小物体时获得三维图像，会将目光集中在不同距离的物品上。宝宝对某些颜色情有独钟，如最喜欢红色，也终于摆脱了“凝视”的操控，进入了潇洒自如的目光“捕捉”期。

宝宝的视野范围由原来的 45 度扩大到 180 度。仰卧时，当物体刚越过脚时，宝宝便会立刻注意去看。视力也有了很大的提高，在可视范围内，能看得见 8 毫米大小的物体，眼睛更加协调，视野由此变得更加开阔。眼睛已经能够跟踪在宝宝面前半周视野内运动的任何物体。宝宝眨眼次数增多，视线灵活，能从一个物体快速转移到另外一个物体，可以准确地看到面前的物品，还会将其抓起，在眼前玩弄。

• 听觉能力

宝宝的集中性听觉有了进一步发展，能准确而又迅速地进行声音定位，并主动寻找声音来源。宝宝已经能够集中注意力倾听音乐，并且对柔和的音乐声表现出愉悦的情绪，分辨高音的能力也更强了。宝宝对于嘈杂或强烈的声音会表现出不快的情绪，甚至会哇哇大哭。对熟悉的声音较有感觉，已能区分爸爸、妈妈的声音，听见妈妈的声音尤其显得高兴，但听到陌生人的声音会显得恐惧或拘谨。能辨别不同音色区分男声女声。

宝宝的听觉和理解能力有了进一步的提高。听觉能力几乎和成人一样，能听出音乐节拍，对各种新奇的声音都很好奇，对高频的声音很敏感，能辨别出吵架的声音。宝宝会定位声源，如果奶奶从房间的另一边和宝宝说话，他就会把头转向你。宝宝开始对倾听自己用口水在嘴巴里发出的声音感兴趣了，会自己发声来回应听到的声音，不仅对自己制造的声音越来越感兴趣，并且开始进入一个兴奋期。

• 触觉能力

触摸感知能力，是指宝宝通过触摸能够知道被触摸东西的细节。这个时期的宝宝对物体的触摸感知能力也增强了，会有意识地去触摸物体。宝宝已经通过触摸能够感知到暖和凉，冷和热等细微的差别了，知道冷热的感觉不舒服，暖凉的感觉舒服。宝宝的面颊、口唇、眉弓、手指和脚趾等处对触压比较敏感，知道寻求舒适的触摸带来的愉悦感觉，喜欢奶奶用温暖而柔软的手抚摸他的脸颊、肚子、四肢和背部等部位。宝宝会把自己的需要用各种声音或身体语言反馈给奶奶，并选择性地对不同的刺激作出反应。

• **嗅味觉**

宝宝味觉能力尚未发达，对甜味表现出天生的积极态度，而对于苦辣咸酸则是不喜欢的。闻到有刺激性气味会有惊吓的表现，慢慢就学会了闻到不好的气味就转头。喜欢尝试，想把所有东西放到嘴里，对食物的微小改变已很敏感。

※语言发展

宝宝虽然只有初始的思维能力，但是能用简单的发音对奶奶作出回应。宝宝喜欢与奶奶面对面地对话，并且能够自言自语咿咿呀呀，发出数种不同音调的声音也更多了，如主动发出咯咯声，尖叫呜咽声，有声调的抑扬变化。跟宝宝说话时，他会试图用不同的声音回应你，能喊叫也能轻语，能大声地笑也能平稳地哭，用声音表示满意或不满意。

宝宝能对大人的音调进行模仿，发出一些单音节，会发出咕咕的声音，好像在跟你对话，对自己的声音感兴趣，而且不停地重复。能发出高声调的喊叫或发出好听的声音，咿呀作语的声调变长，能发出一连串不同的语音。宝宝虽然听不懂词汇的意思，但能听出说话的语调和旋律，从奶奶的说话声中分辨出奶奶的情绪。一个语言刺激丰富的环境，能够促使宝宝说更多的话。除了发声语言，宝宝还会用身体语言包括表情、眼神和各种身体动作来同奶奶交流。

※认知发展

宝宝开始有了看清物体细节的能力，如刚开始只能看到奶奶头和脸的大致轮廓，现在能看清轮廓内的一些细节，如眼睛、鼻子和嘴巴的形状，能分辨人脸与图案，知道人与物不同。宝宝已经能够理解某些特定声音的意义，领会声音的语调和旋律，能够从大人的声音中，听出是高兴还是生气等不同情绪。

宝宝开始有了短暂记忆，记忆长度可达 7 秒钟左右。开始有意识地观察东西了，可分辨各种玩具，会偏好某一种玩具。对数的敏感性在慢慢地发展，比如，对数量不多的物品，如果有减少或增多的变化，能够吸引宝宝的注意。能识别经常玩的玩具，能区别亲人、熟悉人和陌生人，对亲人或熟悉的人会挥手，抬胳膊，期待着要人抱，被抱时，会紧紧趴在大人的身上。宝宝还会学着逗趣，弄出声音打断奶奶的谈话，经常会“自言自语”呢喃。如果玩具从手中掉下去，会用眼睛去寻找了，这是认知发展的一个重要表现。开始对大人们吃的食物表现出兴趣。

❈情绪发展

心理学家伯顿说，这个阶段的宝宝大部分已经成了“微笑机器”，会频繁而迅速地对每个人包括陌生人微笑。宝宝出现了一系列情绪，包括喜悦与不高兴、满足与不满，开始懂得表达愤怒和惊讶等情绪。表达情绪的方式更加复杂，比如，会用打哈欠、揉眼睛或脸、拒绝和你玩，或显得焦躁不安来让你知道他有些累了。当他对某样东西感到兴奋时，或情绪愉快时，可能会激烈地舞动四肢来表现他的快乐。对不同的物品会表现出自己的喜好或者厌恶，出现了恐惧或不愉快的情绪。对柔和的音乐声表现出愉悦的情绪，对嘈杂或强烈的声音会表现出不快的情绪，甚至会哇哇大哭。

宝宝特别渴望能够获得大量的拥抱和交流。对语言中表达的感情已很敏感，能出现不同反应。对着镜子会微笑，还能放声大笑，明显地表现喜怒哀乐等情感。当探访的人多时，宝宝的情绪会比平时亢奋。当与宝宝聊天玩耍时，他常会发出快乐兴奋的声音。当宝宝够不到自己视线范围里的东西时，会感到挫败，心烦意乱甚至焦虑不安。适度的挫败也是一种积极的体验，但也要仔细观察宝宝发出的声音，及时干预，避免过度的负面情绪。

❈社会发展

这个阶段的宝宝已经渴望着与人交往了。当熟悉的人靠近时会引起宝宝的注意。对发生在自己周围的事情有了记忆，并会根据这些事情做出反应。喜欢同大人玩毛巾蒙脸游戏，藏猫猫游戏，与人交往的能力增强。开始分辨谁是谁了，非常依恋与他最亲密的人，也会喜欢其他小朋友。宝宝认识奶奶了，会用眼睛来与你交流，或者可能会用眼睛在房间里四处寻找奶奶。当宝宝找到时，会兴奋地舞动小胳臂，露出开心的笑容，或者试着回应奶奶的话。会主动求抱，会跟奶奶“聊天”，见到生人会盯着看，喜欢别人叫他的名字。宝宝不再像过去一样粘人，如果宝宝有喜欢的玩具，他可以自己玩上一小会了。

◇成长测试标准参考

3～4 个月宝宝成长发育标准参考

分类	项目	测试方法	参考标准
大动作能力	仰卧抬腿	在仰卧的宝宝腿上方吊红球	会抬腿踢球
	会翻身	宝宝俯卧，用玩具逗引	能从仰卧翻成侧卧，再翻成俯卧
	扶髋能坐	宝宝坐大人腿上，扶其髋部	在大人帮助下，能坐稳 5 秒以上
精细动作能力	主动够取物	抱坐，桌上玩具距离手 2.5 厘米	主动够取并紧握玩具
	伸手拍	逗宝宝伸手击打悬吊胸前的玩具	会伸手拍打
语言能力	发辅音	逗引宝宝高兴，无意识发辅音	会 1～2 个音
	咿呀学语	宝宝独自安静时观察其发音	咿呀自语无意义
认知能力	追视滚球	把一只球从桌子一头滚到另一头	能追视滚球
	视觉敏感	在白纸上放一粒红色小丸	能马上发现
	头转向声源	耳侧水平方向 15 厘米处摇铃	能转头找到声源
人际交往能力	辨认生熟人	观察见到父母或看护人的反应	笑脸相迎，求抱
		观察宝宝面对突然出现的生人	怯生，躲避，拒绝被抱
	藏猫猫	奶奶把一块布蒙住自己的脸	会高兴地笑并动手拉布
生活自理能力	张口舔食	用调羹喂米糊	张口舔食

发展警示：宝宝如有以下状况，请尽快与儿科医生联系：

- 不会抓握东西，不会笑；
- 不会把东西放进嘴巴里；
- 快 4 个月时，没有尝试过模仿大人的声音；
- 快 4 个月时，脚落坚硬的平面时不用腿支持身体；
- 大部分时间都对眼，一只或两只眼睛无法灵活转动；
- 从不留意新面孔，对新环境或新面孔非常恐惧。

◇与能力发展相关的游戏

※大动作能力训练

游戏:前臂支撑。

游戏目的:练习颈部肌肉,上肢和腰背的肌群。

在前三个月训练基础上,继续与宝宝玩俯卧抬头游戏,在宝宝头前上下左右地呈现带响的玩具或彩画,吸引宝宝的注意力,促使宝宝用前臂支撑上半身、将胸部抬起,抬头从不同的方向追视玩具。宝宝俯卧,把可移动的镜子摆在宝宝头侧,宝宝喜欢,会努力把上身撑起看镜中的自己,但不知道这是自己。

奶奶帮助宝宝把一侧肘部放好,宝宝会主动把另一侧也放好,使整个胸部都撑起来,扩大视野,让宝宝能看到过去看不见的事物。宝宝还会伸出一只胳膊,去取身旁的玩具,锻炼了颈部、上肢和胸部肌肉。

※精细动作能力训练

游戏:拍打吊球。

游戏目的:拍击一个活动目标,进一步练习手眼协调。

把吊挂玩具改成带铃铛的小球,奶奶扶宝宝的小手去拍击小球,球会前后摇摆并发出声音,吸引宝宝不断击打它。宝宝还不会估计距离,手的动作也欠灵活,经常拍空,好不容易击中,球又跑了,再想击中就十分困难。可再用球的摇摆和铃声吸引宝宝。每次玩时改变小球悬吊的位置,以免长时间注视形成对眼。玩过后把小球收起,防止盯视。

这个月的宝宝还不会主动用手抓东西,奶奶可以把玩具放到宝宝手中,握住宝宝小手,放到宝宝眼前晃动,再把玩具拿开,放在宝宝能够得着的地方,让宝宝自己去拿。也可以握住宝宝手腕部,帮助宝宝够到玩具,这样可以训练宝宝手眼的协调能力,使手能击到眼睛所看中的目标。

奶奶也可以将小球吊放在胸前,引诱宝宝除了拍打之外还要抓住它。还可以在床周围稍高处挂上五颜六色带响的玩具,如小铃铛、风铃等,用绳子一头拴玩具,一头拴在小床边宝宝挥臂能碰到的地方,宝宝看到玩具就会自动挥臂,一挥臂就会碰响玩具。由于玩具的移动和发出响声,宝宝会很有兴趣地听、看，并不断挥臂去碰绳子。

除了训练手的协调活动外，还可以练习手眼的协调活动，让宝宝坐在奶奶腿上，奶奶坐在桌子旁，把玩具放在桌子上，逗引宝宝伸手去抓，奶奶不断从宝宝手中拿回玩具，并不断改变玩具的位置点，看宝宝是否能目测距离，指挥手去抓物，是否能根据距离和角度，调整手臂的伸缩长度和躯干的倾斜度。

※视觉能力训练

游戏：看细节。

游戏目的：训练宝宝辨别轮廓中所包含的细节的能力。

宝宝现在喜欢观看细节了，比如，奶奶的脸，这是宝宝最喜欢看的人脸之一。遗憾的是，之前宝宝只能看到奶奶脸的大致轮廓，分不清脸部细节。现在宝宝可喜欢“研究”奶奶脸上那些奇奇怪怪的“东西”了。奶奶可以把宝宝抱在膝盖上，然后，脸对脸地看着宝宝。用一只手托住宝宝，用一只手的手指指着自己的五官，用生动的语言介绍自己的五官，分别让宝宝观察看细节，区别不同点。虽然宝宝听不懂，但奶奶生动的表演，令宝宝很开心，更刺激宝宝的探索兴趣，培养宝宝对细节的观察能力。

※听觉能力训练游戏

游戏：寻找声源。

游戏目的：训练宝宝的听知觉能力。

宝宝3个多月时，听力又有了明显发展。在听到声音以后，能将头转向声源，用眼睛寻找声音，并表现出极大的兴趣。这种反应的强弱，可以用来检查宝宝听觉是否正常。奶奶可以在房间的不同角落，轮流播放音乐，儿歌或狗狗叫鸟儿鸣的声音，让宝宝听不同的声音，寻找不同方向发出的声源。

奶奶观察宝宝是否会把头转向那个声源，如果宝宝转对了，寻找到声源了，可以抱着宝宝去看看，找一找是什么东西发出的不一样的声音。奶奶可以假装找错了地方，找了几个地方后，用夸大的动作，惊喜的表情，和宝宝一起终于找到了声源了，宝宝会很喜欢，兴奋的。游戏可以帮助宝宝感受不同方位发出的声音，发展辨识和区别声音的听知觉能力。

※触觉能力训练游戏

游戏：百变袋。

游戏目的:促进宝宝触觉能力的发展。

奶奶准备一只柔软的袋子,里面装一些各种形状、各种质感、各种大小的物体,如圆形的小球、三角形的积木、柔滑的丝巾、头梳、粗糙的麻布、带小突点的按摩球等。奶奶抱着宝宝"变戏法",神秘的百变袋会引起宝宝很大的兴趣。奶奶一边说,宝宝我们来变戏法啦,一边握着宝宝的手一起伸进小布袋,然后放开手,让宝宝在里面玩一会儿。等几分钟后,在宝宝手里塞上一只玩具,慢慢地把宝宝的手拿出来,故作惊喜地说,哇哦,看我们宝宝变出一个什么东西啦。

然后,让宝宝仔细地抚摸一遍这个玩具,并告诉宝宝这是什么,包括大小形状颜色等细节。宝宝玩几分钟后,会对百变袋再感兴趣,奶奶依旧带宝宝从头开始拿出一只玩具,同样玩一遍。如果宝宝有兴趣可以多玩几个。等拿出三四个玩具后,奶奶可以让宝宝把几个玩具放在一起,让宝宝依次抚摸一下,每抚摸一个,奶奶就给宝宝解说一个,并让宝宝感觉他们之间的不同感觉。尽管宝宝听不懂,但对培养宝宝的触觉能力是非常重要的,而且对宝宝的语言训练也有很大的帮助。

※语言能力训练

游戏:鼓励模仿。

游戏目的:训练宝宝主动发音。

奶奶要养成与宝宝交谈的习惯,手里干什么,嘴里说什么,抱着宝宝溜达,见到什么说什么,尽管宝宝还不明白这些话的意思,但宝宝会和着奶奶的声音,看着奶奶的口型,模仿发出"a,o ,e "等音来。这是宝宝在用"前言语期的特殊语言"同奶奶交谈呢。经常同宝宝说话,使宝宝经常发出元音。3 个月左右的宝宝喜欢说双元音,或拉长一个元音,奶奶要用夸张的口形同宝宝说话,能使宝宝也发出声音同奶奶对话。

宝宝自小喜欢喊叫,是语言发育良好的开始,要鼓励宝宝"说话"。宝宝独处时也会自己发声自娱,或者对着玩具"说话"。另外,奶奶也可以试着反复唱两三个音符,或只唱着"啦……啦……",来观察宝宝是否会逐渐模仿你唱。如果你经常唱,这就很容易成为他早期口语表达的一部分。逐渐引导宝宝主动发声搭话,让宝宝学会怎样通过嗓子、舌头和嘴的合作发出声音。

※情绪能力训练

游戏:笑脸相迎。

游戏目的:培养大方开朗的良好性格。

宝宝的社交行为和认知能力有了很大的发展。社交能力强的宝宝,已经会出现自发微笑,迎接人的表情了。宝宝喜欢到外面去看看世界了。奶奶可以经常抱宝宝去小区玩,让宝宝多接触人,有利于社交能力的发展。当奶奶微笑着同周围的人热情打招呼时,宝宝也会受感染,也会笑着看别人。当人们笑着逗宝宝时,宝宝也会报以微笑,学会用笑同人打招呼,这是宝宝社会化训练的第一步。让宝宝学会主动用笑招呼人,养成大方开朗的良好性格。

如果宝宝缺少同陌生人接触的训练,宝宝会见到生人就躲开,或者不敢正面看人,逐渐养成害羞的性格。当然,如果宝宝的个性比较害羞,看见陌生人比较害怕,不能强迫宝宝去接触不熟悉的人,只能慢慢让宝宝有一个适应的过程。

※认知能力训练

游戏:还记得玩具吗?

游戏目的:训练宝宝的短暂记忆力增强自信心。

奶奶抱着宝宝坐在桌边的椅子上,把他喜欢的毛绒小熊放在桌子上,并用通俗易懂,生动活泼的语言,向宝宝描述这个玩具。然后,让宝宝背向玩具而面对着奶奶,如果宝宝把头往回转,寻找玩具,奶奶就表扬他,“哦,宝宝记忆力真好,还记得小熊啊,小熊也很想念宝宝哦”。然后,奶奶把小熊玩具给他。尽管不懂语言,但奶奶的表情和表扬,会给宝宝一种惊喜、愉悦的满足感。

如果宝宝在地上爬着玩,奶奶也可以让宝宝在地上做这个游戏。让宝宝俯卧,先把小熊放在他面前,然后再放到他旁边,他会肚子贴着地板,努力移动着身体去找。宝宝一旦开始找,奶奶就可以帮助宝宝,让他比较顺利地找到,这一点对于增强宝宝的自信心很重要。

※社会能力训练

游戏:盖手绢。

游戏目的：培养宝宝与亲人的亲密关系。

奶奶用一块干净的手帕把自己的脸蒙上，走到宝宝面前，他会非常惊奇地看着你，注视蒙脸的手绢，但不知道拉下来，然后奶奶一边笑着叫宝宝的乳名，一边拉下手帕“喵儿”一声，并作出各种表情，宝宝会笑得非常开心。这样玩几次后，宝宝能学会把奶奶脸上的手帕拉下来。奶奶可用夸张的表情，故作惊讶地逗引宝宝，表扬宝宝，宝宝会为自己的成功尝试乐得哈哈大笑。奶奶可以邀请家人一起做这个游戏，宝宝会很兴奋。在哈哈大笑中，宝宝体验到了与亲人一起做游戏的快乐。

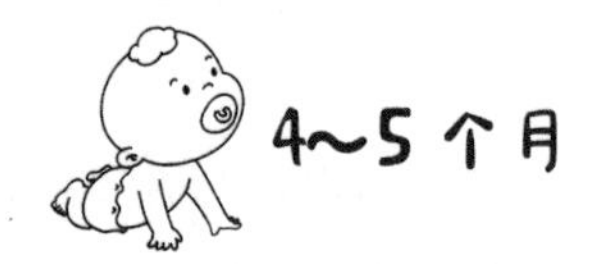

这个时期的宝宝在智能和身体发育上都是突飞猛进的。白天差不多有一半时间是醒着的，对周围的环境兴趣越发地大。宝宝的情绪很是高涨，活跃，即使在独处一会儿的时候，心情也不错。宝宝的探索欲望日益增长，包括对自己身体的探索，对新技能如视觉定向的探索，对人和社会性活动的探索。

宝宝开始学着坐了，从躺着看世界到坐着看世界，这是一个重要的转折点，展现给宝宝的是一个全新的世界。宝宝已经能够辨认出愉快的、生气的和毫无表情的面孔。本月的重点培育是在宝宝已有能力的基础上，增加训练难度，进一步提高宝宝的各种能力，如大动作能力，手眼协调能力、对语言的理解能力、各种感觉的综合能力等。奶奶要尽可能让宝宝接受更多的刺激，接触更多的新东西。

以感觉发育活动为主的阶段快要结束了，宝宝进入了通过各种感觉的协调合作，在一个有着物体、距离和方向的环境里，获得对自己身体的意识的阶段。

◇宝宝发育概况

※感统发展

·大动作能力

宝宝能够很熟练地从仰卧翻到俯卧位，并能主动用前臂撑起身子，头抬得很高，能和肩胛成90度角。头会更加灵活地朝不同方向转动，如果支撑累了，宝宝会把头偏过去休息。

宝宝腿部的力量更加强壮了，趴卧时会抬起双臂及双脚，还喜欢在奶奶的膝上跳跃着玩。如果奶奶双手扶着宝宝的腋下，宝宝可以站立几分钟左右。快到五个月时候宝宝会翻身了。随着宝宝背部和颈部肌肉力量的逐渐增强，颈和躯干的平衡发展，宝宝开始学着坐了，把宝宝放在围栏床的角落，用枕头或被子等支着，宝宝能坐一会儿了。

宝宝平卧时，会出现抬腿动作。将宝贝的胸腹托起悬空时，宝贝的头、腿和躯干能保持在一条直线上。宝宝可能会用摇摆、翻滚、扭动身躯来移动身体，被人拉着，很容易就站起来。宝宝进入了爬的尝试阶段。开始的是腹爬，没有明确目标，只是无意识的移动，也不会用眼睛下意识地观察周围的东西。等视觉发展到一定的阶段，能够看清前面的物体，能努力判断东西的距离和位置时，宝宝会尝试用双手、膝盖支撑着身体爬行了，但脸经常会碰着地面。

·精细动作能力

宝宝手指功能的发展，是构建聪慧大脑至关重要的功能。宝宝掌握了在视觉引导下，伸手够物的动作。抓东西的欲望越来越强烈，会紧抓手中的东西，会把手中的小摇铃摇响。将一个玩具放在宝宝小手附近，他会用一只空着的手去接近和接触玩具，甚至能用双手同时抓握玩具。看到小物体后，宝宝会用一只或两只手去接触它，但准确度还不够，往往一个动作需反复好几次。手指会比较活跃地摸、抓桌面。拇指也灵活多了，会将抓到的每样东西塞到嘴里，还会用双手把东西放进嘴巴。

宝宝双手能够抱住奶瓶，会从奶奶手中主动接过玩具。会把自己的手放在胸前注视，并把两手握在一起，宝宝握住拨浪鼓后，能将它保留在手中大约1分钟。当宝宝盖着衣服或小毯子时，双臂会上下活动，并将抓住的衣服或小毯子把自己的脸遮住,会用手把盖在脸上的毛巾拉下来。宝宝会不厌其烦地重复某一动作,经常故意把手中的东西扔在地上,捡起来又扔,可反复多次。宝宝还常把一件物品拉到身边,推开,再拉回,再推开,反复推拉,乐在其中。

洗澡时宝宝很配合,喜欢双手打水或双脚蹬水玩。最喜欢抓握的东西之一,是宝宝自己的脚趾头。会把小脚丫往脚踝方向扳,以便更好地抓住它,抓住了就往小嘴送。可以和自己的小手手、小脚丫玩上一会儿了,对自己的身体有了日益增长的控制能力。

奶奶抱着宝宝时,宝宝会用手去探索奶奶的脸。眼睛、耳朵、嘴巴、鼻子都是他研究的对象,除了不断地拉下奶奶的眼镜,甚至还会用小手去抠奶奶的鼻孔。宝宝在想,这两个小洞洞是什么呀?

• 视觉能力

宝宝的视网膜已有了很好的发育。双眼视觉也发育成熟,视力已经很敏锐了,可以看到不同距离的东西。能由近看远,再由远看近,并具备立体感。手眼动作协调,视觉和触觉配合也越来越协调。会转动眼睛去追视移动着的物体,目光可向上向下,跟随移动物体转动 90 度。

宝宝眨眼次数增多,可以准确看到面前的物品,还会将其抓起,在眼前玩弄。已经尝试辨别相近的颜色了,比如红色和橙色。能注意远距离的物体,如汽车、行人。有了识别熟悉人和陌生人的能力,并表现出不同的情绪。宝宝拿到第一块积木后,如果奶奶把第二块积木从宝宝的对边桌边移过来,宝宝也会明确地看着第二块。

• 听觉能力

宝宝喜欢听各种各样的声音,尤其对各种新奇的声音都会十分好奇,奶奶弹弹舌头,吹吹口哨或学学鸡鸣狗叫的,宝宝听了都会很感兴趣很开心,甚至模仿。会定位声源,奶奶从房间的另一边和宝宝说话,他会把头转向你。特别喜欢节奏明显的儿歌,更喜欢奶奶给他念儿歌时亲切而又丰富的表情。

• 触觉能力

宝宝视觉和触觉越来越协调,看到什么东西,都有去摸一摸的愿望和冲动。视觉和触觉的协调能力发展起来了,看到什么东西都会有意识地去摸,通过接触来探索世界。对呵痒开始有了反应,因为14周以下的宝宝,社会性意识一般还未发育完全,无法意识到他人对自己的刺激,也就不会产生呵痒反应。

• **嗅味觉能力**

宝宝味觉发育成熟,偏爱甜味。能比较稳定地区别酸甜苦辣等不同的味道,能辨别香、甜、柠檬汁和奎宁等不同味道,对食物的任何改变都会比较敏锐地作出反应。会将手中的东西往嘴里送,借由舌头学习与物品间的关系。

※语言发展

在对视觉能力和听觉能力有效训练的基础上,宝宝开始有了很好的对双汉字的理解能力。比如,不仅能理解"饭饭",还能理解"吃饭"。有的宝宝还喜欢自己对玩具"说话",会专心注视别人说话时的嘴部变化,并模仿嘴部动作尝试发音,甚至模仿声调变化。宝宝现在喜欢倾听周围有意义的声音,并学着领会这些声音的意义,并尝试模仿这些发声。对自己发出的声音,会很自豪,如果奶奶给予及时回应鼓励,宝宝发声的积极性会倍增哦。

宝宝在高兴的时候会发出重复音节,喜欢发出新的声音,会尖叫、做呼噜声以及发出咂舌声。会主动发出元音及一些字音,学习发出新的音节,丰富他的"语言库"。奶奶说话的时候,他可能会很专注地观察你的嘴型,并且试着模仿声调的变化。

宝宝可能还会努力地发出像"m"和"b"这样的辅音,也可以发出一些由辅音和元音拼在一起的声音,如"da"的声音。当熟悉的人或玩具在宝宝面前时,他会对人和玩具"说话",经常会"自言自语"地呢喃。咿呀发音的声调变长,逗引宝宝时能开怀大笑,并作出回应。宝宝高兴时,会跟着大人模仿发"baba""mama"音,甚至会模仿奶奶的咳嗽声。

※认知发展

随着记忆力和注意力的发展,宝宝的好奇心越来越强烈了,对探索事物有浓厚兴趣,不仅接受外界的一些信息,而且也会把有些信息应用到自己的玩乐中。比如,开始探究事物的因果关系了,喜欢一遍又一遍地重复着同一个动作,直到他确定这个动作产生了结果。比如,宝宝在打击会发声的玩具时,意识到用手击打玩具,玩具会发出声音,就会很兴奋很着迷地反复击打玩具，一旦认识到自己的击打可以弄出这些有趣的声音时，宝宝将继续尝试敲其他东西以观察结果。

奶奶可以抱着宝宝坐在镜子对面，让宝宝面向镜子，然后轻敲镜子，吸引宝宝注意镜子中自己的影像。宝宝能明确地注视自己的身影，对着镜中的自己微笑并与他咿呀"说话"，但宝宝不明白镜子中的宝宝是自己。宝宝开始有意识地认识周围的事物，熟悉身边的人，有了短暂的记忆力，可以辨认出熟悉、不熟悉的面孔。还可正确地控制眼球运作，眼睛和双手可以相互协调做简单动作。懂得去寻找从眼前消失的东西，如抓下蒙在奶奶脸上的手帕，很兴奋地为自己的发现而大叫。宝宝开始认东西，大多数宝宝最早认得的是灯。

※情绪发展

此时的宝宝已经能够根据自己的需要是否得到满足而表现出喜、怒、哀、乐等各种情绪，还会出现害羞嫉妒等情绪。宝宝会用自己的方式表达情绪，如开心或惊喜时，会手舞足蹈咯咯大笑，生气或惧怕时，会脾气爆发叫喊哭闹。甚至宝宝有时候为了让奶奶能立即满足自己的需要，还会假装不高兴，假装害怕，发出一些特殊的声音。奶奶对这时期的宝宝要及时给予积极回应，尽量满足宝宝的需求。如果宝宝连续几次发声，奶奶不与理会，慢慢地，宝宝就会失去信心，懒得再发出声音，这不利于宝宝的身心健康。

宝宝能听懂奶奶严厉或亲切的声音，通过奶奶脸上的表情，分辨情绪作出回应。奶奶笑眯眯宝宝乐呵呵，奶奶生气板着脸，宝宝会默不作声，停止游戏或不敢吮指，甚至被吓哭。宝宝会用眼睛来传递感情，玩游戏时会笑，游戏被打断时会哭，甚至看不见人也会哭。用微笑及发声来引人注意，寻求关注。

哭闹依然是宝宝主要的交流方式，但出现了生气时除了哭闹以外，还会把头转向一边不理人的现象。宝宝已经渐渐有一些幽默感了。不少宝宝晚上有梦了，颇为烦恼的"夜啼"大多数是从这时开始的。

※社会发展

宝宝有了交往的欲望和表现，看到熟人会眼神交流，自发微笑，挥手示意，呜呜求抱。被抱时，紧紧趴在人的身上。宝宝甚至会弄出声响，试图打断大人的谈话求关注，出现主动的社交行为，俨然像个小小的外交家了。宝宝会通过不同的发声、各种表情、手脚的动作向奶奶表达自己，进行沟通，反映了宝宝对家人正在建立安全依恋。对陌生人有了由怕到不怕的变化，反映了宝宝对与人交往兴趣的发展，超过了因陌生人带来的不安全感而引起的恐惧情绪。当然，对陌生人不怕的前提，是仍有熟悉的家人在场。

◇成长测试标准参考

4～5个月宝宝成长发育标准参考

分类	项目	测试方法	参考标准
大动作能力	扶站	双手扶宝宝腋下，站在平板床上	能站立2秒以上
	靠坐	将宝宝放在床或小椅子上	能头伸直靠坐几分钟
	翻身	从俯卧翻到仰卧或仰卧到俯卧	能翻180度
	挟腋蹦跳	双手挟宝宝双腋下，逗引他蹦跳	双腿能短时伸直负重
精细动作能力	伸手抓握	将积木出示在宝宝面前，先从一侧递一个，再从另一侧递一个	两手能各拿一个
	抓悬吊玩具	逗引宝宝够取悬吊在胸前的玩具	能主动够取抓住
	抓足	仰卧时让宝宝自由抬腿	手能抓住足
语言能力	听名字回头	在宝宝背部或侧面呼唤宝宝名字	转头注视并笑
	模仿发辅音	逗高兴时发baba/mama/dada	发2个重复辅音
认知能力	找落地玩具	将带响的玩具在宝宝面前落地发声	低头转身寻找
	找目标	奶奶用手指着灯，问宝宝灯在哪里	眼睛会看奶奶的手
	看镜中人	抱宝宝在镜子前	会对镜子中的自己笑
人际交往能力	举高或拉坐	将宝宝举高高或拉坐	能配合有表情
	藏猫猫	奶奶拿一块毛巾蒙在脸上逗宝宝	会拉开毛巾笑，后学会自己蒙脸逗奶奶笑
	辨别人	见到宝宝熟悉的或不熟悉的人	宝宝会辨别出来
生活自理能力	自喂饼干	给宝宝一块磨牙饼干	能放入口中吃
	抱奶瓶喝奶	让宝宝自己抱奶瓶	双手抱着奶瓶将奶嘴放入口中

发展警示：宝宝如有以下状况，请尽快与儿科医生联系：

- 仍然有强直性颈部反射;
- 看起来非常僵硬,肌肉紧张;
- 拉着他坐起时头依然会向后倒;
- 只会用一只手去够东西;
- 拒绝拥抱;
- 对照顾他的人没有一点儿兴趣和感情;
- 对周围的声音无反应;
- 不会扭头去找声源;
- 很难将物体送到嘴里;
- 一只或两只眼睛一直向内或向外斜视。

◇与能力发展相关的游戏

※大动作能力训练

游戏:学坐。

游戏目的:训练颈部腰背部肌肉力量。

靠坐:让宝宝背靠枕头、小被子等软物体坐起来,宝宝很喜欢,因为坐着比躺着看得更远。奶奶在旁照料,以防身体下滑而倒下,或重心向左右两侧转移而向一边倒下。靠坐时间不宜过长,初学者 3～5 分钟即可,坐稳后也不宜超过 10 分钟。

拉坐:经过坐抱训练的宝宝较容易拉坐。未经过坐抱训练的宝宝,奶奶要用双手扶着仰卧的宝宝双肩,一面喊"坐起"一边向前向上拉,宝宝会抬起上身配合坐起来。练习几次后,奶奶可用双手拉着宝宝的肘部和前臂,边喊口令边扶着宝宝坐起。多练几回后,奶奶可用食指放入宝宝掌心让其握住,然后把宝宝拉坐起来。拉坐不宜过早,要在宝宝颈部肌肉能支撑头部重量之后练习,让宝宝听口令协同奶奶一起使劲拉坐起来。如果宝宝拉坐时后仰,则不应当做此练习。

蛙坐:所谓蛙坐,就是宝宝像青蛙一样坐着,坐不稳时会用双手撑在床上。首先让宝宝学习在俯卧时抬起头并保持姿势,可以让宝宝趴着,胳膊朝前放,然后在他前方放置一个铃铛,或者醒目的玩具吸引他的注意力,诱导他保持头部向上并看着奶奶,这也是检查宝宝的听力和视力的好办法。让宝宝趴在床上，引导宝宝用双手撑起全身，奶奶帮宝宝扶成坐的姿势，能够独自坐一会，但有时两手还需要在前方支撑着。

奶奶要注意，宝宝在练坐时，不要跪成“W”形状，不要两腿压在屁股下坐，这样，容易影响宝宝腿部的发育，最好是让宝宝用双腿交叉向前盘坐。

※精细动作能力训练

游戏：准确抓物。

游戏目的：训练手眼协调能力和准确的抓握能力。

奶奶可以将一个摇晃会有音乐响的玩具挂在一根绳子上，拿这根绳子在宝宝眼前慢慢晃动，宝宝听到音乐声，看见玩具在眼前晃，产生了很大的兴趣，会主动用手去触摸，但玩具被宝宝推远了。宝宝再伸手去摸，玩具又晃动了。经过几次努力，宝宝终于知道用两只手，一前一后把玩具抱住。

到了宝宝5个月左右时，会用一只手去够取物品。这时，奶奶可以把宝宝喜欢的不同大小、不同形状的玩具，轮流放在桌子上，训练宝宝用一只手抓握，锻炼宝宝用拇指和他指对握，每次训练3～5分钟，培养宝宝准确抓握的能力，对提高宝宝精细动作的能力是非常有利的。经常同宝宝玩这些游戏，不仅能培养宝宝的手眼协调能力，而且，宝宝获得成功后的满足和兴奋，对增强宝宝的自信心，都有很大的帮助。

※视觉能力训练

游戏：玩五彩缤纷。

游戏目的：刺激宝宝的视觉和大脑发育。

宝宝从一出生就对颜色充满了兴趣，三四个月后，就能感受五彩缤纷的颜色了。这种丰富的视觉感受体验，会给宝宝的智力发展带来很大的帮助。德国有一项对颜色和宝宝智力之间关系的三年跟踪研究显示，生活在一个色彩丰富而美丽的生活环境里的宝宝，比生活在色彩单调的环境里的宝宝，智商要高出12个百分点，在玩耍学习过程中，表现得更为敏捷机智。

生活中处处充满着色彩，只要有心，奶奶就可以给宝宝一个色彩丰富的环境。比如，奶奶可在宝宝的小床上方轮换着挂上色彩鲜艳的各种玩具，如气球、挂铃、纸花、彩条等，并不时地摆动这些挂物，吸引宝宝观察和够取。奶奶可以在桌子上放一些各种颜色的小球、积木、小装饰等，抱着宝宝玩“颜色分家”“猜猜看”的游戏。也可在墙上贴一些比较大的、色彩鲜明简单的大图片，如动物、水果等，让宝宝随时能看见。另外，给宝宝的衣物用具也可以尽量色彩丰富。当然，奶奶不要一次展示过多的东西，要以宝宝能接受为妥。

当然，奶奶抱着宝宝游览小区的鲜花绿草，接触五彩缤纷的大自然，更是必不可少的啦。给予宝宝丰富的色彩刺激，还需要生动的语言刺激的配合，才能给宝宝一个视觉和听觉的综合刺激，才能更有效地刺激宝宝的大脑通路发育，提高宝宝的智慧。有两个问题要注意，一是要隔三差五地调换玩具的挂放位置，防止宝宝对眼或斜视；二是要注意颜色的安全性，防止宝宝过敏或受害。

※听觉能力训练

游戏：寻找声音。

游戏目的：训练宝宝对声源的反应和听知觉能力。

奶奶可以经常把会发声的玩具在宝宝的周围发声，让宝宝辨别声音是从哪儿来的。或者，把声音从高到低地变化着，让宝宝感觉声音的高低起伏，丰富宝宝的听力。如果宝宝猜对了，可以把玩具给宝宝作为奖励，宝宝会非常开心的。也可以在房间的另一边，或者另一个房间，放宝宝喜欢的音乐，抱着宝宝去寻找，要像模像样地寻找哦。当宝宝终于找到时，会非常惊喜的。奶奶平时也可以用不同的语音和语调，同宝宝说话，唱儿歌，讲故事，让宝宝理解不同的语音语调表达不同的情绪，训练宝宝听觉的敏锐力。

※触觉能力训练

游戏：丰富触觉。

游戏目的：丰富宝宝的触觉感受与认识事物的途径。

奶奶在桌子上放上各种质地的物品，让宝宝取积木、毛绒玩具、纸盒、摇铃等，同时告诉宝宝哪个是硬的、软的、空的、响的，通过触摸不同质地的东西，手得到不同的触觉刺激。家庭中用旧的东西，如奶瓶刷子、勺子、瓶子等可随时让宝宝去摸，洗澡时接触毛巾、海绵等，丰富宝宝的触觉感受与认识事物的途径。

※情绪能力训练

游戏：表情体验。

游戏目的:培养情绪观察力,体验情绪共鸣。

宝宝有了初始的情感共鸣,出现了共情的现象。比如,在奶奶难过时,宝宝能觉察到奶奶的表情,知道奶奶难过了,就会静静地趴在奶奶身边,似乎要分担奶奶的忧愁。当宝宝具有这个能力时,奶奶可以和宝宝进行不同表情的体验了。从小培养宝宝的情感共鸣和共情能力,对宝宝的健康成长是非常重要的。

比如,奶奶手里拿了一朵鲜花,满脸笑容地对宝宝说,真开心,爷爷送了一朵这么漂亮的花给奶奶哦。宝宝看见奶奶这么开心,也会很开心地笑,并伸手要鲜花。这时,奶奶就可以指着自己的笑脸说,这是开心的笑脸,宝宝看见奶奶笑了,自己也笑得嘴角都往上扬了,这也是宝宝开心的表情哦。让宝宝体会到奶奶的开心感染了自己,我也开心了,让宝宝尝试理解情绪会产生共鸣的道理。

※语言能力训练

游戏:动动小嘴巴。

游戏目的:训练小嘴巴的灵活性和协调性。

宝宝语言能力的发展,并不仅仅局限于词汇量的多少,要让宝宝口齿清晰伶俐,还需要小嘴巴的灵活性和协调性。所以,从小训练宝宝嘴唇、舌头、脸颊、声带和咽喉部位肌肉的协调性和灵活性就很重要。现在的宝宝模仿力已经很强了,可以让宝宝模仿奶奶,一起做一些口腔动作的小游戏,训练宝宝口腔动作的灵活性。

比如,奶奶面向宝宝坐着,手里拿着一件宝宝喜欢的玩具,藏在自己身后。奶奶突然拿出玩具,在宝宝面前晃一下,故作惊奇,开心大笑,并"WOW,WOW"地叫几下。宝宝会很惊喜,会跟着大笑,也跟着大叫,不管发的是什么音,都要夸宝宝一下。然后,奶奶可以夸张地张开嘴巴,搅动自己的舌头,让舌头上下左右地动。宝宝会觉得很有趣,也会尝试着搅动自己的舌头。最后,奶奶可以闭上嘴巴,轻轻地在玩具上亲一下,让宝宝也模仿合上嘴唇,亲一下玩具。训练宝宝嘴巴的张开闭合能力,声带肌肉能力和嘴巴周围的肌肉协调性,对宝宝的语言能力的发展有很大的帮助。

※认知能力训练

游戏:照镜子指五官。

游戏目的：培养自我意识，提高注意力及观察力。

奶奶抱着宝宝坐在镜子对面，奶奶可以与宝宝逗着玩指五官游戏，边玩边认识宝宝自己的脸和表情。也可以给宝宝一个五官分布合理的洋娃娃，经常让宝宝摸摸娃娃脸上的五官，反复熟悉人的五官，培养宝宝视觉能力和认知能力。还可以让宝宝躺在床上，用宝宝的小手触摸奶奶的五官，让宝宝仔仔细细地摸，奶奶生动有趣地介绍五官的高低起伏，培养宝宝视觉的立体感。

奶奶也可以把宝宝抱在奶奶的膝盖上，触摸宝宝脸上不同的部位，并告诉他那个部位的名称。如轻轻抚摸他的鼻子，并说"这是你的(用宝宝的名字)鼻子。"可重复多次。奶奶也可拿起宝宝的小手来触摸你的鼻子，并说，"这是奶奶的鼻子。"然后，你可以问宝宝，"你的鼻子在哪儿?"并把他的小手放在他的鼻子上，告诉他，"在这呢。"如此这般奶奶可以同宝宝一起做"眼睛在哪儿""耳朵在哪儿"等游戏，培养宝宝的自我意识。

※社会能力训练

游戏：喊名字。

游戏目的：培养家庭关系的信赖感，人际交往的愉悦感。

培养宝宝的社会能力可先从家庭开始。宝宝的社交行为已有很大的发展，看见人，会经常"笑脸相迎"。见到熟人，会主动地用身体语言，面部表情进行社交活动。

奶奶可以邀请家人一起来做"喊名字"游戏。当宝宝情绪很好时，奶奶可以对着宝宝，叫他的乳名亮亮，并观看宝宝的反应。如果宝宝有很开心的反应，奶奶对宝宝说，宝宝了不起哦，听懂奶奶是叫你啦，你叫亮亮！我们邀请爸爸妈妈一起来做游戏好吗。然后请爸爸妈妈一起来，围着宝宝坐下。

奶奶对宝宝说，开始做"喊名字"游戏喽！爸爸开始叫"亮亮是谁啊，在哪儿啊"。妈妈说，是呀，亮亮在哪儿呢？当宝宝开心地看着爸爸妈妈时，奶奶一下子抱住宝宝说，哦，亮亮在这里，宝宝就是亮亮！宝宝会非常高兴，如果有其他的家人也可以一起做。游戏可以反复做，也可以换着叫爸爸，叫妈妈。游戏中的家人互相之间的亲情，温馨的氛围，不仅培养了宝宝对家庭关系的信任感，而且，让宝宝体验了人际交往的愉悦感。

6个月是宝宝个性发展的分水岭。如果说前6个月是宝宝先天个性的形成期，那么6个月后，是宝宝个性形成的后天培养期，也是培养良好性格的关键期。宝宝对周围的事物开始有了自己的观察和理解。宝宝的心理比之前成熟了，情感也更丰富了。

宝宝醒着时，大约有一半时间可保持灵敏状态，身体运动能力有了很大的发展，自主运动能力也增强了。能翻身会独坐，能抓取会够物。宝宝对看护人的依恋会十分强烈，分开会哭闹。开始进入怕生期，见到陌生人，会感到害怕，会推开，甚至哭泣。

喜欢在玩中品尝食物，如压挤、嗅闻、弄碎、捣烂和涂抹食物。在趴着时，能抬高手臂和双腿，手眼协调也逐渐在进步。宝宝开始出现了故意行为，最初标志是故意啼哭，想法把大人吸引到身边来。宝宝会翻滚了，而且速度很快，要特别注意宝宝的安全问题了。

◇宝宝发育概况

※感统发展

·大动作能力

宝宝越来越热衷于运动了。在奶奶的扶腋下可以站立跳跃，用脚尖蹬地，身体不停地蹦来蹦去。平衡能力发展得比较好了，头部运动也非常灵活，可随意朝各个方向转动。头能稳稳当当地竖起来了，宝宝不愿意大人横抱着，喜欢竖抱。平躺翻为侧身时，几乎可将自己弯成坐姿。会用双手撑住身体像青蛙一样靠坐，大部分宝宝已经能够用小胳膊撑起身体，从趴着变为坐着，但坐不了多久宝宝就会失去平衡跌倒。如果突然身体往前倾，宝宝会用手来支撑求平衡，逐渐过渡到不用撑地，放手能坐稳。

宝宝的翻身动作已经很灵敏了，肢体动作相当活跃。可以很自如地从仰卧翻到侧卧，再从侧卧到俯卧，或从俯卧翻到侧卧，再翻到仰卧。在俯卧时，喜欢用肘支撑着将胸抬起四处张望。高兴时，仰卧躺着，四肢会像跳舞一样有节奏地蹬来蹬去。喜欢把双腿伸直举高，双脚还会借着踢或顶某个平坦的表面，如墙面或床沿，来移动身体。仰卧的时候，可以借着臂的方向随意前倾、上斜、转身、翻滚等等。有的宝宝会翻滚着移动身体，终于能够去抓取他喜欢的各种玩具了。

• 精细动作

宝宝的精细动作能力有了很大提升，学会用拇指和其他手指相对握物，并且逐渐将物品握稳。多加练习后，宝宝可以一手拿一物，进行对敲或传递，还会抓起东西来回摇晃。宝宝会手拿一块积木，眼望第二块，然后放下手中的一块，再拿起第二块。宝宝还会一只手抓起玩具，然后把它放到另一只手里进行倒手，这可是一大进步。宝宝可以自己用手拿着饼干吃，会双手握住奶瓶，会抓住别人递过来的小东西，还会抓住大的圈环。手的动作从被动到主动，由不准确到比较准确。

宝宝喜欢操纵探索物品了，看到东西伸手就去抓，不管什么都会往嘴里送。吃东西时，不仅吃得乱七八糟，还会压挤、闻玩、弄碎、捣烂和涂抹食物。宝宝可以用两只手撕纸，扔得到处都是纸屑，还喜欢不停地把某种物品或玩具扔到地上。奶奶不要硬阻止，而是引导，这是宝宝在用他的方法探索和认识世界。

• 视觉能力

宝宝视觉有了很好的发展，两只眼球能对称地移动，两眼的图像整合成了一个。视力几乎可以达到成人的水平了，能更好地看到非常小的物品了，能够把细节看得相当清楚，能由近看远，再由远看近，并具备立体感。会以转动眼睛去追移动着的物体，追随他视线以外的东西了。会长时间凝视物品。眼睛和双手可以相互协调做简单动作。

宝宝喜欢看镜子中的自己。在新环境中会四处张望。视野拓宽，几乎能和成人看同样远的距离，而且能辨别颜色，能看出红、黄、蓝色，学会了分辨柔和色彩之间的差别。

宝宝喜欢寻找那些突然不见的玩具，也许只看到物品的一部分就能认出是什么了。比如当他看到自己喜爱的玩具在沙发下露出一角时，他能知道那就是他的玩具。正因为有了这样的本领，可以和宝宝一起玩他最爱的捉迷藏游戏了。

• **听觉能力**

宝宝已经有了比较敏锐的听力，已经接近成人了，并对听到的声音有记忆能力，能区别简单的音调，从这时起进行音乐熏陶，成人后对音乐的感知能力会非常强。宝宝对各种新奇的声音都很感兴趣，会定位声源。宝宝已经开始模仿家人对他发出的双辅音，有的会无意识地发出“爸爸”“妈妈”等声音。

宝宝一听到新的声音，就会迅速地把头转向声源的方向，还会咿咿呀呀地回应。对音量的变化有反应，能区别简单的音调。宝宝会倾听自己发出的声音和别人发出的声音，还能把声音和声音的内容建立联系。宝宝听到欢快悦耳的音乐会非常兴奋。开始知道各种东西会发出各种不同的声音。能从别人的声调语音里，听出别人的情绪是高兴还是不开心。

• **触觉能力**

随着运动能力和活动范围的发展，宝宝对周围物体的直接触摸也越来越频繁了，触觉能力也得到进一步发展。宝宝从用双眼的视觉探索，发展到用双手的触觉探索来认识世界。宝宝越来越频繁地用直接触摸来感觉物体，慢慢地发现好多本来看起来平面的东西，摸起来是立体的，对三维有了初步的认识。宝宝对物体形状的认识，开始有了用视觉方式和触觉方式相结合的综合能力了。

• **嗅味觉能力**

味觉的敏感期适时添加各种不同味道食物，可培养宝宝长大后不挑食偏食的好习惯，均衡饮食非常重要。

❈语言发展

宝宝的语言发展进入了敏感期，咿咿呀呀学语在这个时期会出现明显的雏形，发音更加主动，能够发出更多的声音和比较明确的音节。宝宝对语音的感知更加清晰，不经意间会发出一些不很清晰的语音，如会无意识地叫“mama”“baba”。会改变音量、音调、语速，并可运用语音来表达情绪。

宝宝能更好地控制声音了，除了对声调、音量的不同有反应之外，对责备的话语也有反应了，如会生气不安，听到赞扬快乐的话语，会高兴地发出咕噜声和咯咯笑声。宝宝注意到可以用声音来获得奶奶的关注。有些宝宝偶尔能听懂几个词的意义，当有人和他说话时，他会用声音应答，如“哦”。听到音乐会发出咕噜声，并停止哭泣。

※认知发展

宝宝现在已经有了明显的记忆能力，白天受到惊吓，有可能引起夜间的梦魇，睡着睡着突然哭叫起来。宝宝的手眼协调能力有了很大的发展，玩具掉下来，会自己低头捡起来，继续玩，这说明宝宝已经具备很好的三维能力了。宝宝开始发现自己身体的其他部分，如仰面躺时，宝宝会抓住脚和脚趾，并送入口中。更换尿布时，手会向下触摸小鸡鸡，坐起时，他会拍自己的臀部和大腿。

奶奶问一些宝宝熟悉的物品时，宝宝开始会眼看或手指了。宝宝开始会分辨自己和奶奶的镜中影像了，会摸摸奶奶的脸，把手指探摸奶奶的眼睛或鼻子，会紧紧抓住奶奶的一只耳朵或头发，开始理解奶奶和他是不同的两个人。

宝宝变得越来越好动，对世界充满了好奇心，有了更强的探索欲望。宝宝会有意识地认识周围的事物，熟悉身边的人。随着认知能力的发育，宝宝很快会发现一些物品，例如铃铛和钥匙串，在摇动时会发出有趣的声音。宝宝还喜欢不停地把物品扔到地上，然后，会产生一连串的听觉反应，如惊喜，好奇，愉悦。

宝宝还发现物品会消失会重现，便开始故意扔物品，让奶奶捡起再扔，乐此不疲，从中学习到了因果关系。宝宝有了初始的逻辑智能，能够意识并会比较物品的大小，能够辨别物体的远近和空间，知道拿去蒙在脸上的手帕，觉察到别人拿走自己的东西时，会强烈反抗。

※情绪发展

宝宝的情绪逐渐复杂起来，高兴时会哈哈大笑，不满意时会打挺生气，无聊时会寂寞不安，出牙时会心情烦躁，奶奶不在时会害怕哭闹。见到陌生人会怯生恐惧，这是宝宝出现了“陌生人焦虑”的情绪，是情感发展的第一个重要里程碑。宝宝认生的程度将在 8～12 个月达到高峰，以后逐渐减弱。认生的程度与婴儿的先天气质有关。性格内向、胆子小的宝宝，认生比较严重；而性格外向、乐于交往的宝宝，认生较轻。随着年龄增长，宝宝独立能力得到发展，社会适应能力增强，认生的现象自然会逐渐好转。

如果宝宝的活动受到限制，则会很愤怒地用尖叫来表达情绪。当奶奶呼唤宝宝名字时，他能做出反应，并表现出愉快的情绪。当然，情绪转化也非常快，刚刚还在咯咯笑的宝宝，可能会突然因为某件事情，如玩具被夺走而变脸，大声哭叫抗议。对亲切的话语表示出愉快，对严厉的话语则表现出不安或苦恼。学会了“自得其乐”，随着手的动作的发育，宝宝逐渐喜欢上了摆弄东西，并在这样的活动中获得一种愉快的情绪体验。宝宝开始会听懂一些小玩笑了，还会用点小幽默试着逗奶奶乐。

※社会发展

宝宝开始喜欢和人交流了，已经学会用伸手、拉人或发音等方式主动与人交往。对看护人表现出强烈的依赖、依恋。当奶奶叫宝宝或者与其他人谈起宝宝时，宝宝就会把头转过来。会抗议和排斥试图将玩具拿走的人。会害怕被陌生人打扰，开始怕生。会区别成人与宝宝，会对同伴笑，伸手去拍拍陌生的宝宝。开始用身体的不同部位、动作、哭闹、哼哼等方法向人诉求需求。

◇成长测试标准参考

5～6 个月宝宝成长发育标准参考

分类	项目	测试方法	参考标准
大动作能力	独坐	让宝宝坐在床上玩玩具	独坐半分钟
	床上打转	让宝宝俯卧时上身抬起腹部贴床	能在床上打转 360 度
	扶着站立	扶宝宝双肩站立	能扶着站 5 秒
精细动作能力	倒手	递一块积木给宝宝一只手上	会玩具倒手
	对击	给宝宝两只手上各递一块积木	会两手模仿对击
	抓脚趾	用手抓脚趾玩乐	能送进嘴巴吮吸
	撕纸	在宝宝旁边放一张白纸或报纸	会去拽或撕纸
语言能力	听声看物	抱起宝宝，问“灯在哪儿”	会抬头看灯
	发双辅音	如 mama，baba，能理解其意义	会 3 个
	做动作	听到儿歌时，会模仿做动作	会做一个动作
认知能力	觉察玩具	突然拿走宝宝在玩的玩具	会不高兴或反抗

（续表）

分类	项目	测试方法	参考标准
认知能力	蒙脸	将一块干净的手绢放在宝宝脸上	能用手抓去脸上手绢
	认物品	同宝宝说出他熟悉的物品看其反应	能用眼看或用手指
人际交往能力	伸臂求抱	走到宝宝前拍拍手	会伸出双臂求抱
	照镜子	抱宝宝在穿衣镜子前玩	对镜中人影会捕捉拍打
情绪管理能力	听语调反应	对宝宝说亲切/严厉的话观其反应	高兴愉快/不安哭泣
	遇见生人	抱宝宝见生人观察其反应	会害怕焦虑哭闹
生活自理能力	大小便前反应	观察宝宝大小便前的表现	出声或动作表现
	吃固体食物	给宝宝一块饼干	自己拿了吃并会嘴嚼

发展警示：宝宝如有以下状况，请尽快与儿科医生联系：

- 在大人的帮助下，仍坐不稳；
- 不会用手抓东西；
- 体重、身高不能逐渐增长；
- 不会翻身；
- 不会自发地笑；
- 不会笑出声或发出尖叫；
- 晚上仍然爱哭闹，不容易安抚；
- 不会扭头寻找声源。

◇与能力发展相关的游戏

※大动作能力训练

游戏：扶站。

游戏目的：训练宝宝的站立和平衡能力。

宝宝天生就有站立的本领，出生不久的宝宝，扶着他站在床板上，他会向前迈出去。当宝宝能用双手和膝盖交替爬行的时候，宝宝就一直尝试想站立起来，但还没到时候。宝宝只能用脚尖蹬着地板或垫子，推动身体前行，或用双手努力撑起上半身，抬起头。

这时候，奶奶可以将宝宝扶着站起来，并鼓励宝宝。宝宝已经能用腿支撑身体的大部分重量了，发育好的宝宝，有可能会扶着东西自己站立几秒钟了。而当宝宝自己独自站立时，需要自己的平衡能力，这是一次质的飞跃。奶奶要遵循宝宝身体发育的基本规律，只能因势利导，不能强行训练。

※精细动作能力训练

游戏：雪花飘。

游戏目的：训练宝宝双手的灵活性，锻炼宝宝手和手臂的力量。

宝宝在这个时期，大多会迷上令奶奶头疼不已的“手撕纸”，不是“手撕鸡”哦。头疼归头疼，可这是宝宝智力发育中的一个很有意思而且很重要的行为，奶奶也只能接纳为一种智力游戏，同乐乐吧。奶奶可以为宝宝准备好卫生无毒的纸张，如抽纸、圈纸、干净的报纸，等等。奶奶先向宝宝演示一下撕纸的动作，然后，把纸张的一头交给宝宝抓住，奶奶抓住另一端，示意宝宝一起用力拉，直到纸张被撕开。如果宝宝力气不够，奶奶可以在纸张中间先撕开一个小口子。

奶奶也可以把纸给宝宝，让宝宝模仿奶奶的动作，自己去撕。撕纸这个游戏，宝宝都非常喜欢，看到一张张纸被自己的双手撕成一片片的碎片，还会发出“呲呲，沙沙”的声音，宝宝会很惊喜，觉得自己很厉害，很能干，很有成就感。此时，奶奶和宝宝可以一起把撕碎的纸片，双手捧起然后一扬，纸片像雪花一样飘下来，宝宝会非常兴奋。

在整个游戏过程中，奶奶要尽量运用想象的翅膀，用生动有趣的语言描说，同宝宝进行交流，对开发宝宝的语言能力更是事半功倍。撕纸游戏不仅有利于训练宝宝的精细动作能力，更好地开发双手的手指、手腕、手臂的功能，还能促进宝宝的手部和上肢肌肉的发育。而且，有利于激发宝宝的动手兴趣和探索欲望，更好地开发宝宝的手眼协调能力，视听觉的智力，有利于宝宝的大脑发育。

※视觉能力训练

游戏：多角度的视知觉训练。

游戏目的：培养宝宝视觉的敏感性和视觉控制力。

奶奶可以选择色彩明亮的衣服给宝宝穿，五颜六色的玩具给宝宝玩，培养宝宝对颜色的敏感性。可选择不同形状的物体或玩具在宝宝的眼前移动刺激，培养宝宝对不同形状的敏感性。奶奶可在宝宝能看得见的距离晃动自己的手指，让宝宝尝试着触碰，体验对距离的敏感性。奶奶也可以轻轻地按住宝宝的脑袋，在宝宝眼前上下左右地移动自己的脸，宝宝不能转动脑袋，就会用眼球的移动追随目标，可培养宝宝的视觉控制力。

奶奶还可以在宝宝周围一边走，一边轻轻地呼唤宝宝的名字，能够转动身体的宝宝会用眼睛追随声音，寻找奶奶，这样，可以训练宝宝眼睛的灵活性和注意力。扩大宝宝的生活环境，除了认识家人，也有意让宝宝认识小区里熟悉的不同年龄阶段不同性别的人，也可让宝宝学习从人的脸和服饰来辨别年龄和性别，培养宝宝的视觉力，从只能看到轮廓到有意识分辨人物特征的一个飞跃，使宝宝的视觉日益敏锐和完善。

※听觉能力训练

游戏：全方位声音刺激。

游戏目的：锻炼听觉感知能力和方位觉能力。

奶奶除了可配合手摇铃的使用外，也可以准备一些会发出不同声音的玩具，摆在宝宝床边，让宝宝翻身，踢脚碰触玩具，宝宝会从不同的角度听到不同的声音。奶奶还可以在距离宝宝的耳朵20厘米处，用手摩擦纸张发出沙沙的声音，在宝宝头部四周移动，观察宝宝的头是否会转向这些发出声音的地方。宝宝听到声音时，能否咿咿呀呀地回应，对音量的变化有没有反应。还可以做升级版的“躲猫猫”，奶奶可以躲在某个地方让宝宝寻找，一边躲一边呼唤宝宝的名字或唱儿歌，声音由弱到强，由远到近，循序渐进地锻炼宝宝的听觉感知能力和方位觉能力。

奶奶要让宝宝经常听音乐，感受和体验声音的高低、旋律、节奏、音色的不断变化。经典优雅的音乐可反复听。要经常同宝宝进行温柔亲切的面对面说话交流，或经常呼唤宝宝的名字，尽管他听不懂，但熟悉的脸和熟悉的声音，让宝宝产生满足感和愉悦情绪，否则，会感到孤独、寂寞、烦躁或焦虑。要经常“对牛弹琴”同宝宝说说话，让他有自言自语咿咿呀呀的机会，观察宝宝是否会和外来的声音互动。

※触觉能力训练

游戏：滚沙滩球。

游戏目的:利用沙滩球的压力触觉刺激,提高触觉的感知能力。

沙滩球面的小点点对宝宝皮肤的刺激力度适宜。奶奶拿一个小沙滩球,在宝宝的肚皮上轻轻滚动,再沿着他的四肢上下滚动,宝宝大一点后,会试图抓住球或者用脚去踢,这可以锻炼宝宝的眼手协调能力。奶奶也可以让宝宝趴着,然后拿着沙滩球从他背上往下滚,一边滚球一边或唱或说。沙滩球在身上滚动的压力,可以给宝宝带来触觉刺激,帮助宝宝提高身体触觉的感知能力。

奶奶还可以让宝宝仰卧在床上,轻柔地将他的一只手臂举过头顶并向上伸展,之后换一个方向,把手臂向下伸展。也可以同时往相反的方向,伸展宝宝的两只手臂,一只朝上,一只朝下。还可以轻轻伸展宝宝的下肢,但注意不要用力拉太直,稍微伸展就可以了。只要宝宝舒服,也可以用球轻轻地抚触宝宝的脚心和手心。这些抚触的简单动作,是非常好的触觉体验游戏,可以培养宝宝的自我意识。

※嗅觉的训练

游戏:闻香香。

游戏目的:训练嗅觉能力有利于开发思维能力。

大部分人对宝宝嗅觉的训练都比较少,但其实,嗅觉是形成一个人记忆中最强有力的部分。当被忽略的感官得到完善时,思维能力也能够得到极大的锻炼。奶奶可以准备一只水果篮,里面放些苹果、香蕉、桔子、荔枝、辣椒,放在厨房里。然后,抱着宝宝去做周游厨房找香味、闻香味的游戏。

"哦,奶奶闻到了大苹果的香味喽,在哪儿呀?"然后,抱着宝宝去寻找,找到水果篮前,问宝宝,"红红的大苹果,香香的,圆圆的,甜甜的,很好闻哦,宝宝去找一下,哪个是你喜欢的大苹果呀"。让宝宝自己在篮子里挑,挑一个,鼓励宝宝闻一个,抚摸一个。如果宝宝很容易找到苹果,奶奶让宝宝仔细地闻闻,摸摸苹果,然后切一小块苹果让宝宝尝一下,然后告诉宝宝,红苹果闻起来香香的,摸上去滑滑的,吃起来甜甜的啊。

奶奶可以让宝宝再找几个,然后奶奶隆重推出荔枝给宝宝,"噢,这不是苹果,比苹果小多了,这是荔枝哦,宝宝摸一下,荔枝的表面不光滑,有一粒粒的小点点长在上面,摸上去毛糙糙的,宝宝闻闻看,奶奶也闻闻,哇,闻起来很清香的荔枝味哦"。下一个游戏呢,奶奶可以同宝宝一起在厨房打开料理柜，寻找香味，那更丰富了哦。

这个游戏，不仅让宝宝闻到了几个不同的水果味，训练了宝宝的嗅觉能力，而且，训练了宝宝的触觉能力和思维能力，帮助宝宝理解光滑和毛糙的概念，大和小的概念。一个游戏几种收获，奶奶辛苦，效果不错哦。

※情绪能力训练

游戏：表情大变脸。

游戏目的：通过表情，进一步理解情绪，培养社交能力。

宝宝能觉察到大人脸上细小的表情变化，情感也丰富了，也有同情心和嫉妒心了。同情心是宝宝最早表露的情感之一。奶奶可以用表情大变脸和扮鬼脸的游戏，让宝宝对表情的认识更为深入。宝宝能理解表情后面的信息，有利于宝宝识别他人的情绪，为他掌握良好的社会交往能力奠定初步的基础。

奶奶用一只大老虎毛绒玩具，一只小花猫面具放在旁边，让宝宝靠坐在床上。奶奶先扮演大老虎，模仿老虎说："啊呜，我是大老虎，山上称大王。天气这么好，出来到处逛！"边说边做非常开心的表情和动作。奶奶边做边同宝宝说："宝宝，奶奶今天扮演大老虎，心里非常开心，你看奶奶多快乐啊！"。让宝宝认识这是快乐的表情，因为奶奶心里开心，所以才有快乐的表情。让宝宝明白，快乐的表情信息，表现的是心里的开心。

然后，奶奶戴上小花猫的面具，扮演遇上大老虎的小花猫，吓得瑟瑟发抖，非常恐惧，连脸上的面具也掉下来了，一边让宝宝看奶奶的表情，一边说："老虎这么大，会不会打我呀，我好害怕啊！"。让宝宝认识这是害怕的表情，因为小花猫心里恐惧，所以才有害怕的表情。让宝宝明白，害怕的表情信息，表现的是心里的恐惧。

宝宝虽然还听不懂这些话，但从直观上，从奶奶的扮演中，宝宝能够体会到不同的情绪和表情。如果经常进行这样的表情游戏，宝宝早晚会理解各种表情，以及表情所透露的情绪和心理状态。这对培养宝宝的情绪智力是非常有益的。

※认知能力训练

游戏：抓抓摸摸。

游戏目的：训练宝宝的三维感知觉。

宝宝开始时，是靠视觉看世界的。现在宝宝对周围事物直接触摸的机会，越来越多，越来越频繁。宝宝发现，有的物体看起来是平面的，但摸起来是立体的或有棱角的。宝宝对物体形状的认识，不仅限于视觉，而且学会用触觉的方式，开始探索物体的三维了。

此时，奶奶可以给宝宝创造更多的机会，让宝宝看看摸摸，训练宝宝三维概念能力。奶奶给宝宝准备一些比较硬的，各种形状的玩具，如圆形的，方形的，薄形的，三角形的，菱形的，多面形的，等等。另外，奶奶还再准备一些比较软的玩具，如毛线球，海绵筒，纸布书，等等。奶奶可以把这些玩具装在一个布袋袋里，让宝宝随意抓摸，抓到一个拿出来，让宝宝把这个玩具仔仔细细地摸个遍。

在宝宝摸的时候，奶奶要给宝宝当"讲解员"，介绍这个玩具的形状、质地、大小、颜色等特点。等宝宝抓出第二个玩具，奶奶在介绍完了后，再拿起第一个玩具，让宝宝摸两个玩具的不同点，奶奶再解说。"讲解员"的话要简洁清楚，生动活泼，表情丰富，宝宝是非常感兴趣的。一点建议，如玩具比较多，让宝宝在布袋里抓摸比较好，让宝宝有神秘感，更好奇，而且一只一只抓出来摸，比全部倒在桌子上，让宝宝抓摸，有利于宝宝的专注力和探索欲。

※社会能力训练

游戏：藏猫猫。

游戏目的：培养愉快地与人相处的能力。

宝宝都喜欢藏猫猫。游戏中的好奇、期待和惊喜的体验，不仅能让宝宝开始理解，物体即使看不见了但仍然存在的概念，而且还能帮助宝宝建立因果关系、解决问题的能力。而且，在游戏中，还能让宝宝体验到与人相处的技巧和快感。

奶奶可以让宝宝平躺在床上，和宝宝面对面地玩。奶奶给宝宝一个有趣的玩具，比如小的填充物或毛绒玩具。然后，用小毛巾盖住玩具，宝宝会很惊奇地看着，怎么玩具没有了。过了1～2秒钟，奶奶再掀起小毛巾，当宝宝看见玩具时，会非常开心。奶奶也可以把毛巾遮住自己的脸，然后，几秒钟后，再拿下来，当宝宝看到奶奶时，会手舞足蹈地开怀大笑。奶奶也可以引导宝宝模仿，把小毛巾放到宝宝脸上，然后一下子拿走，宝宝会更兴奋。当然，奶奶要注意安全。

05 6～9个月

爬行是宝宝成长过程中里程碑式的动作，是预防宝宝感觉统和能力失调的重要训练。宝宝现在会原地旋转和翻滚移动了，平衡能力也不错了，在此基础上宝宝很有兴趣学习爬，有的已经会爬了，但一开始往往是向后匍爬，而不是向前匍爬。

宝宝的手指功能发展很好了，手眼协调性也有很大的发展。会用手指的前半部分和拇指去捡较小的东西。基本上掌握了简单的玩具功能，会玩玩具倒手和玩具对敲的游戏。在一堆玩具中，宝宝已经能够用手准确地拿出自己喜欢的玩具了。

肢体语言仍然是宝宝的沟通表达和情绪表现的工具。能无意识地发出“妈妈，爸爸”等音节。对周围的环境有很大的兴趣，注意到更多的人和事物，特别是感兴趣的事物和颜色鲜艳的玩具。大多数宝宝已经有了深度知觉，会将东西握在手里摇来晃去，有意识地制造声音。

◇宝宝发育概况

※感统发展

• 大动作能力

宝宝已经可以不用支撑，能独坐在床上玩玩具了，并且能坚持十分钟左右。俯位时会原地旋转，用自己的方式在房间里轻易地到处移动了，可能肚子和双腿还是拖在地板上，只靠手臂往前移，也可能坐在地上快速往后退或往前移。在前几个月，为爬行做准备的基础上，宝宝会趴在床上，以腹部为中心，向左右挪动身体打转转，腹部仍贴着地面匍匐爬行，四肢不规则地划动，往往不是向前爬，而是往后退。

宝宝的翻身动作已经越来越灵活了，还会自动翻滚，动作越来熟练，肢体活动能力增强，动作相当活跃，脚和腿的力量更大了。小腿已经能够支撑起他身体的部分重量了，喜欢上下蹬腿跳跃，这种动作有助于增强宝宝走路时需要用到的肌肉的力量。宝宝的平衡能力也发展得相当好了，头部运动也非常灵活。可以从趴着转变成坐姿。

• **精细动作能力**

宝宝双手的动作更加灵活，手眼协调性也更好了。大拇指和其他四指能分开，食指的能力有了很好的发展，如能把食指伸进瓶口，掏出里面的东西。高兴吃饭时会抢奶奶手中的调羹，不想吃时会用手推开调羹。开始喜欢用手浸在饭碗里抓东西，尝试自己吃饭。奶奶可以给宝宝提供"手抓饭"的机会，让他体验到用餐的乐趣和培养独立吃饭的能力。

宝宝会用双手更准确地同时握住较大的物体了。比如，宝宝会抢过奶奶手中的饭碗，不要奶奶喂，而是自己双手捧着喝。双手操作玩具更加灵活，会双手各拿着一个玩具，然后对碰玩具。会将东西从一只手换到另一只手，把玩具倒手，是宝宝成长过程中里程碑式的动作。虽然是手部的动作，但同大脑发育和手眼协调能力的发育紧密相关。只有大脑发育到一定程度，宝宝才能协调自己的双手。宝宝会用力摇动响声玩具，如铃铛或拨浪鼓。会转动手腕来回翻转和操作物品。可能会抓住杯子的把手，尝试自己喝水，有的能很好地握住奶瓶独自喝奶。

宝宝依然喜欢用嘴和手来探索身体探索事物。宝宝开始玩抓和吮吸脚趾，会抓紧，操纵，咬住，或用力拍东西。对能够抓握的小东西非常感兴趣，也会用手指捡东西，还会举起、摇晃、推拉或压挤，以及抛掷靠近身边的东西。正在长牙的宝宝现在更喜欢啃咬东西，只要能抓到手的东西都会紧咬不放，甚至是奶奶的手。特别喜欢看奶奶的各种手势，比如拍手，还会尝试模仿。

• **视觉能力**

宝宝的视觉功能进入了能分辨人物细微差别阶段，能分清爸妈和奶奶，生人和熟人的脸。随着宝宝能坐，能滚，能匍匐爬行，视觉发育范围也就越来越广，能辨别物体的远近和空间。宝宝喜欢寻找那些突然不见的玩具，喜欢玩“躲猫猫”的游戏，喜欢看变化的景物，喜欢颠倒了看东西。偏爱看有意义的物象了，如家人、食物、玩具等。辨别差异的能力和转换注意的能力增强。

宝宝开始对数量多或体积小的东西越发感兴趣了，能识别6毫米大小的圆点了。对那些复杂细致的东西，宝宝能够保持更长时间的注意力。长时间注意某一东西，可以帮助锻炼宝宝辨别差异的能力。可以尝试着给宝宝玩一些稍微复杂点的玩具或者游戏了，及时观察宝宝的兴奋程度和反应，可以帮助开发宝宝的智力，挖掘宝宝的潜能。

宝宝的视野逐渐扩大，发育好的宝宝可以达到正常成人视野范围。对颜色的辨别比以前增多，有的宝宝可认红、蓝、绿、黄等多种颜色，但仍比较偏爱红色。对日常用品和玩具的辨识也逐渐增多，如认识奶瓶、小汤匙、玩具熊、积木等。

• 听觉能力

宝宝非常喜欢倾听自己发出的声音和别人发出的声音，能把听到的声音和声音的内容建立联系。听力已经惊人地接近成人了，宝宝能够区别简单的音调，如果播放一首欢快的音乐，宝宝甚至会随着音乐声摇摆起来。能辨别出友好和愤怒的说话声。

• 触觉能力

宝宝会主动触摸，而不是被动触摸了。宝宝的视觉和触觉的协调能力发展起来了，看到什么东西，都会主动地有意识地去摸一摸，通过触觉来探索外在世界。奶奶不要错过这个机会，宝宝看到的东西，能够让宝宝摸的，都尽量让宝宝摸一摸，建立视觉和触觉的联系和协调。

※语言发展

宝宝的语言发展已经进入了敏感期，可以发出比较明确的音节，如会发出一些“papa”“mama”的音了，但还处在无意义的发音阶段。这时的宝宝很可能已经会用许多不同的声音来表示愉快、生气或嫉妒等情绪了，还能发出一些谁也听不懂的宝宝语，并且还伴有表情动作或叫喊声表示需要。能够熟练地寻找声源，听得懂不同的语气、语调，会主动模仿一些简单的声音。宝宝会学大人说话的节奏，韵律甚至语感，用自己能发的语音不断地重复。

宝宝常常会主动与人“说话”，能模仿咳嗽声，“咯咯”声或咂舌声。能对不同的人用不同的方式发音，如发声的音节多少、音响大小都有不同。宝宝的体态语言开始发展了，除了先天的，如手舞足蹈是高兴了或兴奋了，哈欠连连是瞌睡了或无聊了，更有了后天的，如用手推开喂他的饭碗，表示不要吃了。

※认知发展

宝宝开始处在认知能力发展的高峰期了。如果把宝宝喜欢的玩具放在一个纸盒子背面，宝宝会努力用手推开纸盒子，拿到那个玩具。这个简单的动作体现了宝宝的认知开始有了两个发展：一是，开始意识到看不见的玩具依然存在，即物体永存；二是，开始意识到玩具看不见是因为被纸盒子挡住了，把纸盒子挪开，玩具就出来了，即因果关系。

宝宝的深度感现在相当准确了，可以分辨物品的远近。可以认识部分曾经吃过的食物了。联想能力也有了很大的提升，开始把镜中的宝宝和自己联系起来了，会伸手摸摸并拍拍镜子中的自己。开始非常有兴趣地探索自己的身体了，如摸拉耳朵、头发和脚趾头。

宝宝对熟悉人和陌生人的鉴别能力越来越强了。家人外观的改变，会给宝宝带来陌生感，很警惕甚至害怕。比如从未戴过眼镜的奶奶，突然戴了眼镜又换了衣服，宝宝会拒绝，直到听见奶奶的声音，认出你为止。宝宝开始害怕生人，进入了依恋逐渐开始明确的阶段。

宝宝开始有了初步的逻辑智能，能够意识并且会比较物品的大小，能够辨别物体的远近和空间。强迫做他不喜欢做的事情时，会反抗。开始尝试着自己喂吃东西。对周围的一切越来越有兴趣，喜欢注视周围更多的人和物体，会把注意力集中到他感兴趣的事物和颜色鲜艳的玩具上。

宝宝表现出初步的思维能力，当他为达到自己某一目的时，会考虑采用一些方法和手段。比如，当宝宝想拿到一个玩具而够不到时，他的眼睛会一直盯着，手会一直指着那个东西，身体一直会朝着那个方向倾倒，并噢噢地叫个不停求帮助，如果没人理睬会哭闹，直到奶奶拿来放在他手里。拿到东西后，他会紧紧地抓在手里，除了最亲近的人，任凭其他人怎么哄骗，都不会松手。

※情绪发展

宝宝会用不同的方式来表达自己越来越复杂的情绪，表情也越来越丰富。除了最基本的用哭和笑来表示生气或喜欢以外，还会用行动表示，如生气时推掉自己不要的东西，甚至扔东西，不耐烦的时候，会哼哼唧唧皱小脸。喂食时，如果不喜欢，就直接用手打翻奶奶拿着的饭勺或饭碗，不想吃了。这说明宝宝的手部力量比以前更强了，而且他的情感也慢慢变得丰富起来。

宝宝通常会用各种各样的体态语以表示自己的情绪。俗话说“娃娃脸，六月天，说变就变”。多变、易感和外露是这一阶段宝宝情绪的特点，高兴时手舞足蹈，生气时哇哇大哭，给他一个玩具哄一哄，马上又破涕为笑，喜、怒、哀、乐皆形于色。

与宝宝以前的笑是对外界刺激的一种回应相比，现在的笑，则更多的是来自对社交，或视听觉刺激的认识和理解，宝宝已懂得用更多的微笑来吸引家人更多的陪伴。

※社会发展

宝宝不像以前那样看到任何人都会露出甜蜜的笑容，开始对陌生人表现出谨慎的态度，会很严肃地注视他们，甚至会害怕哭闹。这是心理发展过程中出现的正常现象。宝宝与家人交流的方式越来越多，宝宝吸引奶奶注意力的方式也越来越丰富，不仅仅是笑和哭叫，他还会通过扭动身体的肢体语言，或有目的地弄出响声，来吸引奶奶的关注。

宝宝能看懂成人的面部表情了，开始通过音调学习“不”的含义。懂得“不许”或摇头的意思，知道停止。喜欢乐此不疲地和家人玩藏猫猫游戏。喜欢伸出双臂求抱抱。宝宝在屋里开始待不住了，会眼睛盯着或小手指着到外面去的门示意，会朝着大门的方向翻滚，会在奶奶的怀里朝门口方向使劲，想方设法表示要出去。这时候如果给宝宝玩具，转移他的注意力已经不那么容易了，他可能会把玩具摔到地上。

◇成长测试标准参考

6～7个月 宝宝成长发育标准参考

分类	项目	测试方法	参考标准
大动作能力	独坐	将宝宝放在平板床上坐着玩玩具	独坐玩10分钟左右
	扶站	扶宝宝双手腕站立	扶站10秒左右
	翻滚	宝宝躺在地毯上，观察宝宝自主翻身	可连续打滚几个360度
精细动作能力	对击玩具	大人双手拿积木对击，让宝宝模仿	能模仿去做
	拨弄小丸	在宝宝面前放些小东西如爆米花	所有手指会弯曲起来抓爆米花玩
	抓取	将一块小积木放在宝宝能抓到地方	拇指和其他手指配合抓起玩具
语言能力	用动作表示	对语言用动作表示，如再见，谢谢	会做1～2个
	理解语意	宝宝对大人所说的“不许”的反应	会停止在做的动作
	发“爸妈”声	观察宝宝高兴时有无发出“爸爸”“妈妈”声	能发声，但无所指
认知能力	部位认知	对宝宝说身体的某一部位	会用手模或指
	寻落地物品	东西落在地上时，会低头去看或寻找	能低头寻找
	表示反抗	拿走正在玩的玩具，观察其反应	会尖叫乱动表示反抗
	找玩具	当宝宝面将玩具藏在枕头下面	能推开枕头找到玩具
人际交往能力	主动求抱	见到亲近人或陌生人的反应	主动求抱或认生
	求助	宝宝想要一样东西却拿不到	故意发声求帮助
	懂语调	大人对宝宝表扬或批评	能听懂语调有反应
生活自理能力	捧杯喝水	宝宝捧一只装有少量水的杯子	能捧杯喝水(有协助)
	示便	观察宝宝便前有否表示	能用动作表示

发展警示：宝宝如有以下状况，请尽快与儿科医生联系：

➢ 两腿仍然无力；

- 仍然不会翻滚；
- 不会主动够东西；
- 不会扔东西；
- 双眼不会跟着相距30～180厘米的移动物追看；
- 不会通过动作来吸引大人的注意力；
- 对周围的声音无反应；
- 平时很少笑。

◇与能力发展相关的游戏

※大动作能力训练

游戏:连续翻滚。

游戏目的:训练全身肌肉关节。

连续翻滚是宝宝在7个月左右出现的特殊能力。奶奶在大床的一头,放一只宝宝喜欢的玩具,让宝宝仰卧在大床的另一头。然后,奶奶用玩具在一边逗引宝宝,从床的一头翻到另一头。宝宝在原先翻滚的基础上,会进一步从俯卧转到仰卧,再从仰卧转到俯卧,再从俯卧转到仰卧。为了去够取大床另一头的玩具,宝宝会非常开心地朝着那个玩具连续翻滚,此时,奶奶要确保宝宝的安全。

等宝宝在床上翻滚熟练后,也可以让宝宝在地毯上更大的空间练习连续翻滚,如果奶奶能和宝宝一起来做翻滚游戏,宝宝会非常兴奋,这是一种很好的自我成长练习。

※精细动作能力训练

游戏:对敲,传手。

游戏目的:促进手—眼—耳—脑的感知觉能力的发展。

宝宝手和眼的协调能力的增强,对发展手的功能非常有利。宝宝手和足的协调能力增强,对发展身体平衡功能非常有利。而这两种能力的增强,对宝宝的大脑构建过程,对宝宝的身心发展都非常重要。

在宝宝学会单手握物后,奶奶可让宝宝同时用两手,各拿一个玩具对敲,宝宝会很高兴地听着它们发出的声音,并拿着玩具到处敲打。同时宝宝在玩的过程中，会双手同时抓住一个玩具，忽然放掉一只手，只用其中一手握住玩具，或双手合握，或玩一会再放掉另一只手，使玩具传到不同的手上。宝宝能把玩具传手，是双手协调的重要标志。

宝宝开始发展拇指的能力了。奶奶可以让宝宝保持或躺或坐的姿势，在宝宝能抓得住的距离，挂一个悬挂玩具，让宝宝练习抓握，训练拇指的功能。宝宝在每次的抓握中，也隐藏着放手的练习，一抓一放之间，正是宝宝自我调整力气的好机会。奶奶也可以让宝宝听口令把玩具倒手。先给宝宝一个玩具，让他用左手拿，告诉他“倒手、倒手”，做对了，亲亲他，并奖励他，让宝宝练习在口语指导下把玩具倒手，学会两手并用。

※视觉能力训练

游戏：大小配对。

游戏目的：培养宝宝的视知觉能力。

奶奶准备好一只大一号的玩具猫和玩具老鼠，一只小一号的玩具猫和玩具老鼠，最好颜色要一致。让宝宝坐在餐椅上，先同宝宝玩一会儿猫捉老鼠的游戏。在宝宝高兴的时候，奶奶拿起一只大玩具猫去追大老鼠。奶奶说，大猫猫要去追大老鼠喽，然后用一只手抓住大的玩具猫，去追另一只手抓住的大老鼠，一边追一边要生动地解说，抓了逃，逃了又抓，让游戏充满了趣味。

要留意宝宝的视线，是不是能顺着奶奶说的动作和玩具追视，如果宝宝没有，奶奶要逗引宝宝观察。当奶奶说到“大”时，一定要增强语气，突出“大”的含意。最后，大玩具猫终于抓住了大老鼠，宝宝会很兴奋。然后，奶奶再同宝宝玩小猫捉小老鼠的游戏。等小猫抓住了小老鼠后，奶奶把大小玩具猫和大小玩具鼠放在宝宝面前，让宝宝观察大与小的不同，训练宝宝的视觉感知能力。

※听觉能力训练

游戏：晃一晃。

游戏目的：训练宝宝的听知觉能力。

宝宝已经能很好地控制手臂和手部的动作了，很喜欢用自己的手来探索周围的环境，特别喜欢用手拍打，能发出声音的东西。奶奶可以同宝宝一起制作一个会发声的玩具，满足宝宝的探索欲望，训练宝宝的听知觉能力。

奶奶准备好四个塑料瓶，大小为适合宝宝单手或双手能抓住，各种颜色的豆子，如红豆、扁豆、黄豆、黑豆等。让宝宝坐在餐椅上，奶奶把一种颜色豆子放进一只瓶子，一边放一边同宝宝说，这是红颜色的豆子，我们把豆子一点一点地放进瓶子里了，宝宝会很开心地去抓豆子，奶奶可以放手让宝宝尝试，理解外面和里面的概念，但一定要注意安全。

把四只瓶子都装上不等量的豆子后，奶奶一定要把瓶盖子拧紧，最好，用胶布封上口。然后，可以同宝宝一起玩"晃一晃"游戏，听听四只瓶子发出的不同声音。游戏中，不仅能帮助宝宝认识颜色，而且还能帮助宝宝听听不同瓶子，发出的不同声音，提高宝宝的听知觉能力。

※语言能力训练

游戏：边说边做。

游戏目的：继续训练宝宝理解语言的能力。

宝宝现在不仅能看懂大人的面部表情，也开始理解大人说的语言、语调和语意了。平时，奶奶可让宝宝多听儿歌，结合内容做一两种相应的动作，进一步理解语言的含义，扩大他的语言范围。比如说"太阳当空照，花儿对我笑"，奶奶可用双手捧着自己的脸，对着宝宝做出开心的笑脸，然后帮宝宝也做出一个笑脸，让宝宝理解什么是笑，训练宝宝理解语言的能力。

比如，也可以引导宝宝用动作来回答，以及懂得"不"的语言意义。宝宝有个习惯，越是不让碰的东西越是要碰，比如热水杯。奶奶同宝宝说这是烫的，不能碰，宝宝不懂"烫"是什么意思，为什么不能碰。奶奶指着热水杯，对宝宝严肃地说："烫，不能碰！"，同时拉着宝宝的手轻轻触摸杯子，然后让他的手离开杯子，或摇头轻轻拍拍他的手，示意他停止动作。宝宝会从触摸中知道了什么是烫，摸起来不舒服，从奶奶的动作和手势中理解了"不"的意义，以后见到热水杯，见到奶奶摇头说"不"，就会把音和意义联系起来，明白这是"不"能做的意思。

※认知能力游戏

游戏：变戏法。

游戏目的：感知"物质不灭定律"。

奶奶拿一些颜色鲜艳的小糖球，一只玻璃瓶，一只纸盒子，放着桌子上，同宝宝玩"变戏法"游戏。奶奶先给宝宝玩摸一下小糖球，让宝宝感知小球的圆形状，一边说圆圆的糖球真漂亮，注意不要让宝宝吃。然后，和宝宝一起，把小糖球一个一个装进玻璃瓶里。一边装，一边说，小糖球从外面跑到瓶子里面去啦，让宝宝感知里面和外面的概念，装完后，拧上盖子给宝宝，他会摇摇瓶子，听听声音，看看里面的糖球，觉得很好玩。

奶奶然后把瓶子放入那只纸盒子里，把盖子合上。宝宝看不见瓶子和糖球了，会很好奇，会用手去抓打纸盒子。奶奶一边说“变戏法啦”，一边打开盒子，宝宝一看见躺在纸盒子里的瓶子和糖球，会非常兴奋。如果宝宝能和奶奶一起打开盒子，那更好。宝宝会拿出瓶子，看糖球是否还在瓶子里，奶奶可以和宝宝一起，再把糖球倒在桌子上让宝宝玩。

这个游戏可以训练宝宝的认知能力，比如，能体会到糖球圆形状的三维感知，把外面的球装进瓶子里面的空间感知，合上纸盖子看不见瓶子，打开纸盖子瓶子还在的物质永存的概念。这些重要的感知觉能力，就会在宝宝无意识的探索中，逐渐建立起来，当然需要反复训练。

※情绪能力训练

游戏：照镜子。

游戏目的：培养宝宝的自我意识。

奶奶抱宝宝到镜子前，让宝宝向镜中人笑，用手去摸摸镜中的自己，但宝宝不知道镜子中的人就是自己，会伸手到镜子后面，寻找躲在里面的人。宝宝在镜子前面会十分活跃，会对着镜子蹦跳，有时会把头伸向镜子，当头碰上了镜子就会放声大笑，或者大声叫喊。

奶奶可以让宝宝脸对着镜子，然后，把住宝宝的小手指向他的鼻子说，这是宝宝的“鼻子”，接着，奶奶又把住宝宝的小手，指着自己的鼻子，对宝宝重复说这是奶奶的“鼻子”。每天多玩玩指鼻子游戏，经过大约七至十天的训练，当奶奶再说“鼻子”时，宝宝会用小手指向奶奶的鼻子，这时奶奶要非常开心地亲亲宝宝，表扬几句鼓励宝宝。奶奶可以经常让宝宝在镜前活动，让宝宝通过镜子，探索新奇的事物，做出不同的表情。

※社会能力训练

游戏：五官的幽默。

游戏目的：培养宝宝的幽默感，提高宝宝的社交能力。

有专家说，宝宝的幽默感大约三成与生俱来，七成则靠后天培养。具有幽默感的宝宝大多活泼开朗，能很好地与小朋友相处，能比较好地融入周围的环境，对宝宝的健康成长有很大的促进作用。

让宝宝坐在宝宝椅上，奶奶与宝宝面对面地坐着玩玩具。突然奶奶把玩具掉落在地上了，两手做一个比较夸张的摊手动作，眼睛瞪得很大，并冲着宝宝吐舌头，吐完舌头后对着宝宝哈哈大笑，观察宝宝的反应。奶奶坐宝宝对面，把着宝宝的两只小手，在奶奶的脸上抚摸，突然奶奶使劲地鼓起两边的腮帮子，将宝宝的两只小手放在腮帮子两侧，轻轻地挤压腮帮子，然后往外吐气，宝宝会非常兴奋地模仿奶奶，用小手在脸的两侧比划。

奶奶也可以对着宝宝笑，然后突然“挤眉弄眼”，做出很滑稽的表情，宝宝也会开心地哈哈大笑。然后，让宝宝去摸奶奶的鼻子，奶奶一边耸鼻子，一边用鼻子深呼吸，宝宝看到奶奶的鼻子在耸动，会很好奇，也会尝试着去做。只要宝宝有动作表示，就要给宝宝一个大大的鼓励。这些五官的幽默动作，会提升宝宝的幽默感，丰富宝宝的表情，对宝宝的性格成长很有好处。

根据幼儿心理学家皮亚杰的理论，8 个月大的宝宝已经经过了一次发展转折，对周围环境，对自己的基本运动能力，有了最初的了解。开始把注意力放在各种小东西上，开始对简单的因果关系进行主动的探索。宝宝一旦学会了移动自己，就会立刻致力于对周围环境的探索。这种强烈的探索欲望是智力发展的重要内驱力。

世界著名早教专家伯顿研究发现，所有健康的 8 个月大的宝宝，都会受到三种主要兴趣的驱使：社会交往，尤其是与主要看护人之间的社会交往；满足好奇心；掌握并享受新的运动能力。这三种兴趣开始非常强烈并且平衡地存在 8 个月宝宝的身上。如果宝宝缺乏这三种兴趣的话，奶奶要引起高度关注。

宝宝运动能力有了很大的进步，可以扶着东西站稳了，而且能够变化自己的身体姿势了，站姿、爬姿、坐姿可以随意变。在宝宝用肚皮贴地爬，用手和膝盖往前爬，用屁股往前挪的基础上，继续训练宝宝爬行。手部动作能力更灵活，手眼协调能力更强。对看到的东西，有了直观的思维能力。对大人的面部表情，有了更多的理解。对周围一切都充满了兴趣。开始能模糊地感知，一只苹果两只苹果的简单数字了。

◇宝宝发育概况

※感统发展

• 大动作能力

宝宝有着强烈的运动欲望，对爬行更感兴趣了。爬行是一项极好的全身运动，应该每天给宝宝做一些爬行训练了。爬行为以后的站立和行走，创造良好的基础。爬行还能扩大宝宝的认知范围，有利于宝宝感知觉和神经系统的发育，也为宝宝进一步认识外部世界创造了条件。

大多数宝宝会配合大人，发展自己的爬行能力。在练习连续翻滚和腹爬的基础上，宝宝会从匍行过渡到爬行，往往是先学会往后爬，才学会往前爬的。宝宝先学会用四肢撑起身体，前后摇晃，然后开始爬，在这个过程中，宝宝经常会失去平衡，跌个前仰后翻。

独坐是宝宝发育的里程碑之一，标志着宝宝从一个无助的新生儿，开始走向独立。此时，宝宝能自己从仰卧变俯卧，再变坐姿，即使没有物体的支撑，也能够伸直背，坐得很好了，甚至还能扭转身体，还会向前倾着身体，去抓玩具。宝宝能用双手，扶着栏杆站起来，站立 5 秒钟以上。

宝宝翻身已经相当灵活了，会在床上或地上打滚了，利用翻滚到达自己想去的地方。两腿能支撑大部分的体重，在奶奶扶腋下，能够上下脚蹬跳跃。会移动身体，去够取自己感兴趣的东西。训练宝宝的翻身打滚，爬行站立，对于发展宝宝大动作的灵活性，以及视听觉与头、颈、躯体、四肢肌肉活动的协调性是至关重要的。

• 精细动作能力

有位日本学者说过，“如果想培养出智力开阔，头脑聪明的孩子，那就必须经常锻炼手指的活动能力”。手指活动，能刺激脑髓中的手指运动中枢，进而促使全面智能的提高。宝宝手部动作越精细，就越能促进大脑思维能力的发展。

宝宝手指功能的发育进入了一个新的台阶。宝宝能随心所欲地抓起小东西，如摆在宝宝面前的葡萄或豆子。也不再是简单地抓起来握在手里，而是能较熟练地摆弄了。宝宝会用两手同时各握一件东西，不厌其烦地反复敲，喜欢听发出的声音。因喜欢听而敲，是宝宝最初的一些"思维"活动，是心理发展的一大进步。宝宝会把东西主动拿起，放下，再拿起(大多数时间是东西自己掉下)，能把手里的东西拿到眼前端详一会。

宝宝会用三指对捏小物品，食指能独立动作，会抠洞、按开关、拨转盘。有的宝宝已会用食指与拇指对捏，捏取细小的物品，如米粒(这是个里程碑式的发育标志)。挥手时，会转动手和手腕了，而之前只是舞动整条胳膊。宝宝喜欢尝试拍手，会把两只手往一块够，有时好像鼓掌，但总不能很好地把两手合在一起。宝宝坐在桌子边的时候，喜欢用手抓挠桌面，会抓饼干等食品，送到嘴里自己吃东西了。

• 视觉能力

宝宝对看到的东西，有了直观的思维能力。如看到奶奶拿着宝宝的碗过来，就会很开心地张着嘴挥动双臂，迎接奶奶，知道开饭啦！对看不到的东西，也能"透过现象看本质"了。比如，喜欢的玩具，被一件东西挡住了，宝宝会推开那件东西去够取。

宝宝会双手操纵着一件物品，同时眼睛看着另一件，也会用眼睛追随快速移动的物品。宝宝开始能辨别物体的远近和空间，能分辨物体的位置、形状与大小，视线能持续性地跟随着物体移动。

宝宝进入了视觉的色彩期。对颜色鲜艳的事物非常敏感，眼睛可以追着色彩鲜艳的大玩具走。视力范围从左右发展到上下，视野完全不同了。宝宝特别喜欢用视线来追踪眼前的物体，喜欢寻找那些突然不见的玩具。

• 听觉能力

宝宝能够准确地追踪和辨别各种声音，对噪音的敏感度比成人大。高分贝的噪音会毁坏宝宝耳朵内的"感应接收器"而损害听觉。当宝宝听到喜欢的音乐时，反应较为明显，并会立即去寻找声音来源，听到有节奏的音乐，会坐在那里，耍弄口水声音(他会制造不同声音，同时也会改变声音的特性)，嘴里含有唾液所制造的声音，和宝宝平常的声音并不一样。由于神经听觉和语言发音器官的共同作用，宝宝不仅能分辨出自己的声音，还能变换声调。当宝宝的耳朵从小就装满各种美妙的声音时，就可以从聆听中获得许多智慧了。宝宝能够把听到的和看到的结合起来，对以后的语言发育有很大的帮助。

训练宝宝谛听各种奇妙而动听的声音，熟悉周围环境的声音，培养宝宝灵敏的听觉和认知能力，可以帮助宝宝用听觉能力的发展结合视觉能力的发展，提高用声音来感知事物和现象的能力，可以明显促进宝宝感知觉和智力的发展。

• 触觉能力

触觉能力可以细分为触觉辨识和触觉防御两部分：触觉辨识能力能够让宝贝从生活实践中积累起诸如软硬、冷热等不同的经验，而触觉防御能力则可以让宝贝了解环境的安危，进而及时找到保护自己的办法

※语言发展

美国一项研究显示，全世界宝宝在七八个月的时候，在发咿咿呀呀的声音时，都会发出四种基本音："ba ba""da da""ma ma""wa wa"，这四个音被公认为是通往开口说话的第一步。宝宝会明显地表现出，他可是懂得了一些词语的意思了。宝宝开始向识别音节的阶段发展，语言发育处在重复连续音节阶段。会用声母和韵母连续发声，喜欢听新的声音，如模仿动物的叫声，大人的弹舌，咳嗽声等。

宝宝开始主动模仿说话声了，会用"妈妈"的发声招呼大人。宝宝开始理解一些词语的具体含义了，最初的理解是将名字和人联系在一起，听到有人叫自己的乳名，会用声音或动作做出反应。在开始学习下一个音节之前，宝宝会整天或几天，一直重复这个音节。

对奶奶发出的声音的反应更加敏锐，并尝试跟着你说话。宝宝慢慢理解了日常生活中一些东西的名称的意义，如奶奶在宝宝面前说"吃""睡觉""出门"等词，宝宝开始明白，这些词指的是要干什么。进一步，宝宝也开始理解"来""再见""欢迎"等所代表的意思，并且做出反应。

※认知发展

8个月左右是宝宝认知能力发展的分水岭。开始有了对物体永存的理解。抓取能力和记忆能力也有了很大的发展。宝宝获得了两个重要的解决问题的能力：一个是理解东西被藏起来时，并不会消失，比如东西掉落了，他

会用眼睛到处寻找了。另一个是有目的地利用哭声，吸引自己所需要的人到身边来。

对不喜欢做的事情，会反抗，如打挺。如果把他手中或身边喜欢的玩具拿走，会哇哇大哭，以示抗议。宝宝开始认识身体部位，如手、脚、五官等，会用手指认周围熟悉的一些东西了。会拿东西给自己认识的家人，甚至可以记住离别几日的熟人。宝宝会用多种方法，来表达要人抱或想出门等要求的欲望。

宝宝开始了解一个和多个之间的差异。能用一些办法解决简单的问题，比如，通过拉拽桌布，来拿到桌布上的东西。宝宝开始了解，三维空间里各种事物间的关联。比如，如果宝宝正对着镜子，欣赏自己的形象时，奶奶突然出现在他的身后，他很可能会转过身来找你，而不会像以前一样，认为你就在镜子里。

※情绪发展

宝宝已经开始能理解别人的感情，包括较为细腻的感情了。已经能读懂别人的许多表情甚至微表情，如高兴、生气、表扬、冷漠等。宝宝的感情越来越丰富了，受到赞扬时会表现出高兴，批评则会表现出委屈不开心。宝宝可能已经学会向熟悉的人送上一个飞吻，能够区别亲人和陌生人。

宝宝从镜子里看见自己，会很开心地微笑。如果和他玩藏猫儿的游戏，他会很喜欢。能有意识地、较长时间注意感兴趣的事物。宝宝仍有分离焦虑的情绪，高兴时会逗人笑，有幽默感，会做出各种的表情。对许多东西表现出害怕，如吸尘器的声音，大宠物。

※社会发展

宝宝会用叫喊等方法引人注意求关注，会拍打、微笑并试着亲吻镜中自己和奶奶的镜像，或模仿奶奶嘴巴与下颚的动作，以求表扬。能主动观察、理解和分辨家人面部表情的含义，家人给予表扬则高兴，遇到批评则委屈。宝宝已经非常清楚，谁是家里的主要成员，并且对让谁抱自己会很挑剔。如给宝宝不喜欢的东西，他会推掉，如抢走他喜欢的东西会哭闹。

◇成长测试标准参考

7～8个月宝宝成长发育标准参考

分类	项目	测试方法	参考标准
大动作能力	爬行	宝宝俯卧在床上，逗引鼓励宝宝爬行	会腹部爬行够玩具
	坐躺翻滚	鼓励仰卧的宝宝坐起，躺下，翻滚	会坐起，躺下，翻滚
	站立	让宝宝靠栏边坐着，逗引宝宝站立	能扶着栏边自己站起来
精细动作能力	双指对捏	将爆米花放在桌上，鼓励宝宝捏取	能用食拇指捏取爆米花
	对击积木	宝宝一手拿一块积木，大人示范对击	明确对击积木2次以上
	食指功能	用食指抠洞，转盘，按键，瓶中取物	会3种
语言能力	懂得语义	鼓励宝宝模仿家长的动作和声音	会模仿动作或声音
	理解语义	做动作表示再见、谢谢、欢迎等	会3种
认知能力	认五官	鼓励宝宝用手指指五官	认识一个以上
	寻物	把大半个宝宝的玩具藏在毯子下	能拉开毯子找出玩具
	给物	按吩咐把玩具给爸爸、妈妈、奶奶	会给2个人
人际交往能力	懂表情	对宝宝做出高兴、悲伤、生气等表情	能看懂2～3个表情
	求抱	看到喜欢的、熟悉的亲人	会挺身伸出双手求抱
	初始互动	与其他宝宝待在一起	喜爱观察，有简单互动
生活自理能力	便前出声	观察宝宝大小便前的表现	能出声，有动作表示，会坐盆
	喝水	给宝宝一只装有少量温水的杯子	能用杯子喝水

发展警示：宝宝如有以下状况，请尽快与儿科医生联系：

- 快8个月时，还没有牙牙学语；
- 对藏猫猫游戏没有兴趣；
- 不能自己坐；
- 不会用一只玩具敲打另一只玩具；

- 不会模仿大人的声音或动作；
- 不会寻找藏了一半的玩具；
- 对熟人和生人同样反应；
- 无明显兴趣喜好。

◇与能力发展相关的游戏

※大动作能力训练

游戏:追熊猫。

游戏目的:玩中学爬,促进感觉统合能力的发展。

会爬行的熊猫玩具是宝宝的最爱。奶奶可以把宝宝放在舒适的地毯上,先同宝宝一起玩一下熊猫,等到宝宝玩得兴起时,让宝宝趴在地毯上,奶奶打开熊猫爬行的开关,放在宝宝面前,让熊猫会缓缓爬行。宝宝看见喜欢的熊猫爬出去了,手够不上了,会着急地扭动身体,想去追逐抓住熊猫。奶奶可以帮助宝宝,如何正确地移动手脚爬行追逐熊猫。

如果宝宝尝试了一会儿,还够不上,可能会烦躁。这时奶奶可以在宝宝的脚底用点力,帮助宝宝去够上熊猫。当宝宝拿到熊猫时,会很兴奋,有种成就感。如果宝宝还有兴趣玩,奶奶可以继续同宝宝玩追玩具游戏,比如追汽车,追皮球等等。慢慢地,宝宝在“你追我赶”的游戏中,快乐地学会了爬行。

※精细动作能力训练

游戏:玩杯子。

游戏目的:锻炼其手部肌肉,发展手眼协调能力。

首先给宝宝准备一个不易摔碎的塑料杯或纸杯,杯子的颜色要鲜艳,形状要可爱,宝宝容易拿握。可以让宝宝先拿着杯子玩一会,等宝宝对杯子熟悉后,再放上奶、果汁或者水,将杯子放到宝宝的嘴唇边,然后倾斜杯子,将杯口轻轻放在宝宝的下嘴唇上,并让杯子里的奶或者水,刚好能触到宝宝的嘴唇。

如果宝宝愿意自己拿着杯子喝,让宝宝两手端着杯子,奶奶帮助他往嘴里送,要注意让宝宝一口一口慢慢地喝,喝完再添。千万不能一次,给宝宝杯里放过多的水，避免呛着宝宝。如果宝宝对使用杯子显示出强烈的抗拒，奶奶就不要继续训练宝宝使用杯子了。如果宝宝顺利喝下了杯子里的水，奶奶要表示鼓励，给予一个暖暖的拥抱。

※触觉能力训练游戏

游戏：滚球。

游戏目的：感觉软硬、滑糙，训练触觉感知力。

宝宝触觉的发展，对手部的灵活程度有很大的关系，触觉发展得越早越好，手部的灵活程度就越大，感觉统合能力就越强，大脑的发育程度就越高。

皮肤是人体最大的感觉器官。奶奶播放宝宝喜欢的音乐，让宝宝平卧在床上。奶奶先给宝宝看一下小皮球，让宝宝用手摸摸感觉一下。然后，奶奶将小皮球从宝宝的胸前滚到腹部，到大腿，再回到头部，或是从背部滚到屁股。滚动时，奶奶要时而用力时而放松，给宝宝不同的感觉。然后，再用皮球从头到脚进行全身轻轻的抚触，再让宝宝用手触摸一下皮球。同样，奶奶再用带有小圆点的皮球，在宝宝的身上滚动一遍，让宝宝体验两种不同材质的皮肤感觉。游戏时，奶奶要用生动有趣的语言同宝宝解说不同球的滚动。

※听觉能力训练

游戏：听声音。

游戏目的：发展宝宝听觉的灵敏度，训练宝宝的听知觉能力。

奶奶可以录制生活中常听见的各种声音，如汽车喇叭声、铃声、水声、钟声以及各种动物的叫声，经常播放给宝宝听，同时抱宝宝去观察，认识各种相应的实物或物品图片。奶奶还可以播放宝宝自己的哭声或笑声，以及别的宝宝的哭声和笑声，观察宝宝的反应。让宝宝学会分辨各种动物叫声、自然界的声音，听到的声音越丰富，宝宝的听觉辨识力才能越灵活越强。

奶奶也可以找一些不会摔碎的物品，比如球、塑料杯、书本、笔、罐头、木盒、纸盒等，把它们逐个扔在地上，让宝宝听各种物体落地的声音，宝宝能够从中感知不同物品落地声音的差异性。奶奶可以先扔两个，开始让宝宝进行比较。不能一下子扔多个，宝宝会分辨不出的。

※视觉能力训练

游戏：撕贴纸。

游戏目的:训练宝宝手眼协调和视觉调节能力。

家里使用的彩色便签小贴纸,可以是宝宝非常好的玩具。奶奶可以让宝宝坐在餐椅上,把一叠贴纸显示给宝宝看,告诉宝宝这是一叠粘在一起的贴纸,用手轻轻地一撕,就能撕下来一张。然后给宝宝看,贴纸的背面有一条粘胶水,所以,贴纸都能粘在一起。由于贴纸的一头是粘住的,另一头是可以翘起的,宝宝容易操作,但要准确地只撕下一张贴纸不容易,不管宝宝撕下几张,奶奶都不要纠错。游戏能训练宝宝的视力专注力,宝宝眼睛要紧紧地盯着贴纸看,手要尽量准确地去抓取贴纸,并要手眼很好地协调,这是一项“技术活”。

奶奶可以用不同形状的、不同颜色的贴纸和宝宝一起玩,顺便让宝宝观察了不同的形状和颜色。奶奶也可演示给宝宝看,如何用手指去撕贴纸,然后让宝宝自由地进行撕纸游戏。特别提醒:可以给宝宝单色的贴纸,也可以混合几种颜色。这个游戏可以加强宝宝的视觉调节和手眼协调的能力,还可以锻炼宝宝的耐心和注意力。

※认知能力训练

游戏:指五官。

游戏目的:变动和快速指认五官,训练迅速反应的能力。

训练宝宝认五官游戏后,奶奶可以同宝宝玩指认五官的比赛游戏,培养宝宝迅速反应的能力。奶奶问,宝宝的眼睛在哪儿呀,宝宝会指指自己的眼睛,接着让宝宝鼻子、嘴、耳朵一个一个地指认一下。然后,让宝宝一个一个地指认奶奶的五官。

当宝宝能熟练地指认自己和奶奶的五官后,奶奶告诉宝宝,我们来玩抢指五官游戏咯。奶奶说一句,宝宝的嘴巴在哪儿,宝宝和奶奶一起指,看谁指得快哦。奶奶要让宝宝先指到。奶奶再问宝宝,奶奶的鼻子在哪儿呀,赶快指认哦,等到宝宝指到了,奶奶要表扬宝宝。等到宝宝熟练了,奶奶可加快速度,并让宝宝输几回,激发宝宝的好胜心。

另外一个就是,随着月龄的增长,奶奶可以越来越快地问。开始奶奶的眼睛在哪里,奶奶的眼睛在这里,到宝宝经过反复的训练以后,宝宝很熟练了,奶奶就可以指得快一点,奶奶的眼睛,鼻子,不是按照顺序由上到下,可随意的指,奶奶的耳朵,眼睛,头,就可以变动这种顺序,能比较快速地来指,训练宝宝的迅速反应的能力。

※情绪能力训练

游戏:唱唱歌。

游戏目的:培养宝宝细腻的情感体验。

宝宝的情绪能力有了明显的增强,已经懂得奶奶的许多面部表情了,如高兴、生气、表扬、冷漠等。宝宝也喜欢对奶奶露出高兴和赞扬的表情。当奶奶赞扬时,宝宝会开心地笑;当奶奶唱歌时,宝宝会开心得不时地啊啊回应。

奶奶可以同宝宝玩唱歌游戏,准备好几个需要不同表情的歌曲,如兴奋的表情、沉重的表情、生气的表情和滑稽的表情等。唱歌时,表情可以夸张些,边唱边看宝宝是否在观察奶奶的表情,有没有回应,会不会模仿。唱完,把歌的意思说给宝宝听,让宝宝体验不同歌曲所表现出来的情绪和表情。尽管宝宝听不懂,但从奶奶的表情中,能感悟到不同的情绪,培养宝宝细腻的情感体验。

※社会能力训练

游戏:眼对眼,牵牵手,再见哦。

游戏目的:培养宝宝礼貌地与人相处。

现在的宝宝有了社会交往的欲望,很喜欢同小朋友相处,尽管还不会玩到一起。奶奶可以经常带宝宝出去,见见小朋友、大朋友,宝宝会很开心的。现在开始可以培养宝宝如何礼貌地与人相处了。奶奶可以在家玩"眼对眼,牵牵手,再见再见"的游戏。

奶奶让宝宝坐在地毯上,一边同宝宝说话,一边眼睛看着宝宝的眼睛,等宝宝也看着奶奶的眼睛了,奶奶就笑着对宝宝说,宝贝,你好。然后,伸出手同宝宝牵牵手,说上几句有趣的话,最后,同宝宝挥挥手说,再见哦!宝宝会很开心地配合奶奶做。每天玩几次,可以邀请家人一起参加,宝宝会更兴奋哦。如果有小朋友上家来玩,可以教宝宝拍手表示"欢迎",培养不会说话的宝宝,体验如何礼貌地与人相处。

美国早教专家说过，在宝宝头8个月中，社会能力方面的发展相对简单，宝宝的良好发展，在很大程度上是自然成长的结果，顺其自然，加以充分的爱、关注、养育和身体护理，宝宝会成长发育得很好。

8个月以后，随着宝宝自我意识的逐渐发展，宝宝已经对外界和自己的基本运动能力有了最初的理解，开始把注意力放在各种小东西上，开始对简单的因果关系，对物体的运动方式、形状和形态进行主动的探索了。为宝宝以后的思维能力的发展奠定了基础，而不是仅仅靠别人给自己的信息来思考了。如果把爸爸妈妈的照片给宝宝看，他会认出来，高兴地拍手，而看到别人的照片，则反应比较平淡。

◇宝宝发育概况

❖感统发展

·大动作能力

宝宝的运动能力达到一个新的里程碑——会很熟练地用手膝爬行，四处移动了，当然，有的宝宝还在训练之中，也是正常的。爬行需要四肢、眼睛与脑的协调，脑与全身肌肉的协调，这些感觉统合能力的协调发展，对宝宝的智力发展有着巨大的影响。随着腿部肌肉变得更加有力，宝宝的爬行动作也会更加自如协调，有的还会一手拿着玩具爬。学会爬的本领后，宝宝的独立性变强，活动范围变大，可以到自己想要去的地方了。

宝宝能比较熟练地从躺着变成坐姿，也可以轻易地向前倾身，从俯卧改为坐位。可以在没有任何支撑的情况下坐起，并且坐得很稳，也能在椅子上坐得很好(9个月时，宝宝能独坐10分钟左右)。能自由地向左右扭动身体，或拿起身旁的东西。

宝宝能够拉着家具或扶着床头的栏杆站立起来了，而且可以离开搀扶物，独站几秒钟，可以拉着婴儿床的栏杆绕床走。奶奶牵着手，宝宝会挪着脚步走几步了，但不会自己向前迈步。宝宝会自己运动了，奶奶不需要帮宝宝做被动体操了。

• **精细动作能力**

从本月开始，宝宝的精细动作也有了质的飞跃，小手技能已经非常高超了。能伸出食指，试图用拇指和食指，捏取细小物品，甚至能捡起掉在地上的、绿豆般的小东西或小线条。开展精细动作的时间越早，能捏起越小的东西，捏得越准确，双手精细动作的能力越强，对大脑的发育越有利。

宝宝会尝试用三个手指按开关，还喜欢用食指抠东西，如抠桌面、墙壁和能接触到的任何东西，尤其是戳小孔小洞是宝宝的最爱。把宝宝放在一只抽屉旁，奶奶把一个玩具放进这个抽屉，然后再取出来，宝宝会模仿奶奶，把玩具放进去再取出来，能手脑并用地将积木放入盒子，再把积木取出来。

宝宝的各种精细动作开始有了意向性，会用一只手去拿东西，也能一手一个捡起两样东西，用双手玩弄。会用手指扒开小东西，然后再用手捡起。能自由放下或拿起物品，两手能互递物品。对大的玩具，懂得用双手去拿。能同时玩弄两个物体，如把小盒子放进大盒子，用小棒敲击铃铛，两手对敲玩具等。不论什么东西在手中，宝宝都要摇一摇或敲一敲，也会把玩具给指定的人。

宝宝喜欢使劲用手拍打桌子，尤其在吃饭时，对拍击发出的响声，感到新奇有趣。还会自己拿杯子喝水，会尝试用调羹把食物送到嘴里，喂饭时会抢夺奶奶手中的饭碗。能主动地放下或扔掉手中的物体，而不是被动地松手，喜欢扔东西，看着奶奶捡起来，然后再扔，乐此不疲。

• **视觉能力**

这个月的宝宝处于视觉发育的第二阶段。除了继续第一阶段，让宝宝多看多观察之外，还要拓展宝宝的视觉信息，给他多看以前很少接触的、颜色形状各异的图形图片，如有立体的图形图片则更好。这样，视觉配合触觉的双重信息，会给宝宝带来更多的视觉刺激，手眼更能协调并能联合行动。

宝宝的视力在视觉清晰度，对深度的感知和视觉记忆能力方面，已经发展很好了。视觉能力进一步增强，看到什么东西，能够很快地反应过来。能够认出经常看见过的物体，如自己喜欢的玩具，自己的衣服，毯子等等。宝宝对外界事物能够有目的地去看了，会有选择地观看自己喜欢的东西，如在马路上奔驰的各式汽车，小猫小狗包括小蚂蚁小飞虫，玩耍中的小朋友，而不再是泛泛地有什么看什么了。

宝宝已经具备了很多视知觉能力，比如轮廓、色彩、距离、体积以及让他头晕的深度知觉，比如，能看清楚房间另一头的人和物了。深度知觉是非常有用的视觉能力，它能帮助宝宝获得有关高度的知识，以避免跌落。自从宝宝有了深度知觉，就可以比较放心地扩大宝宝的爬行空间了。这样，不仅可以进一步刺激他的视神经发育，还能使他的身体得到更多的运动。

• 听觉能力

宝宝的听力更准确了，听到声音他会兴致勃勃地审视整个房间，寻找声音的来源。对不同的声音会有不同的反应，如听到节奏感强的或者宝宝喜欢的音乐，会手舞足蹈甚至跟着哼哼，听到大人称赞的表扬声，会很开心很满足，反之，听到训斥批评声，则会生气不满。很多宝宝还非常喜欢听“唰唰”的翻书声和“嘶嘶”的撕纸声。宝宝能连续模仿发声，还能听懂一些语意，例如“吃饭了”“回家了”等。

• 触觉能力

随着宝宝的空间意识发育得越来越好，触知觉能力也越来越好了。通过触觉感知能力，宝宝已经能区分平面和三维物体之间的差别了。宝宝喜欢触摸有多个部件可以抓的东西。比如门把手，能够让他拧或转。宝宝可能开始爬行或者屁股蹭着地向前了。这种能力，给了宝宝更多的机会去触摸，去探索。

※语言发展

宝宝能够理解更多的语言了，开始了语言的记忆和模仿，形成第一批语言——动作的条件反射，了解简单的指示。尤其是生活中常用的一些词语：命令式词语如“不”“过来”，喜欢的词语如“抱抱”“出去玩”，还有能把语言和实际动作联系起来，如听到“亲亲小手”，会主动把小手伸过来让奶奶亲，还会用摇头表示“不”了。当家里有小朋友来了，奶奶说“欢迎，欢迎”，宝宝会作拍手状，说“再见”，宝宝会扬起胳膊摆手，会用1～2种动作表示语言。有了这种动作的条件反射的第一批语言，宝宝就有了学习与人交往的能力。

宝宝天生就能辨清音阶，无论是哪种语言，宝宝最初学说话的时候能比成年人分辨出更多的语句，对节奏很敏感，对悦耳的音调或语调也同样敏感。能把奶奶说话的声音和其他人的声音区别开来，可以区别成人的不同的语气，能发出各种单音节的音，会对他的玩具说“宇宙话”。能发出“大大、妈妈”等双唇音，但还不会有意识地叫妈妈。能模仿咳嗽声，嘘声，咂舌声。

※认知发展

宝宝已经具有初步的认知选择能力了，对周围的东西会进行判断了。如果看护人是女性，宝宝更喜欢与女性在一起。宝宝虽小也是爱美的，喜欢小朋友，喜欢年轻的，会有选择地与人交往。也会自己选择要玩的玩具了，会移动身体，拿自己感兴趣的玩具，而不是给他玩什么就玩什么了。

宝宝认知能力已经很强，开始有物体永存的概念。在这以前，宝宝能找到部分被藏起来的玩具，现在能找到眼前完全隐藏或被遮盖的玩具了。有的宝宝能够独立地把藏起来的东西再找出来。

宝宝开始进入一个好奇心极其强烈的时期。表现为一旦学会了移动自己，就会立刻致力于对周围环境孜孜不倦的探索，并开始用新的方法探究事物，如通过摇晃、敲打、丢落、扔甩等方法，来研究身边的东西。变本加厉地喜欢坐在椅子上把东西扔下去，并很兴奋地观察落下去的情景，被捡起来后马上又被扔下去。

宝宝记忆能力有了很好的发展。开始认识自己身体的一些部位，如五官、手脚等，还可能记得前一天玩过的游戏。能认识奶奶和爸爸妈妈的长相，甚至穿的衣服。会动脑筋了，为了达到目的，而用间接的办法，比如会绕过椅子，去拿椅子后面的玩具。宝宝开始期待一些有规律的活动了，如，当门铃响起来时，宝宝也可能爬到门边，等奶奶来开门呢。

宝宝对身边的每个事物都充满好奇，但他的注意力难以持续，很容易从一个活动转入另一个活动。喜欢对镜子中的自己拍打、亲吻和微笑，会对反复重复出现的东西厌烦。宝宝开始意识到，可以用一种东西来做一些事，比如，模仿大人用梳子梳头，多给宝宝布置一些好玩的东西，让他去敲、戳、扭、捏、摇、丢，开发智力。

※情绪发展

美国专家朱迪说，在这个阶段之前，宝宝的情绪反应都是全身性的，而现在，宝宝开始有了清晰的针对性反应，会通过面部表情、眼神、声音和姿势来传递信息。

随着意识的逐渐发展，遇到宝宝不能理解的事物时，他可能会开始表现出更多的害怕和恐惧，比如，一些巨响，如打雷声，真空吸尘器的噪音，爆竹声。奶奶要及时给予积极的反应，紧紧拥抱宝宝，用温柔的话语安慰宝宝，慢慢地随着宝宝经验的增加，宝宝的恐惧感会逐步减少。

另外，随着宝宝能够分辨熟人和生人的能力越来越强，使得宝宝看见陌生人，离开熟悉人时，会出现更大的恐惧感和焦虑感，宝宝对分离的恐惧超过了饥饿、疲倦和不适。

宝宝更像一个小精灵了，更能懂得大人的面部表情，甚至微表情，已经能理解别人的感情了，开始判断人们的情绪。受到大人夸奖时会微笑，被训斥时会委屈而哭，如果对宝宝十分友善地谈话，他会很高兴。如果宝宝在做一件事情时，听到奶奶的表扬，会很兴奋地重复刚才做的事情。

※社会发展

宝宝开始有了离开奶奶探索周围环境的欲望，但会不断地回头看奶奶在不在，为了确保自己的安全而紧贴奶奶。奶奶对宝宝在探索或爬行的反应，会影响宝宝的行为。一旦奶奶露出紧张的表情，宝宝会把奶奶流露的表情，作为自己行动的参照物，马上爬向奶奶，把奶奶当作安全基地。

宝宝开始对一些基础的人际互动感兴趣了。比如，如果有人流露出快乐或痛苦的情绪时，宝宝就会望着他们，有的还会作出相应的反应，比如，旁边的小朋友哭了，宝宝也会跟着哭。自从宝宝学会爬后，会经常爬向自己喜欢的人。宝宝非常喜欢与大人玩捉迷藏游戏，这个游戏会让宝宝理解，有些东西即使眼下看不见，但其实一直存在，帮助宝宝逐渐理解物质永恒的一面。

宝宝不喜欢被限制住。见到熟悉或喜欢他的大人，会伸出手臂求抱。从现在开始，宝宝可喜欢小朋友了，看到小朋友会高兴得小脚乱蹬，去抓小朋友的头或脸。宝宝像个小外交家，但也有些宝宝更加认生了，对不喜欢的人或事会胆怯、退缩甚至哭闹。

◇成长测试标准参考

8～9 个月宝宝成长发育标准参考

分类	项目	测试方法	参考标准
大动作能力	扶走	扶住宝宝的双手，鼓励其迈步	扶手迈 3 步以上
	扶栏站起	在床栏上挂玩具，逗引其站起来	自己扶栏能站起直立半分钟
	爬行	让宝宝在毯子上爬，观察其动作	会手膝爬行
精细动作能力	投积木入筐	大人做示范，鼓励宝宝去投	能模仿投入动作
	按开关	平时教宝宝按电视、电灯等开关	能用食指按 3 种
	抽屉取物	向宝宝示范把玩具放进抽屉再取出	能打开抽屉并取出玩具
语言能力	招手“再见”	让宝宝模仿送客时的招手动作	会招手表示再见
	拍手欢迎	客人来访时拍手欢迎，让宝宝模仿	会拍手表示欢迎
	称呼	观察宝宝看见爸爸妈妈能否叫	会叫爸爸妈妈其中一人
认知能力	听名拿物	按大人吩咐拿玩具	会拿出四种
	指认	逗引宝宝指认自己身体的部位	能指认 2 处
人际交往能力	模仿表演	大人用动作表演儿歌，鼓励模仿	受到表扬会反复模仿动作
	过家家	和宝宝玩过家家游戏，观察其动作	会给娃娃盖被子
	懂害羞	当听到奶奶向别人谈到宝宝自己时	会躲藏到奶奶身后
生活自理能力	坐盆训练	将便盆放固定地方，训练坐盆大小便	会找便盆并坐盆大小便
	拿匙子	给宝宝一只调匙，大人示范舀食物	会用凹面向上盛倒食物
	配合穿衣	大人帮助宝宝穿衣服，引导宝宝配合	会伸手和头配合

发展警示：宝宝如有以下状况，请尽快与儿科医生联系：

➢ 不会爬或者自己不能坐起来；

- 不能用拇指和食指捏取东西；
- 对新奇的声音或不寻常的声音不感兴趣；
- 不能模仿大人的声音；
- 不会吞咽菜泥、饼干等固体食物；
- 对着镜子毫无反应。

◇与能力发展相关的游戏

※大动作能力训练

游戏：扶物站起。

游戏目的：锻炼胳膊、腰和腹肌的力量，为独立行走做准备。

宝宝只要有机会拉住物体，就会高兴地站起来，因为站起来看世界不一样啊。宝宝开始在自己的小床上，扶着栏杆站起来，因为栏杆易于抓到且高度适宜。后来，会爬了，就爬到哪里有可扶着的东西，宝宝就会抓着站起来。比如，会扶着椅子的扶手、沙发的扶手或用床上被垛，支撑自己努力站起来。

奶奶要鼓励宝宝自己扶栏而站，用自己的力量改变体位，扩大视野。奶奶可以将家里的凳子排成行，每张凳子相距30厘米左右，但要确保椅子是安全的。奶奶陪伴在一旁，让宝宝伸出胳膊扶着一张张凳子迈步过去。宝宝能扶物站立、迈步，练习站立平衡，为独走做准备是学走的第一步。这种练习比学步车更能锻炼宝宝的身体平衡能力，更为安全、健康。练习时间不宜过长。

※精细动作能力训练

游戏：拉绳取物。

游戏目的：感知物品远近的变化。

把宝宝喜欢的小小玩具，结上一根50厘米长的绳子，将绳子的一端打结放到宝宝手边。玩具随绳子拉直，放在坐着的宝宝前面，让宝宝看见。奶奶可先示范拉动绳子，然后握住宝宝的小手，拉绳子将玩具靠近，使宝宝的小手碰到玩具。奶奶要陪宝宝一起拉，协助宝宝达到目的。

也可以让宝宝去玩弄手上的绳子，耐心观察，看宝宝是否拉动绳子，取自己喜爱的玩具。当玩具靠近宝宝时，奶奶示意宝宝用拇指和食指、中指拿起玩具。这是很重要的一个动作，要反复不断地让宝宝练习。在摆弄玩具过程中，宝宝提高了对事物的认识，既锻炼了手更锻炼了脑。

◈视觉能力训练

游戏：玩气球。

游戏目的：培养有目的有选择的观察能力。

奶奶准备不同颜色不同形状的氢气球，在绳子尾端扎个吊件，让气球在天空中飘起来，并告诉宝宝，“这是红气球”“这是黄气球”“这是蓝气球”。然后，把不同颜色的气球放在不同的地方，和宝宝一起玩气球的游戏，如果有其他小朋友的一起参与，宝宝会非常兴奋。

奶奶说一个气球的颜色，和宝宝一起去抓球，反复同宝宝说，我们去抓红色的气球喽，抓到了让宝宝仔细观察球的颜色，然后，把红气球再放出去，并问宝宝：“红气球呢?”如果宝宝把头转向红气球，就说明宝宝认识红气球了。

◈听觉能力训练

游戏：摇摇敲敲。

游戏目的：培养对不同物体产生的不同声音的听知觉能力。

奶奶在大小不一的瓶子里放上数量不等的各种豆子、沙子，或能产生声音的东西，让宝宝拿一个摇摇听听，再拿一个摇摇听听，不同的瓶子会产生不同的声音，培养宝宝分辨音色的能力。奶奶也可以在杯子里放不同量的水，用一根筷子敲杯子的边沿，每个杯子的含水量不同，就会发出不同的声音，让宝宝仔细听，奶奶解说声音的不同。然后，奶奶可以握着宝宝的手，一起敲，宝宝会非常兴奋的。在宝宝的探索兴趣中，培养宝宝的听知觉能力。

◈认知能力训练

游戏：不同角度看玩具。

游戏目的：认识三维世界，激发好奇心，培养求知欲。

奶奶先找一个大玩具，比如大狗熊，玩具高度要超过宝宝趴下后的高度。把玩具放在宝宝面前，让宝宝用手摸摸玩具，并告诉他玩具的名称和所摸到的部位；然后引导宝宝绕着玩具爬着看一圈，再让宝宝用手摸摸玩具，并告诉他玩具的名称和所摸到的部位；最后，把宝宝抱起来，让他从高处看看玩具，还让他用手摸摸玩具，并再告诉宝宝玩具的名称和所摸到的部位。

在游戏中，奶奶要一边玩一边说，生动活泼，表情夸张，让宝宝更有兴趣。这样，虽然宝宝不懂什么是三维，但给了宝宝对同一个玩具的不同角度的视觉和触觉感，会引发宝宝的探索兴趣。

❖触觉能力训练

游戏：推点点球。

游戏目的：训练触觉感知能力。

现在的宝宝能坐了。奶奶抱宝宝坐在地上，准备好一只“点点球”，解说给宝宝听：“宝宝你看，这只球上长了好多好多小点点，宝宝摸摸看哦。”让宝宝玩一下，然后奶奶坐到宝宝对面，相隔的距离先不要太远，让宝宝能接得住球。等宝宝准备好后，奶奶把球慢慢地推给宝宝，看宝宝双手能否接得住，如果能，奶奶要惊喜地拥抱表扬宝宝，“哇，宝宝真厉害，把点点球接住了”。

如果宝宝接不住，奶奶离宝宝再近一点，鼓励宝宝再尝试一下。游戏中，当宝宝有了感觉后，奶奶可以推得轻重有变化，让宝宝接触到球的手感会不一样。并且，训练宝宝接到球后，再推给奶奶。还可以训练宝宝从双手接到一只手接，从双手推到用一只手推，不同的接触方法，训练宝宝的触觉感知能力。

❖语言能力训练

游戏：递玩具。

游戏目的：训练宝宝语言感知觉能力。

宝宝有了短暂的记忆能力了。奶奶可以同宝宝一起玩递玩具的游戏了。帮助宝宝听懂物品的名称，找到相匹配的物品语言感知觉能力。奶奶可以将几种玩具放在宝宝的面前，同宝宝说“请给奶奶一部汽车”“请给奶奶一个娃娃”等等，让宝宝找到正确的玩具给奶奶。如果宝宝听懂一个并拿对一个，则要好好地鼓励宝宝，亲亲抱抱，宝宝会更有兴趣去尝试。

奶奶还可以逐渐扩大宝宝认识和拿取物品的范围。奶奶还可以拿一只大盒子，训练宝宝把拿对的玩具放进大盒子里，并同宝宝说，现在把玩具放进盒子里面了，然后，奶奶说一个玩具的名称，让宝宝把放进盒子里的玩具再拿出来。这样，宝宝加深了对这个玩具的认识，而且还逐渐能理解“放进去”“拿出来”的概念，帮助理解空间感。

※情绪能力训练

游戏：学打招呼。

游戏目的：培养宝宝积极的社会情绪。

宝宝现在有了与人交往的欲望，看见小朋友会很开心。奶奶可以继续训练宝宝的交往能力，培养宝宝积极的社会情绪。奶奶用语言合并着动作，教宝宝一些打招呼的表达。比如，有小朋友来家玩，奶奶热情地先拍手说“欢迎，欢迎”，同时教宝宝学着奶奶的样子，用两只小手互拍，眼睛看着对方，笑着表示欢迎。

当小朋友离开时，奶奶可以拿起宝宝的一只小手示范，挥手并注视着对方，说再见再见。如果宝宝做得不对，要及时纠正，宝宝做对了则给予表扬。如果没有小朋友来，奶奶也可以用比较大的娃娃或熊熊，同宝宝玩模拟化打招呼游戏，宝宝会很兴奋的。

※社会能力训练

游戏：交换传物。

游戏目的：建立起交换的概念，因而愿意帮人传递，与人分享。

奶奶拿着一件宝宝最喜欢的玩具，然后告诉宝宝“宝贝，把你手中的苹果给奶奶，奶奶把玩具给你”，这样宝宝会很乐意用苹果换回自己喜欢的玩具。也可以全家人围在一起玩“接龙”：奶奶把小汽车推过去给宝宝，然后让宝宝递给爸爸；爸爸把小球滚给宝宝，让宝宝传给妈妈；妈妈把布娃娃扔给宝宝，让宝宝扔给奶奶，依此类推地传递着玩具，在一家人玩得其乐融融的氛围中，熏陶了宝宝积极快乐的社会化情绪。

06 9～12 个月

宝宝这个月已经从坐位发展到站位了，稍有支撑即可站立，还会从站着变成坐着，甚至会蹲着，可别小看了这些动作，这可需要宝宝腿部肌肉强大的力量。从扶站、独站到扶走，甚至尝试摇摇晃晃独自迈步了，或可扶着家具横着走两步了，这是一个质的飞跃。宝宝运动能力明显增强，爬得很好，四肢能伸直，甚至还能翻越障碍物。宝宝会攀爬上 20 厘米的高度，并着迷于此，反复尝试。宝宝的五指灵活，分工明确，配合默契，能跟着奶奶一起翻书了。

语言学习进入了最佳模仿期，能理解更多词的含意。宝宝的分离焦虑开始进入到了高潮期。宝宝紧张的时候，可能会用嘬大拇指平复自己的焦虑。宝宝照镜子时，能意识到自己的存在了。不用人陪着，自己会玩一会儿了。宝宝在情绪和社交上，已经能意识到搂抱在感情交流上的重要性，会主动去拥抱自己依恋或喜欢的人，不再是一个被动的感情接受者了。

◇宝宝发育概况

❈感统发展

·大动作能力

宝宝运动能力进入质的飞跃——向直立过渡。此时，宝宝能敏捷迅速地爬行，爬行时四肢能伸直，动作越来越协调，能够爬上扶梯阶，能往叠着的被垛上爬，甚至还会从椅子上爬上爬下。

宝宝已不满足于爬了，多数宝宝很喜欢尝试站立了，稍微支撑即可独立站起，还能只靠一只手拉着东西就能站起来，不但会站起来，还会从站着变成坐着，自己坐下的时候不会再跌倒，而是很自然地坐下。要注意的是，宝宝站立的时间不宜过长，一天可以站立2~3次，一次3~5分钟即可。不久宝宝就会蹲了，这又是一次运动能力的飞跃。

宝宝腿部的力量越来越强壮，能够独自摇摇晃晃地站立片刻，被大人牵着手，能挪几步，也能扶着床沿、沙发墩、木箱等，绕着漫游，横着走几步了。有的宝宝能推着可滑动的物体向前迈步，但不敢离开物体向前走。宝宝会把头转过去看身后的东西，喜欢用四肢撑地把整个身体支撑起来，把屁股翘得老高，低下头看自己的脚丫，或低头透过四肢向后看。宝宝还会以身体的摇摆、弹跳、摇晃、轻哼来响应音乐的节奏。

• 精细动作能力

宝宝的五指已能分工配合，并能根据物体的外形特征，比较灵活地运用自己的双手，能够自如地将东西从一只手传到另一只手中。宝宝已学会有意识地放开手中的物品，会花大量的时间专注地捡起和放掉东西。能把小东西放入大瓶子里，再把东西倒出来进行观察。能用大拇指及食指抓取细小的东西。宝宝紧张的时候，可能会用嘬大拇指平复自己的焦虑。用手探索的能力越来越强，把手指头插到玩具的小孔中，用手拧玩具上的螺丝，掰玩具上的零件，抠抠电插座，看到什么就想拿什么，会用一只手拿两样小的东西。

如果奶奶将小玩具放在宝宝椅子的托盘或床上，他会将东西扔下去，欣赏自己行为的直接后果，并高兴地大声喊叫，让别人帮他捡回来，使得他可以重新再扔。宝宝开始对嘴的兴趣减少，对手指和脚趾的兴趣增加，会将拇指食指准确地对在一起，自己能玩一会儿了。在奶奶讲故事时，也会跟着奶奶翻书，这是手指能力的一大进步。

• 视觉能力

宝宝眼睛有了观察物体的不同形状和结构的能力，很喜欢看画册上的人物和动物，已经能手眼配合完成一些活动。宝宝的视线能随着移动的物体上下左右地移动，能追视落下的物体，寻找掉下的玩具，并能辨别物体大小、形状及移动的速度。宝宝有了空间感，对于眼前突然消失的东西，会出现寻物的反应。

在宝宝爬行的过程中，视知觉能力就成为爬行的“探路先锋”，帮宝宝预先为自己设定好需要改变方向的地方，判断大概的距离位置和“风险地区”，比如看到觉得有害怕的地方，会爬着绕过去。宝宝的深度感知觉、立体知觉和空间关系知觉等方面的能力，在爬行中得到了锻炼和提高。

• 听觉能力

宝宝听力已经发展得相当成熟，几乎能够听到自然界中所有的声音，往往大人还没听到，宝宝已经在用他自己的方式，问奶奶这是什么声音了。

宝宝对不同的声音有不同的反应，听到熟悉的音乐时能跟着哼哼，能听懂奶奶说话的意思了，不仅是听音而且能懂字意，如当奶奶说“欢迎”时，会拍手，“再见”时会挥手。宝宝不单单是听到了什么，而是把听到的声音能进行记忆、思维、分析、整合，更全面地利用听觉来认识世界了。

• 触觉能力

宝宝爬的能力越来越好，行动能力越来越强，触摸范围也越来越大，随时都能发现可以触摸的新东西。奶奶一定要做好宝宝的安全防护，保证宝宝能碰触到的物品都安全无害。由于宝宝还在用嘴巴探索各种物品，所以更要注意把尖锐和有毒的东西收好。

奶奶可以找一些色彩丰富的物品，或者部件能够活动的玩具，让宝宝安全地触摸探索，比如形状盒、积木等。

※语言发展

宝宝进入了一岁前的最后三个月，是语言学习的最佳模仿期，语言学习的快速增长期，会对经常听到的一些语言产生记忆。奶奶要利用好这宝贵的时期，和宝宝不停地说话，唱儿歌，对宝宝各方面的智能发育是非常有好处的。宝宝能发出“ba-ba，ma-ma，nai-nai”等辅音，并能连续模仿发声。说出词的速度很慢，但听懂词的速度很快，能理解更多词语的含义，并能与动作建立联系。比如，不仅能理解“谢谢”和“再见”，甚至能理解“放进去”“拿出来”，能发出一长串重复的音。

宝宝会不断重复一个字，用它来回答每个问题，如有的宝宝会用“不”的发音来回应所有的问题，能够有目的地发出“妈妈”“爸爸”的声音，在大人鼓励下会模仿发一两个字音，并能连续模仿发声。宝宝有强烈的想要用语言沟通的欲望，会大声喊叫来吸引大人的注意，能模仿大人的说话的声音和语调，已经能用简单的语言发音来回应，会做 3～4 种表示语言的动作，如用手指着大门，表示要出去。

※认知发展

宝宝对周围的事物都充满好奇，喜欢探索物品，探索世界，发现新事物。能敏感地注意到周围事物的变化，并把注意力转向更新的刺激。如一只新玩具和一只旧玩具放在宝宝的旁边，他会马上拿起那只新的玩具进行探索。

宝宝的记忆有了很大的发展，能记住一些熟悉的人和物品的名字，也能记住一些更具体的事了。比如，他喜欢的玩具放在什么地方。同时，宝宝也能模仿他记忆中从前看到过的动作，甚至是一周前所看到的动作，模仿他人的能力和动作增加很多。

宝宝的自我意识明显增强，开始有了自己的主意和要求，当他想拒绝的时候，他可能会尝试说“不”。能了解并服从某些话及指令。开始明白镜子里的那个人是自己。喜欢将东西随意组合在一起。不用看就能伸手拿身后的玩具。能够认识一些图片上的物品，例如他可以从一大堆图片中找出他熟悉的几张。

宝宝的观察力有很大的提高，也能认得常见的人和物体，开始观察物体的属性，具有观察事物的不同形状和结构的能力。从观察中会得到关于形状（有些东西可以滚动，有些则不能），构造（粗糙、柔软或光滑）和大小（有些东西可以放入别的东西中）的概念，甚至他开始理解某些东西可以食用，而有的东西则不能。

尽管这时宝宝可能仍将所有的东西放入口中，但只是为了尝试。遇到感兴趣的玩具，宝宝的探索欲望更强烈，试图拆开玩具看里面的结构。体积较大的，知道要用两只手去拿，并能准确找到存放食物或玩具的地方。

※情绪发展

宝宝会察言观色了，尤其对父母和看护人的表情，有比较准确的把握。宝宝的分离焦虑感达到了高潮，会表现出不同的情绪，如难过、快乐、悲伤、生气。随着宝宝认知情感的发育，到了这个阶段，他会变得紧张执着，在不熟悉的环境和人面前容易害怕。已经知道大人在谈论自己，懂得害羞。宝宝已经很会辨别别人的情绪了，大声呵斥，他会哭；表扬他，他会开心地笑。

对陌生人感到焦虑是宝宝情感发育旅程中的一个里程碑。甚至以前宝宝可以很好相处的亲属或看护者，如果要草率地接近宝宝时，宝宝也可能会表现出躲藏或者哭泣。

※社会发展

宝宝特别喜欢到外面小朋友多的地方去玩，看到别的宝宝会很感兴趣，会很兴奋地咿咿呀呀喊叫，主动亲近小朋友。宝宝还会“献媚”了，用甜蜜的微笑向自己喜欢的人打招呼。喜欢同比自己大的小朋友玩，看见别的小朋友哭也跟着哭。喜欢在水中同小朋友一起玩。

宝宝会重复声音和手势来吸引大人的注意，模仿面部表情和声音，喜欢不同的游戏。寻求同伴的关注。喜欢被表扬，宝宝学会了区分陌生人与熟悉的环境，只要有感兴趣的东西，能单独玩上个把小时。除了喜好模仿外，还特别希望和人交流、玩耍。

◇成长测试标准参考

9～10个月宝宝生长发育标准参考

分类	项目	测试方法	参考标准
大动作能力	独站	扶宝宝站立后松手	独站2秒以上
	扶物走步	让宝宝扶车或床沿，鼓励其迈步	迈3步以上
	手足快爬	用一只玩具逗引宝宝爬	手足代替手膝快爬
精细动作能力	熟练对捏	在宝宝面前放一碗小糖果	食指拇指一起熟练捏取
	打开瓶盖	示范打开瓶盖过程，让宝宝模仿	会模仿做
	放球入瓶	和宝宝玩小球入瓶游戏，观察	一分钟能放3个
语言能力	会叫爸妈	观察宝宝叫时是否	有意识称谓爸妈
	表示语言	用动作表示语言，如亲亲、再见、谢谢、鼓掌、挤眼、虫虫飞等	会5种
认知能力	辨别图片	念物名让宝宝拿出相应的图片	能手拿或手指
	听声指认	宝宝听到大人说物或人时	能听声指物或人
	拉绳取物	小床上用绳环吊一玩具，观察	直接去够取绳环或玩具
	寻找玩具	在毛巾下面放一只发声玩具	能根据声音去寻找
	认新部位	引导宝宝认手指或身体新部位	认识拇指和小指，或两处新部位

（续表）

分类	项目	测试方法	参考标准
人际交往能力	懂命令	要求宝宝把东西给妈妈或坐下	听懂并做相应动作
	打招呼	喜欢小朋友，用招手，点头，笑，摇身体，跺脚，尖叫等打招呼	会3种
	“献媚”	观察宝宝看见喜欢的人时	会主动微笑，扑上去
生活自理能力	配合穿衣	穿上衣伸胳膊，穿裤伸腿	能配合
	捧杯喝水	把装有一些温水的杯子给宝宝	独自捧杯喝，略有撒漏

发展警示：宝宝如有以下状况，请尽快与儿科医生联系：

- 爬行时拖着一侧身体或对一侧身体的控制总是好于另一面；
- 不会用手指出相应的物体或图片；
- 不会用动作表达语意；
- 手指还不会对捏；
- 不能理解大人的表情；
- 不会用动作或表情表示自己的需要。

◇与能力发展相关的游戏

❈大动作能力训练

游戏：钻山洞。

游戏目的：促使前庭和小脑发育，腰部的肌肉发育。

奶奶清理好家里的环境，空出较大的活动空间，放上两把椅子，中间留一些距离，但不要远。准备好一只大老虎玩具，但要藏起来。给宝宝穿上能保护手臂和膝盖的衣服，和宝宝一起玩钻山洞游戏，最好旁边能放上火车呜呜叫的音乐。奶奶很开心地对宝宝说，我们坐火车钻山洞去看大老虎啦，宝宝会很兴奋好奇。

然后，奶奶引导宝宝向第一把椅子爬去，指导他如何钻过椅子。当宝宝自己钻过去了，要大大地给予表扬，并鼓励继续爬过去，钻第二把椅子。在宝宝钻第二把椅子时，奶奶把准备好的一只大老虎，放在椅子出口不远处。宝宝钻出来后，一抬头，看见大老虎，会非常兴奋。

奶奶可以根据宝宝的能力和兴趣，把椅子加到三把、四把都可以。“钻山洞”能训练宝宝的眼睛目测能力，四肢与大脑的协调能力、身体平衡能力和控制力。

※精细动作能力训练

游戏：打开瓶盖。

游戏目的：训练宝宝手部小肌肉关节的灵活性和手眼协调性。

奶奶用两只大小不一样的带盖的塑料杯，在宝宝面前慢慢地示范打开，再合上大瓶盖的动作。让宝宝练习用大拇指与食指，或与其他手指对捏将瓶盖掀起，再盖上，反复多次。然后，奶奶再打开小瓶盖，让宝宝再练习打开合上的动作，最后，把两只瓶和瓶盖都放在宝宝面前，让宝宝自己选择，配对打开和合上大小两只瓶的瓶盖。其间，奶奶要参与游戏并配合生动的解说，宝宝会非常喜欢这个游戏。

※视觉能力训练

游戏：变戏法。

游戏目的：培养客体永久概念。

奶奶突然在宝宝眼前摇一摇彩色玩具，他会很好奇，然后，奶奶一下子将玩具藏到身后，在宝宝疑惑时，再突然将玩具亮出来，当玩具瞬间出现在宝宝眼前时，他会一下子变得非常兴奋。宝宝经历了好奇－疑惑－兴奋的过程，逐渐明白看见的东西如果不在他视线以内，还是存在的。

还可以适当增加一些游戏的难度，比如用五颜六色的套娃，放在宝宝费点力手就能够得着的位置，从小排到大，排一个就用生动的语言说一个，然后让宝宝拿一个观察。不管宝宝现在是否听得懂，看得懂，都能刺激宝宝的潜意识，发展宝宝认识事物、语言表达和观察事物的能力，培养宝宝视觉目测能力、手眼协调能力和专注力。

※听觉能力训练

游戏：角色扮演。

游戏目的：训练按指令行动能力。

给宝宝看图片讲故事时，奶奶就可以巧妙地将听力培养渗透其中。让宝宝看图，一边用不同角色的语调讲故事，一边让宝宝指出图片上的实物，与宝宝尝试互为“录音机”。一方“录音”(随意模仿一声动物叫或说一个词),另一方“放音”(将对方的话复述出来)。这样反复地经常训练,宝宝的听觉能力会在不知不觉中得到提高。这样通过经常性发出的指令,训练宝宝的听力和按指令行动,对培养宝宝的听知觉能力是很有好处的。

❖语言能力训练

游戏:用姿势表达语言。

游戏目的:增强宝宝对语言的理解。

宝宝还不会说话,要靠脸部表情和手的动作来表达自己的想法。奶奶可以为宝宝设计一些动作,如当奶奶给了一个玩具,宝宝要双手合拢摆摆,表示谢谢;当客人离开了,挥挥手表示再见;当吃饱了,摇摇头表示不要吃了;当闻到香味时,用手扑向鼻子点点头表示香、皱鼻摆手表示臭,等等。等到宝宝会走后,可再设计全身的动作,奶奶要经常示范表达。教宝宝用姿势还要包括用表情来表达语言。当宝宝能用语言之外的方法去表达时,自然也就能理解别人语言以外的用意了,会“察言观色”了。这种交往技巧会使宝宝更加机灵,更加善解人意。

❖认知能力训练

游戏:听盒子。

游戏目的:提高思考和解决问题的能力。

奶奶准备两个空盒子,将手铃、响鼓等玩具放在里面。房间要保持相对的安静,要注意周围的环境,尽量让宝宝听到的声音是比较单一的,不要有外界的杂音。奶奶将盒子拿到宝宝身边,摇出“咔咔、沙沙”的声音,引起宝宝的好奇心。如果宝宝伸手想拿盒子,就将整个盒子递给他。宝宝打开盒盖看到玩具时,奶奶可以很高兴地说:“噢,里面有玩具啊!”

同时,将玩具递给他,让他自己摇一摇,听听是不是与刚才的声音一样。然后,奶奶要鼓励宝宝,试着让宝宝自己把玩具放入盒子中,再晃一晃盒子,听听里面玩具发出的声音。通过听声音找物品,更加激发了宝宝主动寻找的兴趣,从而提高宝宝思考和解决问题的能力。

※情绪能力训练

游戏:锅盆交响乐。

游戏目的:体验情绪可以转化的办法。

当宝宝因奶奶不让自己扔鸡蛋而生气时,奶奶可以准备一些厨房用具,比如轻型的带有盖子的平底锅、木铲,或者塑料碗等,看宝宝比较喜欢哪一些,但不要多。在一个比较宽敞安全的地方,把这些东西放在场地的中央。当宝宝看到这些东西时,马上会很开心地爬过去,奶奶在一旁观察,宝宝是如何把玩这些东西的。如果宝宝拿起这些东西相互敲击,发出各种声音时,奶奶立刻拍手赞扬宝宝,“哦,宝宝开音乐会了啊”。

然后,奶奶把一些玩具,如娃娃、小熊猫、小花狗,围在宝宝周围,对宝宝说,“音乐会好棒哦,宝宝的小朋友们都一起来听了啊”。宝宝会很兴奋,敲得更起劲。奶奶及时给予再次表扬:“宝宝真努力,敲得越来越好听啦!”奶奶要注意的是,宝宝敲的声音,不能太杂躁太响,不利于宝宝的听觉发育。奶奶可在中间,帮助宝宝调整,或者示范给宝宝如何敲不同的玩具。

重要的是,音乐会后,奶奶要问宝宝,刚才不让你扔鸡蛋生气不开心了,现在开心了吗,宝宝会笑得像朵花似的看着奶奶。宝宝体验到了不开心的情绪,可以通过一定的办法,转化为开心的情绪。尽管宝宝还不明白这些道理,但长此以往的训练,对提高宝宝的情绪能力是很有帮助的。

※社会能力训练

游戏:捉迷藏。

游戏目的:体验良好的人际交往所带来的快乐。

宝宝与人交往的欲望和能力进一步增强了,特别喜欢去小朋友多的地方玩耍。看见小朋友,宝宝会很感兴趣,很喜欢伸手去摸一摸,还咿呀咿呀地打招呼。喜欢看哥哥姐姐们玩耍,喜欢他们逗自己,会很高兴地“啊啊”回应。奶奶这时候,可以邀请小朋友一起做捉迷藏游戏,让宝宝观看。宝宝看到小朋友一会儿不见了,一会儿出来了,他们的笑声,欢呼声,让宝宝很惊奇,很兴奋。

然后,奶奶可以抱着宝宝参与游戏中,一起去寻找藏起来的小朋友,如果找到了,宝宝会兴奋地尖叫起来的。游戏不仅让宝宝了解和明白,一会儿看不见的东西,是依然存在的物质永恒规律,而且让宝宝体验到了,良好的人际交往能给人带来许多快乐。

10~11个月

宝宝心理上已成熟不少，具有一定的情感能力了。不仅能读懂奶奶的表情语言，还能分辨出奶奶对自己的态度。宝宝学会了用“特殊手段”来获得自己想要的东西，比如，“卖萌”“撒泼”。此时的宝宝进入了性格和脾气开始形成的关键时刻，也是塑造秉性和习性的初始阶段。奶奶要特别注重宝宝的性格和脾性的培养，开始要让宝宝逐渐明白什么是可以做的，什么是不可以做的，培养宝宝的好习惯。此时为宝宝提供一个，关爱但不溺爱，温馨但不放纵，熏陶但不限制的好环境，宝宝将终身受益。

宝宝属于哪种性格或气质，已现端倪：有的活泼，有的安静，有的迟缓，有的急躁。不管宝宝是哪一种性格，我们都要无条件地接纳，有针对性地培养。宝宝的气质和性格，虽然遗传因素很大，但后天慢慢熏陶，好好培养，是可以逐渐改变的。

宝宝各方面能力进一步增强，与家人的关系更加亲密。有更多的宝宝能叫“爸爸、妈妈”，也会有一部分宝宝还不会有意识地叫爸爸妈妈，这都是正常的。会用手指认熟悉的亲人，会指认物品，与人交流时，还会把你的注意力转向远处的人或物。宝宝对与人交往发生了兴趣，初步与亲人之间建立了安全感，使宝宝淡化了对陌生人的恐惧和不安感，当然，前提是要有熟悉的人在场。

◇宝宝发育概况

※感统发展

• 大动作能力

宝宝可以很好地手膝或手足并用迅速爬行了，动作非常协调。会爬上爬下椅子，并且能往高处爬了，厉害的宝宝或许会爬上楼梯了。有的宝宝会跳过爬行而直接站立，从用小手撑在地上，挪动小屁股滑行，到直接进入站立阶段。但如一再强调的那样,爬行对宝宝来说是极其重要的,少不得。

宝宝能独自站立几秒钟,会练习用脚尖或用一只腿站。宝宝站着时会靠着支撑物向前倾,坐着时能自由地转动身体。宝宝也可只靠一只手来支撑自己,就能轻松地蹲下身。当宝宝想要弯腰去捡一件玩具时,能很好地控制身体,不太会摔倒了。宝宝还会经常绕着家具的边缘走动,并且能保持上身与地板平行,甚至会跨出一二步而不用抓住任何东西,如果奶奶拉着宝宝的手时,他也许会走上几步。

随着宝宝肢体运动能力和协调能力的逐渐发育成熟,宝宝对肢体动作的控制也越来越自如了,使得宝宝的站立、弯腰、下蹲甚至转身等动作也更熟练了。这使宝宝对环境探索的欲望成为可能的行为。由此,宝宝也开始变得越来越独立了,在强烈的好奇心的驱动下,宝宝会用快速爬行或扶物漫步,到自己想去的“新大陆”探索世界。

· 精细动作能力

宝宝的小手越来越灵巧,有的宝宝动作的模仿力和表现力,已经显示出一定的天分。已经学会随意伸开自己的手指,拆开东西并尝试重组。手眼更加协调,能准确盖上杯盖,会尝试用手剥开或撕开食物包装袋,从中取出食物。会从图形板上取出图形块,尝试将图形块安放入内。宝宝喜欢玩积木了,虽然不会搭,但可以一块一块装到桶里,再从桶里一块一块拿出来。会用两块积木互相碰撞,或把积木扔出去,喜欢看积木在地上翻滚。

宝宝对小东西充满了好奇。已经能够用大拇指和食指像钳子似地把小东西钳起来了,还能用手指捏起如小扣子、花生米,往容器里边装。宝宝会握住杯子以及用杯子喝水,有时喜欢把杯子里的水倒出来玩,吃饭时仍喜欢从座椅往地上扔东西,并观察其结果。

宝宝会翻质地较硬的书页了,还会捏起笔在纸上涂鸦。宝宝能推开较轻的门,或拉开抽屉,最爱的就是反复翻箱倒柜的自娱自乐。宝宝两只手能够比较熟练地玩玩具,喜欢更深入地研究他遇到的物品。宝宝很容易被带有运动部件的玩具吸引——可旋转的轮子,可移动的杠杆,可闭合的铰链。宝宝会伸出臂膀或腿,配合奶奶给自己穿衣服裤子,还会用脚蹬掉鞋子和袜子。

• **听觉能力**

宝宝的听力发育越来越好了，对细小声音也能做出反应，已经会听名称指物品。在听了一段音乐后，会模仿其中的一些声音，听了动物的叫声后，也会模仿动物的叫声。宝宝现在已经能够听懂简单的指令，可是当奶奶极力想阻拦他做一件事情时，宝宝往往会装作没听见，不搭理你。

• **视觉能力**

这个时期是宝宝视觉的色彩期，有些宝宝能比较准确分辨红、黄和蓝三种基本色了。宝宝除了睡觉，都在积极地观察周围环境。宝宝的视觉器官运动还不够协调和灵活。绝大多数宝宝的视力呈远视型，几乎连地上的头发都能够看得清清楚楚。宝宝在四处爬行时，视觉会发育得更好，这是因为宝宝在探索环境的爬行过程中，必然会遇到一些障碍，需要眼睛能看见障碍，视觉能感觉距离，大脑能判断方向，爬行能掌握平衡，这些爬行过程中的训练，对宝宝的视觉力和视脑协调性的发展是极为有利的。

• **触觉能力**

宝宝喜欢探索和触摸各种质地、材料的物品，比如，硬的、软的、凉的、湿的、黏的、又黏又湿的，等等。宝宝不再那么喜欢用嘴来啃东西了，而能更熟练地运用双手来触摸、摆弄、探索物品了。

※语言发展

大部分宝宝会叫“爸爸”或“妈妈”，个别宝宝还会叫“爷爷”或“奶奶”，有的甚至会说几个可理解的字，如“娃娃”，口头表达能力又有了进步。宝宝能模仿大人的说话声音，可正确模仿音调的变化，语言的旋律和面部表情。宝宝会以充满音调的方式，尝试说较长的，但发音不清楚的儿语句子。能很好地说出一些难懂的话，能理解“不能”“不许”“危险”等意思。宝宝对简单的问题能用眼睛看，用手指的方法做出回答，能有意识地用手势、表情或简单的词表达需求。

※认知发展

宝宝开始逐步建立时间、空间、因果关系的概念，预知推想能力越来越强。宝宝的记忆能力和目标导向的思维能力正在发展。寻找被藏起来的东西的办法，也开始多起来了。在奶奶的帮助下，能简单地把玩具分类了。

宝宝的思维能力，在这个阶段也开始有了萌芽，意识到有时可以借助一些外在的东西，帮自己解决问题。比如，有的宝宝还会用长棍之类的东西，去够滚到沙发底下的网球。宝宝开始萌发自我意识，能在引导下，指出自己身体的部位，如头、眼睛、鼻子、嘴或手脚，即使还不能认出镜子里的自己，但已经能辨认出照片中的自己了。

宝宝有主见了。会拒绝大人给的不喜欢的玩具，而去选择自己喜爱的玩具玩，能够单独玩上 1 个小时左右。宝宝已经学会与人“讨价还价”和“察言观色”。宝宝还处于完全的本我阶段，他会不加约束地做自己想要做的事情，什么是对与错，大人喜欢与否他都不知道。

宝宝现在有了延迟记忆的能力。但是，仅仅记住一些形象具体、鲜明、自己感兴趣的东西。能够对奶奶告诉事情和物体的名称，有比较长时间的记忆能力，可记忆 24 小时以上，印象深的，可延迟记忆几天，甚至时间更长。已经能够认识自己的玩具、衣物等物品。宝宝会用目光寻找或用手指认常见的人和物。会拣出认识的图卡和用手指大人所说物品的图片。

宝宝的探索欲望更强了。对新奇的事物和物品非常感兴趣，越是没看过的，不知道的东西越感兴趣，越是不让摸的越想摸，越是不让放嘴里的越要放，但对熟悉的东西会很快失去兴趣，因为要探索新的东西了。宝宝学会了观察物体的属性，从观察中得到关于形状、构造和大小的概念，甚至开始理解某些东西可以吃，某些东西不能吃。

宝宝很容易被带有运动部件的玩具吸引。比如，旋转的轮子，可以移动的杠杆和可以闭合的铰链，甚至小孔也会让他着迷。因为他可以将指头伸入，或将小物品丢入其中。此外，宝宝还想通过自己的行为来验证自己的能力，想让所有的人都知道，他有能力做好自己想做的事情。因此，不要频繁地阻拦宝宝的行动，只要是不危害他的健康和安全，尽量给他更大的空间和自由。

※情绪发展

宝宝随着自我意识的增强，情绪更丰富了，情感更细腻了，能很清楚地表达自己的情绪。高兴时会咯咯地大笑或大叫，愤怒时则会尖声大哭，当受到限制或遇到“困难”时，仍然以发脾气、哭闹的形式来发泄内心因受挫而产生的不满和痛苦。当看到奶奶要抱其他的宝宝时，还会因嫉妒而哭闹。

宝宝在不断的探索实践中，学会了不少新技能。这些成功，让宝宝不仅有强烈的愉悦感，而且还会大大地增强自信心。比如，宝宝通过不断尝试，最后能准确地盖上瓶盖了；会自己拿起调羹，送食物到嘴里了；会拉着奶奶的手走路了，宝宝都会开心地自己拍手庆贺。

宝宝有了以自我为中心的同情心，开始站在自我的立场上来看待别人的痛苦。比如，看到其他小朋友，因跌痛了而哭得很伤心时，宝宝也会像自己跌痛时一样，跟着哭起来。宝宝与周围的人和事物的互动也多了，遇到不舒适的环境或碰到不喜欢的人，就会感到不安或恐惧，进而会伤心地大哭。宝宝有时会莫名其妙地害怕声音，当听到哪怕是以前熟悉的声音，比如，邻居家的狗叫声，吸尘器的喧闹声，或者门铃的响声等，宝宝也可能会突然哭起来求抱抱。

宝宝还能意识到他的行为能使奶奶高兴或不安。宝宝也已经很容易受大人，尤其是看护人的情绪影响。如果奶奶的情绪不佳或表现出悲伤的神情，宝宝就会安静地待在一旁，也会流露出伤心的表情，不像平时那样活泼爱动了。

※社会发展

宝宝与人交往的能力不断增强，喜欢和大人交往，会用面部表情，甚至简单的词语和动作进行交往，并模仿大人的举动。喜欢与大人一起做游戏，如捉迷藏，在地板上前后滚动，故意掉东西让他人捡。与大人交流交往不会总是很合作。碰到陌生人会退缩，仍然会害羞。和其他的宝宝可以在一个地方玩，但不会玩在一起。

按照心理学家理论，这个时期宝宝与其他小朋友玩的时候，就像两条平行线，不会有交叉点，一般不会在一起玩，而是各玩各的。奶奶不要强行要宝宝和别的宝宝一起玩，尊重宝宝的内在成长规律。但宝宝会开心地坐在其他宝宝的旁边自己玩。虽然不会和别人一起玩，但宝宝能尝试着给别人玩具。他们还不理解交朋友是怎么回事。

◇成长测试标准参考

10～11个月宝宝成长自测标准参考

分类	项目	测试方法	通过标准
大动作能力	站稳	扶宝宝站稳，给他玩具后放手	独站10秒以上
	学走	让宝宝扶着家具站好，逗引他迈步	能扶着家具来回走
	登高	垒高被垛，或让宝宝靠近台阶，引导爬	会手足爬上被垛或台阶
精细动作能力	翻书	向宝宝反复示范将硬皮书打开再合上	能模仿成人动作
	打开纸包	看着奶奶用纸包小球后，鼓励宝宝打开	能主动用手指打开取出来
	瓶中取物	给宝宝一只糖瓶子，引导他取出糖果	会用食指抠出
	盖杯盖	给宝宝一只杯子，一只杯盖，示范他盖上	会准确地盖上盖子
语言能力	称呼大人	看到爸爸妈妈、爷爷奶奶、外公外婆等	会主动叫1～2个亲人
	有意发声	有意识发声，特指某种意思，如“要”	能发一个特定字音
	自言自语	安静或高兴时，会叽叽咕咕说个不停	能说听不懂的2～3个字的一句话
认知能力	用棍够物	玩具滚到床下拿不到，给宝宝一根棍子	会利用棍子去够取即可
	听声指物	让宝宝听名称指物或图片三种	能准确指出3种物品或图片
	因果思维	观察宝宝在爸妈或看护人出门时的表现	会追在后面哭或叫
人际交往能力	交友游戏	让宝宝和小朋友一起玩	看能否融入其中
	依恋大人	看宝宝对爸妈或看护人在抱其他宝宝时的反应	拉扯着要抱自己

（续表）

分类	项目	测试方法	通过标准
人际交往能力	配合动作	鼓励宝宝随音乐节奏做点头，拍手等动作	能做简单的动作
生活自理能力	蹬掉鞋	上床前让宝宝脱鞋	知道用脚蹬掉鞋
	配合穿裤	大人给宝宝穿裤子时	能自己伸腿入裤管内
	喝水喝奶	给宝宝一瓶装有奶或水的杯子	能自己喝

发展警示：宝宝如有以下状况，请尽快与儿科医生联系：

- 不会使用身体语言，比如摇头；
- 大人叫宝宝名字，不会回应；
- 不会进行眼神交流；
- 不会有指向性地发声学叫；
- 不会寻找当着宝宝面藏起来的东西；
- 不会听指令指物体。

◇与能力发展相关的游戏

※大动作能力训练

游戏：学步操。

游戏目的：帮助宝宝锻炼的过程，能增加对脑细胞的刺激作用。

奶奶需要找一个宽敞、明亮、安全的地方，给宝宝穿上舒适的衣服。

- 蹬蹬腿脚：奶奶用双手握住宝宝的腋下，托起宝宝，让他做蹬腿弹跳动作，练习腿部伸展能力。
- 仰卧起坐：宝宝仰卧，奶奶轻轻地拉着宝宝的双手，让宝宝坐起—站立—坐下—躺下，练习宝宝全身肌肉力。
- 爬上爬下：奶奶躺在地毯上，让宝宝爬上奶奶的腹部，再让宝宝爬下去，练习腿部肌肉力。
- 蹲下站起：让宝宝单手扶物站起，引导宝宝蹲下，捡起脚边的玩具再站起来，练习身体的控制能力。
- 掌握重心：站在宝宝身后扶住他，跟着他迈步，变化宝宝左右腿重心，练习重心掌握能力。

➤ 自行站立：扶着宝宝站起，放手让宝宝自己站立一会儿，练习身体的平衡能力。

➤ 鼓励行走：让宝宝靠着墙站立，奶奶在面前用玩具逗引他，吸引宝宝来取玩具，练习独自行走。

※精细动作能力训练

游戏：勾取小物品。

游戏目的：训练手眼协调能力，手指的控制能力，专注力。

在训练宝宝把比较大的物品放进盒子里的基础上，奶奶把一个装了各种颜色小豆子的玻璃瓶子给宝宝，让宝宝摇晃着听声音。宝宝会对有颜色的豆豆、会发声的玻璃瓶很感兴趣，激发了宝宝要拿出瓶子里豆豆的探索欲望。这时，奶奶可以给宝宝示范一下，怎么用手指从瓶口伸进去，勾取里面的豆豆。宝宝会马上抢过瓶子，要自己来。宝宝可能一下子勾取不出里面的豆豆，奶奶可以启发宝宝，用拇指和食指同时去抓豆豆，不要一下子抓几个，最好一次一个，等拇指食指一起捏住了豆豆，然后慢慢地把手指抽出来。一开始，宝宝不容易勾取豆豆，奶奶要鼓励引导宝宝，但不要取代，每天练练，很快宝宝就会了。

宝宝专注力的时间有限，如果几次都不行，可能会泄气，奶奶不要强迫宝宝继续，而是换个玩法。比如，把瓶子里的豆豆倒一部分出来，然后，奶奶盖上瓶子让宝宝倒，却怎么也倒不出来了，宝宝觉得很奇怪，会反复倒。奶奶帮助宝宝，取下盖子，再让宝宝倒，豆豆一下子都倒出来了，宝宝会很兴奋。奶奶让宝宝玩一会儿豆豆，然后，奶奶再同宝宝一起把豆豆放进瓶子，并让宝宝拿瓶盖子盖瓶子，也是先示范给宝宝看。宝宝会拿起盖子往瓶口上试，尝试几下，宝宝会把盖子对上瓶口，这时，奶奶要非常高兴地抱起宝宝，鼓励表扬，宝宝会很自豪的。

※听觉能力训练

游戏：小小音乐家。

游戏目的：提高听知觉敏锐性。

宝宝在听了一段音乐之后，会模仿其中的一些声音，听了动物的叫声以后，也会模仿动物的叫声。奶奶可以根据这个阶段宝宝听觉发育的特点，来开发宝宝的听知觉敏锐性。

比如，奶奶可以给宝宝准备几个玻璃水杯，往杯子里加入不同量的水。然后，奶奶先用筷子轻轻地敲不同的杯子，宝宝听到杯子发出的清脆悦耳的声音，会很兴奋，会抢奶奶的筷子来敲杯子。这时，奶奶让宝宝拿筷子去轻轻地敲击不同的杯子。由于杯子里的水量不一样，其发出的声音也不同。

奶奶也可以在确保安全的前提下，握住宝宝的手，尝试用不同的力度，敲其中的一只杯子，听听声音有什么变化。奶奶还可以放一段音乐，用筷子随着音乐的拍子，敲出相同的节奏。在游戏过程中，奶奶用缓慢，生动的语言，向宝宝介绍不同水量的杯子，和在同一水量的杯子上，敲杯子时，声音有什么变化。

宝宝亲自用筷子敲水杯，发出不同的声音时，会很开心。在刺激中，体验到了声音的强弱关系，能训练宝宝听觉的敏锐性，培养宝宝的听觉与音乐节奏感。同时，在用筷子敲击杯子的时候，也训练了宝宝手眼动作的协调性。

※视觉能力训练

游戏：捉影子。

游戏目的：训练宝宝的视觉注意力。

宝宝已经有短暂的有意注意力了。要让宝宝能够把注意力集中在某一件事情上，必须让宝宝处于最佳精神状态，要在宝宝吃饱、喝足、睡醒、身体舒适、情绪饱满的状态下，才容易使宝宝集中注意力做视觉游戏，这样效果会事半功倍。

现在的宝宝喜欢观看运动中的千变万化的物体。奶奶可以让宝宝坐在地毯上，面向一面空白墙壁，把室内光线调暗。然后，奶奶用手电筒投射光线到墙上，调暗室内光线，让宝宝观察奶奶用手或身体造成的光影变化。宝宝首先会对光影产生极大的兴趣，会爬到墙壁前，想用手去抓那个影子，奶奶可以同宝宝一起，玩捉影子的游戏。宝宝的视线会随着光影的不断移动变化而转动，对训练宝宝视线的灵活性和追视能力非常有利。

奶奶也可以利用光影，感受不同的动作的含义。奶奶可以拍拍手，告诉宝宝这是表示开心；摇摇头，表示不要；摆摆手，表示再见。看影子游戏不仅有趣宝宝喜欢，而且，直接刺激宝宝的视觉发育，培养宝宝的注意力，还能帮助宝宝理解语言和动作的含义。

※语言能力训练

游戏:看图或指图“抢答”。

游戏目的:培养爱书的兴趣。

大画面的图画绘本,是宝宝非常喜欢的“能打开,又能合上”的趣味玩具。奶奶选一个适合宝宝生活规律的时间点,作为宝宝固定的“阅读抢答”时间。奶奶拿一本宝宝喜欢的动物园绘本,有声有色地讲,一边讲,一边用手指着画面,让宝宝知道奶奶说的小动物在什么地方。宝宝对动物好像都有一种天生的爱,眼睛会非常感兴趣地随着奶奶的手指移动,很专注地追视。

然后,告诉宝宝,奶奶把书先放下,说一个动物名字,我们用手指出在书上什么地方,来“抢答”,谁先抢答对,有奖励哦。奶奶可以先和宝宝尝试一遍,让宝宝熟悉游戏。比如,奶奶翻到有大白兔的一页,问宝宝,大白兔在哪儿啊?奶奶假装在书上找来找去,然后,指着大白兔说,噢,大白兔在这儿与小花猫做游戏呢。然后,问宝宝,大白兔在哪儿呀?并观察宝宝的眼光,有没有转向大白兔,尝试用手指去点。

如果是,奶奶一边说,宝宝看见大白兔啦,一边把着宝宝的手指,再去点大白兔,并说,哇,宝宝抓到大白兔啦!如果宝宝很感兴趣,可以反复玩,渐渐地宝宝会用手指点出大白兔了。一个故事要反复阅读几天甚至几周,宝宝才能记住故事内容。整个游戏过程,是语言交流的过程,对宝宝理解语言,熟悉语境,培养专注力,记忆力,是一个非常好的训练过程。要注意的是,宝宝的注意力是十分短暂的,几十秒至一分钟,记忆能力十分有限,必须反复重复,才能逐渐形成记忆。

※认知能力训练

游戏:水果拼图。

游戏目的:培养宝宝的数学和逻辑思维能力。

奶奶把圆圆的红苹果,长长的黄香蕉放在桌子上,宝宝看见水果会很兴奋地去抓。奶奶让宝宝一个一个地摸一下,闻一下,奶奶在一旁解说,这是圆圆的红苹果,长长的黄香蕉。让宝宝再次认识红和黄的颜色,并且理解圆和长的形状。宝宝玩过以后,奶奶就拿一把水果刀,把红苹果一分为二,一边切一边同宝宝讲解,一个圆圆的大苹果,可以分成两半哦。然后,奶奶说变戏法喽,把两半苹果用手合在一起给宝宝看,哦,这又变回一个红苹果啦。奶奶让宝宝尝试,把两半苹果用手合起来,然后高兴地表扬宝宝也会变戏法啦。

同样,奶奶把香蕉切成三段分开放,然后奶奶把三段香蕉再连接起来,说香蕉也变回去了。奶奶让宝宝也尝试把三段香蕉拼起来,这有点顺序难度,需要奶奶的引导。奶奶切,分,拼的动作,会引发宝宝极大的兴趣。最后,奶奶把两半苹果、三段香蕉都打乱了放在桌子上,鼓励宝宝把苹果和香蕉分开来归类,最好能把香蕉苹果拼完整。在游戏中,奶奶要很清晰地向宝宝显示其中一、二、三的数字概念,训练宝宝的数学和逻辑思维。

※情绪能力训练

游戏:闻乐起舞。

游戏目的:培养宝宝乐观开朗的积极情绪。

奶奶选一首宝宝喜欢的节奏明快的歌曲或乐曲放给宝宝听,让宝宝随着音乐任意起舞,摇头,拍手,蹬腿,摇晃身体。奶奶也可以用手扶着宝宝的两只胳膊,让宝宝舞动四肢。宝宝会非常兴奋,情绪高涨,不停地重复舞姿。奶奶也可以一边唱,一边同宝宝一起舞动,宝宝会更加兴奋。经常闻乐起舞,不仅让宝宝在游戏中,感受到音乐与韵律的美,激发和丰富宝宝的肢体语言,而且能培养宝宝乐观开朗的性格。保持积极情绪是促进宝宝大脑更好发育的最佳营养素。

※社会能力训练

游戏:玩沙玩水。

游戏目的:培养与小朋友合作玩乐的社会能力。

玩沙玩水对宝宝来说,是一项具有趣味性、创造性、合作性和专注性的游戏,是宝宝最喜欢的游戏之一。在风和日丽适于外出游玩的日子,奶奶准备好各种玩沙玩水的工具,小水桶小盆子,给宝宝穿上不怕湿水的衣服,带宝宝去沙滩游玩享受大自然的沐浴。在保证宝宝安全的前提下,奶奶让宝宝和其他小朋友一起尽情地玩,兜沙,堆沙,灌水,在沙子里埋自己的手或脚,埋玩具,等等。奶奶不要阻止宝宝的兴趣,让宝宝尽情嬉戏。但要注意防范宝宝,把沙子弄到自己或其他小朋友的眼睛和嘴巴里。奶奶也不要因为怕宝宝会弄脏衣服或身体，限制宝宝的玩耍。

在游戏过程中，奶奶要创造机会，引导宝宝与其他小朋友合作，分享工具和玩具，让宝宝享受"一起玩"的乐趣。奶奶也可以引导宝宝，如何才能把沙子聚集在一起，展示沙子怎样才能堆起来，堆成各种形状的，启发宝宝的思维能力和好奇心。尽管宝宝似懂非懂，云里雾里，但丝毫不会减弱宝宝玩沙玩水的兴趣。

如果没有沙子，奶奶可以用一些面粉和水，同宝宝一起体验抓面粉的松软感觉，加水揉面团的柔软感觉，把面团搓成各种形状的变化感觉。如果在水里加些植物色汁，如菠菜，胡萝卜汁，宝宝会更喜欢。

宝宝很快就要抓周啦！经过 365 天日新月异的变化，宝宝的大脑已发育到成人的 60%左右了。从一个柔弱的、嗷嗷待哺的小婴儿，变成了一个能站会走，双手灵活，眼观六路，耳听八方，快乐活泼的小机灵。

宝宝坐起时平衡感好，转变姿势时也不会跌倒。爬行熟练，能爬楼梯或台阶至 41 厘米高。能独立站立，甚至独立行走。学会爬行与站立，让宝宝的知觉更敏锐。宝宝说话的兴趣越加强烈。

不少宝宝能比较清楚地说 5～10 个简单的词语，如拜拜，帽帽，抱抱，饭饭，有的甚至能说 3～4 个词的短句了。能有意识地称呼 2～5 个大人了。会模仿一种或两种动物的叫声了。

宝宝的注意力能够有意识地集中在某一件事情上，这使宝宝的学习能力有很大提高。宝宝喜欢与小朋友玩了，开始了最初始的社交活动。

◇宝宝发育概况

※感统发展

·大动作能力

宝宝的活动能力大大增强，获得了第二种攀爬技能，手足并用地"四足"

爬行，一次能爬上 41 厘米高的地方。会爬上沙发、茶几、餐椅，直至台面，非常兴奋地进行探索。有的宝宝还会爬上爬下楼梯，也能毫不费力地坐到一把矮椅子上，坐着时能自由地转动身体。

宝宝能自如地蹲下，然后挺起身成站姿，扶着家具漫游，颤巍巍地脱手向前迈步，随后一屁股坐在地上。宝宝非常开心地反复做着这一系列的动作。宝宝如果抓着奶奶的手会走得很好，慢慢放手，可以不抓任何东西走一两步。得到了更多训练的宝宝，已经会独自蹒跚走几步了。

宝宝在奶奶帮助穿衣服时，会伸腿伸胳膊配合，会用脚蹬去鞋袜。宝宝精力充沛喜欢不停地活动，动作会让他兴奋，还会主动表演曾经教过他的动作。宝宝会摇头表示不要，但往往还不会点头的动作。值得注意的是，要避免过于匆忙地让宝宝独立站或行走。

• 精细动作能力

宝宝的手眼协调表现得更好了。已经有控制力将汤匙放进嘴里，尝试拿勺子吃饭，能拿着食物吃得很好，有的宝宝可以独自喝水吃饭，喜欢自己喂自己了。宝宝可能会出现使用左手的偏好，在以后的一段时间中，来回交换使用双手是常有的情形。奶奶不要人为地阻止宝宝使用左手，否则，不利于宝宝手与大脑的健康发育。

宝宝正在完善更细致的动作技巧，学会了拿蜡笔涂鸦。用蜡笔画画的能力在学会捏东西时，就已经具备了。宝宝对由自己的双手创造的涂鸦效果十分喜悦，并能感受到自己的动作与成果之间的因果关系。

宝宝对家居物品的兴趣超过了玩具，可能很喜欢扫帚、梳子、手机、遥控器、小盒子等物品。开始学习正确使用物品，如尝试用扫帚扫地，用梳子往自己或奶奶头上梳，拿起电话放在耳朵旁，尝试把眼镜往奶奶眼睛上戴，等等。

宝宝着迷于带有运动部件的物品，会很专注地摆弄研究，有的还喜欢尝试拉衣服或沙发套的拉链。宝宝对各种小孔特别感兴趣，喜欢将食指伸入其中，当宝宝的技能更加熟练时，他还会将小物品丢入或插入其中，甚至会将硬币投入储钱罐的小缝隙中。

宝宝能拇指食指对捏，捏细小的东西并放入瓶中，喜欢拧瓶盖子，会拿掉容器的盖子，也喜欢反复尝试把拿下的盖子再盖上去。宝宝还非常喜欢玩水玩沙，把容器里的水或沙子倒进倒出是宝宝的最爱。

宝宝能搭2～3层积木，会往长棍上套环，喜欢反复扔玩具拾玩具，也会把球扔出去。会将东西摆好后再推倒，喜欢开橱门拉抽屉，将抽屉或垃圾箱倒空，会将手中的物品放在嘴里或腋下后，再去拿另一件物品。

•视觉能力

宝宝的视觉发育已经相当精确，具备了看书的能力，喜欢色彩鲜艳的绘本。通常比较喜欢看颜色鲜艳对称的图形，小动物图画，以及活动着的物体。能认识身体部位，认识1～2种颜色。宝宝还具备了一定的图形形状，物体大小高低的分辨能力。

除了睡觉以外，宝宝出现最为频繁的行为之一，就是专心地注视一个物体或场景，是一个会花大量的时间，注视各种物体的“观察者”。宝宝通过目不转睛地注视某个东西来获取信息，不仅喜欢观察细小物体，如地上爬的蚂蚁，而且能观察比较简单的几何图形。

•听觉能力

宝宝已能准确地判断声源的方向。能听懂几个字和家庭成员的称呼，能理解大人说话的声调，并且根据声调来调节和控制自己的行动。当奶奶要宝宝手中的玩具时，能听懂并会给奶奶。

以前的宝宝只能听懂与动作有联系的话，慢慢地，宝宝能听懂3～4个字组成的一句话，能听懂奶奶日常话的意思，还具备了能听懂奶奶讲故事、念儿歌的能力，这可是很大的进步哟！宝宝能听出大人都觉察不到的细微声音。宝宝喜欢听旋律优美、节奏感强、音量适中的音乐，有时候听到自己喜欢的乐曲，会高兴得手舞足蹈。

❈语言发展

宝宝的语言能力有了很大的发展，对说话的兴趣和注意力日益增加，表现出非常强烈的说话愿望。宝宝非常喜欢模仿大人的声音，模仿词语的发音和音调的变化，尝试“说话”。在正确的训练下，宝宝能听懂并掌握大约20个词，很多宝宝可以说出“帽帽、拿、抱”等5～10个简单的词。宝宝会有意识地称呼2～5个大人，如爸妈或奶奶，能够说一些简单的词语了，如“拜拜”“抱抱”等等，还会学一些动物的叫声，有的宝宝甚至会说3～4个字组成的一句话了，开始尝试用语言与人交流，并表达自己的愿望和要求。而且会用这些“词语”来表达自己的意思了，比如“饭饭”可能是指“我要吃东西或吃饭”。

宝宝能够对简单的语言要求作出反应，可以准确理解简单词语的意思了，能听懂更多的话，执行简单的单个指令，比如“宝宝把小狗狗给奶奶”或“宝宝把地上的小勺捡起来”或“坐下”“不行”等。好多宝宝现在会经常大声尖叫，令人手足无措。奶奶要引导，不要责怪。这是宝宝求关注，表达情绪，与人沟通的一种语言方式，是学习语言过程中一个阶段性表现。

在1岁宝宝所有能力发展中，语言发展进度是因人而异中差别几乎最大的，也是奶奶非常关心的。在书的最后部分会比较详细地讨论。

※认知发展

宝宝的大脑已发育到将近成人的60%，对客体永久性的理解有了明显的进步，表明宝宝的记忆能力和目标导向的思维能力正在发展。比如，搜寻策略也成熟了：3个月的宝宝，看不见的东西就当不存在，不会搜索；8个月的宝宝，会寻找被部分盖住的东西；现在的宝宝开始能根据记忆，把藏起来的东西找出来了。一旦掌握了客体永久性的概念，宝宝就会产生更多的害怕恐惧情绪，如更怕陌生的面孔和环境。

宝宝开始有了最初的思维能力，逐步理解了时间、空间、因果关系，逐渐理解了所有的东西不仅有名字，而且也有不同的功用。宝宝将这种新的认知行为与游戏融合，会产生一种新的迷恋。比如，不再将一个电话作为用来咀嚼、敲打的有趣玩具，而是模仿奶奶的动作，放在耳朵旁，叽里呱啦地打着电话说着话。所以，和宝宝做游戏的时候，可以不再是做直观的游戏了，而是适当增加能促进宝宝思维的游戏。比如，小球滚到沙发底下了，可以和宝宝玩有哪些办法，可以把滚进去的球，再拿出来的游戏。

宝宝的注意力能够有意识地集中在某一件东西上，特别是喜欢的东西。记忆力有很大的发展，宝宝的学习能力也就有了很大的提高。如果短时间没看到自己的玩具，但记得它最后的位置的话，根据记忆，宝宝会寻找出隐藏的物品。宝宝能记住身体部位，一些日常用品和食物的名称，但还不能都说出来。开始能识别大小，并可以认得红颜色。有的宝宝可跟着背数1～3或1～5，会辨认图片中的动物，懂得选择玩具。

宝宝开始有了初步的自我意识，也了解物品和自己是分别存在的。开始发现镜子里的宝宝动作和自己的一样，朦胧感觉到就是自己。宝宝独立意识在增强，已经不愿意受大人摆布了，而是喜欢按照自己的意愿做事。比如，会硬要尝试自己穿衣服。宝宝已经具备了看绘本的能力，奶奶在读绘本时，宝宝会抢过来，自己翻了看。在奶奶的启发和协助下，可以认识图画、颜色，指出图中所要找的动物、人物。

※情绪发展

宝宝仍处在亲子依恋的分离焦虑高峰期，和父母奶奶分开时，会有强烈的反应，更害怕陌生的人和环境。宝宝的情绪更敏感，更细腻，更多变，如看到奶奶抱别的宝宝，会吃醋，着急，生气。宝宝已有取得成功的满足感，遭受失败的挫折感，以及遇到困难的无助感。比如，当宝宝把一只环圈套进小木棍时，会很自豪地盯着奶奶看，期待赞扬，当奶奶给予一个拥抱时，宝宝会非常满足和开心。

宝宝的情绪很容易受奶奶情绪的熏陶和影响。这些早期情绪经历，会在宝宝以后的成长过程中发挥着重要作用。有关专家发现，奶奶平素一些自然而又简单的动作，如搂抱、轻拍、抚摸、对视、对话、微笑等，不仅能更好地培养宝宝的情绪能力，而且还会刺激宝宝大脑细胞的发育。在充满爱心和欢乐的环境里长大的宝宝，情感丰富，身心健康，智商更高，自主能力更强。

宝宝表达情绪的途径多样化了。除了以发脾气、哭闹的形式发泄不满和痛苦外，宝宝愤怒时会用两只满含着怒气的小眼睛，紧紧地盯着奶奶；不快时会用满脸的委屈对着奶奶看；高兴时会搂着奶奶大声笑。宝宝还会模仿奶奶给自己拥抱和喂食的动作，对小狗熊小娃娃也会拥抱、亲亲或喂食等动作，表达对它们的亲热和爱的情感。

※社会发展

宝宝会用面部表情、简单的语言和动作与人交往了。比如，拍手欢迎，挥手拜拜，作揖谢谢。奶奶说亲亲，宝宝会主动把脸凑过来，有时还会主动去亲吻爸爸妈妈。宝宝喜欢和成人交往，并且喜欢模仿成人的举动。已经能执行大人提出的简单要求了，还特别喜欢“助人为乐”。比如，当奶奶要水杯时，宝宝会把小餐桌上的水杯递给奶奶。

宝宝有了初始的社交活动的意识，自发的，不带有任何目的。宝宝看到同自己差不多大的宝宝，会表现出极大的兴趣，会很高兴地拉拉手，摸摸脸，很亲热的样子。宝宝开始尝试与人分享了，能试着给别人自己的玩具。但有的宝宝虽然喜欢和同龄小伙伴待在一起，但并不会和他们有太多交流，这是性格使然。奶奶要多创造机会让宝宝和其他小朋友接触，鼓励他和别人交往，这对宝宝将来融入社会很有帮助。

宝宝不但能认识亲人，还能一眼分辨生人和熟人。会对着熟悉的人笑，表现得特别亲密，拍手欢迎要他们抱，抱着时会高兴地跳跃。如果从来没有见过的人，宝宝会瞪大眼睛很警惕地看着他们。如果陌生人勉强将宝宝抱过去，他可能会使劲挣扎，或许会哭闹。宝宝对主要看护人奶奶的兴趣与日俱增，这种兴趣的增长，表现为向奶奶发出第一个明确的请求帮助的信号，第一次针对奶奶表达他的友爱或愤怒。

◇成长测试标准参考

11～12 个月宝宝成长自测标准参考

分类	项目	测试方法	参考标准
大动作能力	独走	鼓励宝宝在父母之间独立行走，不要扶	独立走 2～3 步
	蹲下又站起	逗引宝宝扶床栏站起，再引导他下蹲	能独自站起蹲下
	攀爬	引导宝宝沿楼梯或台阶攀爬	一次能爬上 41 厘米左右高
精细动作能力	搭积木	拿出 4 块积木，向宝宝示范	搭 1～2 块，不倒塌
	涂鸦	给宝宝纸张和蜡笔，示范用蜡笔画	乱涂，纸上有痕
	投丸入瓶	示范投小丸入瓶，鼓励宝宝自己投	1 分钟投入 5 个
	滚皮球	给宝宝一只皮球，示意宝宝滚皮球	会用手推球滚动
语言能力	模仿动物叫	出示动物卡片，鼓励宝宝模仿叫声	会模仿 1～2 种
	身体语言	宝宝不会用语言表达需求时如何做	用身体动作手势表达
	说可辨别词	鼓励宝宝发出有特定语意的词，如“抱”	能说一个可辨别的词

（续表）

分类	项目	测试方法	参考标准
语言能力	道别	爸爸妈妈离开时，鼓励宝宝打招呼	会挥手再见道别
	叫“爸妈”	训练宝宝有意识地叫“爸爸妈妈”	会模仿，有的能清楚地叫
认知能力	认识身体部位	指出身体如手脚，腿肚等部位，	让宝宝会认 2～3 处
	竖食指表示	问宝宝几岁了，要求竖起食指回答	竖起食指表示 1 岁
	配瓶盖	给宝宝大小两个瓶子和瓶盖	瓶身瓶盖正确配上
	指认图片	给宝宝看动物，水果，用品等图	能指认 6～9 幅
	主动解决问题	容器里的东西用手拿不出来了	摇容器倒里面东西
人际交往能力	知道给东西	向宝宝索要其手中的玩具或食品	会知道给人
	模仿动作交流	在宝宝旁边梳头，刷鞋，用勺等	会模仿动作进行交流
	幽默	大人经常逗引，宝宝会变被动为主动	开始逗大人啦
	交友游戏	让宝宝同其他小朋友一起玩	能融入其中了
生活自理能力	用勺吃饭	给宝宝调羹和碗，让宝宝用调羹吃	能将饭送入口中
	协助穿脱衣	穿脱衣服时，鼓励宝宝配合	能把脚伸进裤腿，手拉袜子
	大小便表示	鼓励宝宝认识便盆，了解如何用	有动作或表情表示

发展警示：宝宝如有以下状况，请尽快与儿科医生联系：

- 不能扶着站立，不会攀爬；
- 当快速移动的物体靠近眼睛时，不会眨眼；
- 不能理解一些简单的指令，如“不”“吃”；
- 不会用手指出相应的物体或图片；
- 还没有开始长牙；
- 没有说过任何词（“妈妈”或“爸爸”）；
- 不能根据简单的口令做动作，如“再见”等；
- 不能和父母、家人友好地玩。

◇与能力发展相关的游戏

※大动作能力训练

游戏：上台阶。

游戏目的：为今后独立行走打好基础。

奶奶带着宝宝回家时，可牵着宝宝玩上台阶游戏。初学时，宝宝会先迈上一级，双脚站稳后再迈第二级，奶奶可以在宝宝上台阶的时候替宝宝数数，一级、二级、三级地一直数上去，宝宝一面学上台阶一面学数数。让宝宝练习高空平衡，能增强宝宝腿部的力量。每上一级台阶，身体要适应一种新的高度。在上台阶时，身体的重心先落在下面的单足上，然后重心移动上了高台阶的单足。

重心不断转移而使身体不断适应，并保持新的平衡，对培养宝宝的平衡能力，促进大脑更好地发展，非常重要。奶奶也可以把宝宝喜欢的玩具，放在楼梯的第四、五层台阶上，以此引导宝宝爬楼梯拿玩具。练习时，奶奶双手扶着宝宝的腋下，帮助宝宝两脚交替爬楼梯，帮助的力量可逐渐减小。游戏中要特别注意安全，每次练习的时间不宜过长。

※精细动作能力训练

游戏：搭积木。

游戏目的：训练宝宝的手眼与脑的协调能力。

奶奶把宝宝喜欢的五颜六色的积木放在地毯上，用几块积木搭一座小小的桥，再用一部小小汽车从桥上开上开下，吸引宝宝的兴趣。重要的是，奶奶要边搭边用生动的语言描述。有了这样多方位的刺激，宝宝会非常兴奋，马上就会拿起积木尝试。然后，奶奶就高高兴兴地做个观察者，欣赏宝宝的创作过程。

宝宝在“建桥”的过程中，还不知道怎么搭积木，或把小的放在下面，大的放在上面了，或左边右边不平稳了，等等原因，搭不起积木。此时，奶奶一定要沉住气，不要马上去帮宝宝“纠错”，代替宝宝去搭，甚至批评宝宝。要让宝宝自己尝试，经过多次失败后，宝宝终于会搭两三块积木了，奶奶一定要鼓励宝宝，给宝宝一个大大的拥抱。

❖视觉能力训练

游戏:分辨物品。

游戏目的:训练宝宝的视知觉能力。

一岁宝宝的视觉发育已经相当好了,特别喜欢观察周围环境和各种物体。奶奶可以训练宝宝有意识地观察物体的差异性,培养宝宝的视知觉能力。

奶奶可以拿一些颜色鲜艳、形状各异的积木,放在桌子上,同宝宝一起用眼看手摸横向比较的方法,找不同积木之间的形状差异,比如,三角形有三只角,四边形有四只角,小星星有五只角,小球球没有角哦。然后,同宝宝玩"没有或有几个角的积木是哪一块啊"的游戏。虽然宝宝还不完全明白,但宝宝能观察到这些形状之间是不同的,而且从没有角,到有几个角的游戏,还能受到数学思维的熏陶。同样的方法,奶奶也可以拿宝宝比较熟悉的筷子、铅笔、塑料管等长短不一的物品,和宝宝一起玩分长短的游戏。

❖听觉能力训练

游戏:听声辨图。

游戏目的:培养宝宝的听知觉能力。

这一阶段的宝宝,认图的兴趣很浓,比较容易学会捡出新的图片。奶奶将印有动物、用品、食物等新图片的认知卡放在桌上。先让宝宝玩一会儿,然后奶奶有声有色地向宝宝介绍这些认知卡片。最后,奶奶说出卡片的名称,让宝宝找出相应的图片,重复玩多次,看宝宝能找对几次。只要找对,奶奶就表扬,鼓励,培养锻炼宝宝的学习兴趣。

听声辨图的游戏能全方位地训练宝宝的感官能力。比如,奶奶说,宝宝把那架直升飞机找出来,宝宝需要同时发挥耳、眼、手的功能,学会用耳听声,用眼辨图,用手捡图。这种通过视、听、手的协作,完成了一个指令,既培养了宝宝的听知觉能力,也锻炼了宝宝的专注力和选择能力。

❖语言能力训练

游戏:逛超市。

游戏目的:利用五彩缤纷形状各异的实物,激发学习语言兴趣。

现在是宝宝词汇量增长的快速时期。虽然宝宝还不会说话,但奶奶对宝宝的“对牛弹琴”的“琴声”，会逐渐地被收纳到宝宝潜意识中的语言库里。等到宝宝开口的时候，会有令人难以置信的语言（不仅是词汇）会从宝宝的小嘴巴里源源流出。所以，奶奶要不断和宝宝说话，告诉他各种东西的名字，帮助宝宝认识每个东西和名称，奶奶教得越多，宝宝的词汇量就增加得越快。

奶奶越是用规范化的语言同宝宝交流，宝宝的语言能力就越强。五彩缤纷、琳琅满目的超市是宝宝的最爱，奶奶可以经常带宝宝逛逛超市，告诉宝宝水果和蔬菜的名字和颜色。观察客人是如何购物，买单的。回家后，奶奶可以同宝宝一起玩逛超市、买东西的游戏。奶奶和宝宝可以轮流做收银员、顾客，宝宝会非常兴奋地在游戏中学习。

※认知能力训练

游戏：涂鸦。

游戏目的：启发宝宝的想象力。

宝宝的想象力不是天生的，是需要后天的启迪、训练和培养的。此时的宝宝想象力的翅膀还未成熟，只限于短暂的和形象刺激所产生的想象。也就是说，刺激宝宝产生想象，是这个阶段对宝宝最好的训练，而涂鸦是最好的刺激。奶奶可以拿一张纸，几支彩笔放在桌子上，让宝宝坐在餐椅上，奶奶坐在旁边，让宝宝尽情尽兴地涂鸦。奶奶在一旁夸，不管宝宝涂的是什么，奶奶都给想象出一样东西来取名。

比如，宝宝涂了两条弯弯曲曲的线条，奶奶可以说，哦，看宝宝画了一条有弹性的高速公路呢。好，奶奶也同你一起来画。高速公路上有什么呢？有大汽车小汽车。奶奶在“高速公路”上画简单的汽车轮廓。然后，奶奶说，小汽车的速度赶不上大汽车了，怎么办呢？好，宝宝给小汽车添上两只翅膀，让小汽车飞起来，超过大汽车，好吗？奶奶帮助宝宝一起给小汽车添上翅膀。然后，和宝宝一起把这张“公路和汽车”的涂鸦，在桌子上“开”，宝宝想象力的翅膀也慢慢地会飞起来啦。

※情绪能力训练

游戏：小小医生。

游戏目的：培养宝宝情绪的敏锐性。

一岁的宝宝虽然还不怎么会说话，但自我意识、独立性和情绪能力有了很大的发展。宝宝能听得懂，能理解奶奶的话了，可以和宝宝玩一些比较复杂的游戏了。比如，做小小医生。

奶奶可以准备一些医生用的玩具：体温计、听筒、针筒、药水瓶等设备，一只宝宝喜欢的、比较大一点的穿衣服的娃娃，一条小毯子。奶奶让宝宝坐在地毯上，先向宝宝介绍这些设备，宝宝会非常感兴趣，说不定有种“似曾相识”的感觉，因为有去过医院的体验哦。

奶奶抱出一只娃娃，脸上露出着急的表情对宝宝说，“宝宝医生，我家娃娃生病了，看上去很痛苦啊，请你看一下吧”。奶奶做出痛苦的表情，并轻轻地把娃娃放在地毯上。

奶奶引导宝宝给娃娃查身体，量体温，听心肺，拉拉手，敲敲腿，做一样，解说一样。然后，奶奶对宝宝说，娃娃发烧了，怎么办呢？宝宝会看着奶奶，在征询奶奶的意见呢！奶奶就同宝宝一起玩打针吃药的游戏，完了再让宝宝给娃娃量一次体温后，奶奶很惊喜地欢呼，哇，娃娃的烧退了！开心地笑了，娃娃很感激宝宝医生啊。最后，用娃娃的双臂拥抱宝宝，并让宝宝抱着娃娃体验“病愈”后的喜悦！

这种角色扮演的游戏，宝宝会非常喜欢，让宝宝身临其境，感同身受地体验不同的情绪，生病娃娃的痛苦，害怕，被安慰后的放松，治愈后的开心，在整个看病过程中，情绪的起伏变化体验，对培养宝宝的情绪能力是很有效的。

※社会能力训练

游戏：扮家家。

游戏目的：学会照顾他人，培养共情能力。

奶奶为宝宝选择可脱卸衣物的玩具娃娃，让宝宝在学习照料娃娃时，能同时学习穿脱衣服。奶奶用一只纸盒子给娃娃做一张小床，用一块毛巾当被子，同宝宝一起哄娃娃睡觉，喂她吃奶、喂她吃饭。尽量让宝宝模仿奶奶照顾自己的方法，去照顾娃娃。也可给宝宝洗澡，换衣。如果宝宝用脚踢娃娃，奶奶要告诉宝宝，“娃娃会痛的，不能用脚踢娃娃”“娃娃摔坏了，让奶奶看看”。娃娃不高兴了，如何哄娃娃，娃娃病了，如何照顾娃娃，让宝宝学会照顾他人的社会能力。

第三部分

奶奶会遇到的一些问题

新生儿怎么包，房间的声光如何掌握呢？

宝宝睡觉“猫一阵，狗一阵”有规律可循吗？

宝宝要尽早松双拳吗，吃手吃脚吃“万物”要阻止吗？

宝宝为什么喜爱扔东西，要做规矩吗？

为什么说宝宝“哭得坏”而“抱不坏”呢？

宝宝有依恋物或依恋行为是“怪癖”，不能纵容吗？

宝宝为什么会有分离焦虑，如何过好第一个分离焦虑高潮期呢？

日本幼儿园为什么会有“光脚”课呢，为什么要先学爬再学走呢？

宝宝为什么喜欢收“垃圾”，越小的东西越喜欢呢？

为什么有的宝宝还没到周岁就会说话，有的却连爸妈还不会叫呢？

宝宝什么时候开始有自我意识呢，这么小也要培养自我意识吗？

“注意是心灵的天窗”，宝宝这扇注意之“天窗”什么时候开呢？

07 宝宝怎么包，房间的声光如何掌控

各式包法，天壤之别

李阿姨升级当了奶奶，兴奋得合不拢嘴。宝宝出院那天，全家出动，高高兴兴地把宝宝从医院接回家。医院的护士姐姐，把宝宝包在一个新生儿的包被里。奶奶看见了，就提出要把宝宝包在蜡烛包里，说这是老习俗，对宝宝好。可宝爸宝妈不赞成，说现在的新观念是不能给新生儿包蜡烛包的。那么，谁的意见比较适宜呢？

◇蜡烛包或沙袋包

首先，让我们看一下，什么是蜡烛包和沙袋包？奶奶认为对宝宝有什么好呢？

所谓蜡烛包，就是一种传统的育儿习俗，喜欢用一个包被将新生儿包起来，外面再用布带子将宝宝结结实实地捆起来，双下肢并直，紧紧裹住股骨中下方及膝盖，包得像一根蜡烛一样，俗称“蜡烛包”。还有一种习俗，沙袋包，把沙子在太阳光下晒一下，或者在锅里炒一下，用布袋包起来，绑在新生儿身上，固定双腿，或者在宝宝被子周围压上沙袋或枕头，不让宝宝动。还有的老人会用棉垫将宝宝的下肢包起来，再捆上带子。

这些老办法，都有一个共同的目的，把宝宝双腿绑直，防止宝宝长大后发生“八字腿”或“罗圈腿”，并帮助宝宝养成手脚不乱动的习惯，这样宝宝睡得稳，不易受到惊吓。那么，这样包好不好？对宝宝有什么影响呢？

◇包得不好会造成四大影响

我们都知道，胎儿在母亲的子宫内是四肢呈屈曲状态。新生儿出生后，

这种姿势还需要维持一段时间。这是因为新生儿神经系统发育尚不成熟,以屈肌力量占优势。所以四肢屈曲是正常现象,不必人为的矫正。如果我们突然用紧紧的包裹,实实的捆绑,去改变宝宝的这种姿势,会给宝宝带来哪些不利影响呢?

- 影响宝宝呼吸和肺胸部发育。包裹得太紧,限制胸部活动直接影响到宝宝的呼吸。同时还会影响宝宝肺部胸部的发育,使得肺部抵抗力下降,从而导致肺部遭受感染的概率增加。
- 影响食欲和消化。宝宝腹部受到挤压,导致胃和肠蠕动受到影响而减缓,从而使得宝宝食欲下降,也会增加宝宝患便秘的概率。
- 影响宝宝智力发育。宝宝踢腿、挥手的动作可直接反馈给大脑,大脑则会感受到这种"动态",有利于大脑的发育。因此让宝宝多动动手脚,无疑是对宝宝最早、最方便的智力开发。而限制宝宝四肢活动,会使宝宝的肌肉和神经感受器得不到应有的刺激,从而影响到脑及全身的发育。
- 影响宝宝肌肉和骨骼的正常发育。限制宝宝四肢的活动,会影响到宝宝的动作发育,给宝宝绑腿会导致宝宝的大腿肌肉处在紧张状态,甚至引起宝宝新生儿髋关节脱位。如果硬拉直宝宝的腿,把两腿绑在一起,会使大腿骨肌肉处于紧张状态,不利于臼窝的发育,也容易引起脱位。

还需要提出的是,宝宝的"罗圈儿腿""X"型腿或"O"型腿完全是由于后天养育不当或疾病等因素引起的,并不是"蜡烛包"所能预防的。

◇美国儿科学会建议的"打襁褓"

当然,从另一方面来说,刚出生的宝宝特别喜欢被包裹住的感觉,而且由于神经发育还不完善,一有动静就容易被惊醒。给宝宝裹上包被以后,宝宝就感觉自己好像还在子宫里面一样,因此能够睡得更加安稳。

美国儿科学会提出,宝宝在出生的头几周,可能需要被包在襁褓里。这样不仅可以保暖,被紧紧包裹还会让大多数新生儿很有安全感,襁褓可以这样打:先把一块毯子,折起一角,将孩子迎面放在毯子上,头朝未折起的那一角;然后,将左边的一角包住他的身体,塞在身体左侧下方;再将他脚下方的毯子折起包住脚；最后将右边的一角向左边包住孩子，只露出头和脖子。

美国儿科学会还提出："你可以选择把孩子的手放在他的下巴附近，这样他可以自娱自乐或者通过吮吸手指传递饥饿的信号。最重要的是，要确保孩子的髋部和双腿可以在毯子里自由活动。把髋部包得太紧可能会造成髋关节发育异常甚至脱臼。可以让襁褓中的婴儿处于仰卧的姿势，而在2～3个月大时，婴儿通常会开始尝试翻身(即使他没有被襁褓包住)，这时就不能打襁褓了，因为在襁褓里俯卧很危险。早产的新生儿需要打襁褓的时间可能长一些。"

重要的是，不管是哪一种包法，哪一种睡袋，都要确认包或袋的安全，确保包或袋的一角不会压住宝宝的脸，致使宝宝窒息。心理学家提出，手脚能经常自由活动的宝宝，与那些被紧裹起来，束缚在小床上的宝宝相比，有着天壤之别。能自由活动的宝宝，更充满活力，更有好奇心，更喜欢探索。

声光大事，不可小觑

李奶奶为了保护宝宝的眼睛不受光线的刺激，能睡好觉，白天的房间布置得也像夜晚一样。为了减少噪音，李奶奶还特意去买了鞋底无杂声的拖鞋，平时都蹑手蹑脚地走"猫步"。耳朵有点背的爷爷，说话声音一大，奶奶马上就阻止，爷爷说，这怎么搞得有点儿像"做贼"似的。那么，宝宝睡觉房间是暗的好还是明的好，房间里能不能有声响呢？

◇良好的声音刺激大脑的发育

宝宝认识世界，是从听到声音开始的。宝宝睡房不能寂静无声，奶奶用不着像"做贼"。奶奶可以在合适的时间，给宝宝一些良好的声音刺激，训练宝宝的听觉能力。宝宝喜欢轻盈，缓慢，柔和的声音，对有节奏的音乐声更敏感，也可以播放一些胎教时的美妙音乐。

要给宝宝一个自然的声响环境，比如家庭日常生活中的各种声音：脚步声，开门声，水流声，炒菜声，说话声，等等。尤其是要经常与宝宝进行脸对脸的亲切温柔的说话声。这些自然,美妙,丰富的声音,宝宝会表现出喜欢,平静,微笑的表情,会让宝宝精神愉悦,大脑皮层的相应部位也会发生生理变化,这对发展智力和培养性格有益。

要注意的是,奶奶给宝宝听音乐,或家里的自然音响的强度,都应该选择适宜宝宝的音响分贝,专家推荐的是40分贝左右。噪音会给宝宝带来较为强烈的刺激,诱发机体疲劳感,甚至还会影响到他们大脑的发育和成熟,并造成多梦、易惊等现象。一旦损伤到听力,还会对宝宝的语言功能产生不良影响。

新生儿听觉能力的培养,不是在寂静中发展的,而是在适合的时间,适宜的声音,适当的刺激中发展的。奶奶在一天中可以给宝宝除了安静睡觉以外,提供一些听各种声音的机会。比如,儿歌音乐,说话逗笑,有声玩具,游戏娱乐,让宝宝感觉和体会到声音的时有时无,时高时低,时强时柔的多种变化,从而更好地发展宝宝的听觉系统。

◇让宝宝在阳光下成长

新生儿的视觉敏感期是宝宝发育中的第一个敏感期,十分重要。日本东北大学和美国范德比尔特大学的联合研究小组在美国《儿科学研究》杂志上发表论文说:实验结果显示,长时间照明会扰乱幼鼠脑细胞中调节睡眠与苏醒节律的生物钟,而人体内生物钟的机制和实验鼠,基本相同,因此长明环境对新生儿也可能产生相同的影响。

有的奶奶认为新生儿的感光能力较弱,怕刺激眼睛,经常在白天还拉上厚厚的窗帘,其实不太合适,应该让新生儿在室内自然光线中学习适应。在白天,充足的阳光照射到婴儿房的每个角落,可以增强新生儿的视觉能力。但要注意,避免阳光直射到眼睛。

要保证婴儿房自然光的引进,房间窗户朝向很重要,所以婴儿房要尽量选择朝南的位置,保证有足够的采光,同时冬天也有阳光照射,具有保暖的功能。

早上的阳光一般比较温和,让自然光能够充分照进婴儿房,可以保证宝宝对阳光的摄入,中午阳光较大时,拉上窗帘就可以缓和阳光的照射,完全不用担心阳光过大的问题。如果宝宝总待在阴凉的地方,不利于宝宝黄疸的消退，不利于钙质吸收和骨骼的发育，不利于宝宝的身心健康发展。

新生儿对光线的刺激是比较敏感的，而室内的光线太亮或者太暗，都是不利于新生儿大脑发育的。室内的高强度荧光照明，太阳光的直接照射，对新生儿都会造成一定程度的不良影响，强光的刺激可使新生儿视网膜病变的概率增高，持续性照明会导致宝宝的生物钟规律变化，睡眠能力降低。

◇日本专家谈光压力的影响

人们都在关注空气污染、水污染、噪声污染，有一种污染很少引人关注，但是对人的影响，尤其是婴幼儿的眼部发育影响很大，那就是光压力的污染。光污染主要来源于生活环境中的日光、灯光以及各种反射，折射光源造成的各种过量和不协调的光辐射。人体在光污染中首先受害的是直接接触光源的眼睛和皮肤，光对婴幼儿的影响更大，较强的光线会影响宝宝的视力发育。

日本科学家们研究还发现，任何人工光源都会产生一种微妙的光压力。这种光压力的长期存在，会使人尤其是婴幼儿表现得躁动不安、情绪不宁，以致难于成眠。同时，让宝宝久在灯光下睡觉，进而影响网状激活系统，致使他们的睡眠时间缩短，睡眠深度变浅且易于惊醒。

合理的婴儿房灯光布置能教会宝宝区分时间，灯亮了就是夜晚，灯光越暗淡眼睛就该闭上了。日本东北大学附属医院医师说，新生儿的生活环境的明暗应该符合自然界的昼夜交替。

再强调一下，任何一种人工光源都会产生一种很微妙的光压力，这种光压力的长期存在，会使宝宝骚动不安，情绪不宁，影响宝宝的身心健康发育。

◇开着灯睡觉会增加近视风险

让宝宝长久在灯光下睡觉，会影响眼部网状激活系统，使宝宝睡眠时间缩短，睡眠深度变浅而容易惊醒。对宝宝的视力发育非常不利。眼球长期暴露在灯光下睡觉，光线对眼睛的刺激会持续不断，眼球和睫状肌不能得到充分的休息，非常容易造成视网膜的损害，影响宝宝视力的正常发育。

宝宝在子宫的暗房里，度过了 9 个月的时光。随着呱呱落地，外面强烈的光线对新生儿来说有些刺眼，他会感觉很不舒服，甚至有点难以忍受。所以,奶奶需要让房间的光线稍稍暗一些,比如光线强烈时把窗帘拉上,用瓦数低一点的照明灯,最好是暖色灯。

较低强度的光线还可以帮助宝宝将注意力集中在他视力所能达到的范围,也就是距离他的面部20～30厘米的地方。另外,如果奶奶想使宝宝形成有规律的睡眠,也需要通过光线的变化,来帮助宝宝区分白天和黑夜。夜里给宝宝喂奶、换尿布的时候,不要打开明亮的灯光,只要开一个小夜灯就可以了。

避免夜里在宝宝睡觉的房间里开着灯。宝宝睡眠时不关灯,会增加患近视眼的可能性。国外有研究,睡在灯光下的宝宝与睡在黑暗中的宝宝相比,近视发病率高出四倍。

◇防止对视/斜视/弱视

如何防止宝宝眼睛成为对视/斜视/弱视,奶奶需要注意以下五条:

- 宝宝一出生就对光有感觉,尤其是对黑白和明暗特别敏感和关注。所以,奶奶要经常变换宝宝睡眠的体位,使光线投射的方向经常改变,避免宝宝的眼球经常性地只转向一侧而造成斜视。
- 2个月后的宝宝能注意周围的人和物,如果宝宝睡在摇篮里,尽量避免在距离摇篮1.5米以内的空间摆设玩具或物件。另外,如要在1.5米之外摆玩具,要放两件以上的玩具或物件(不要多),两件之间要有一定的距离。这样,能让宝宝的眼睛,轮流着注视这些玩具,促进眼球转动,防止对眼。更要避免在摇篮的前上方,只挂一只玩具。因为,由于距离近,宝宝长时间注视,眼球不动,容易形成对眼。
- 避免让宝宝长时间躺在摇篮里。否则,宝宝的视觉世界太狭窄,不利于宝宝的视觉发育和身心健康发展。
- 避免因怕阳光照着宝宝的眼睛,总在有光的一面挡住宝宝的眼睛。因为在宝宝的视觉发育敏感期,如果有一只眼睛被遮挡几天时间,就有可能造成这只眼睛永久性的视力异常,甚至失明。
- 避免给新生儿一下子看各种五彩缤纷的图画或挂件。此时的宝宝,最喜欢看的是黑白色的图片,否则,宝宝会困惑,甚至会抵触。

08 宝宝睡觉不好,有规律可循吗

李奶奶有件事很困惑很烦心。宝宝好不容易抱着睡了,想放到小床上,屁股还未着床,就打挺哭闹了。奶奶没办法,只能抱着宝宝在房间里溜达,看看睡了,放下又哭了,如此反复。有时候,宝宝又睡得很踏实,打个雷都不醒。奶奶很纳闷,这宝宝睡觉为什么“狗一阵,猫一阵”的,有没有规律可循呢?

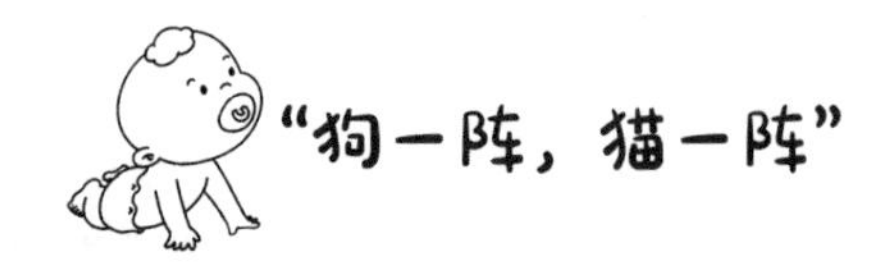

◇每夜深睡浅睡交替规律使然

0～1 岁是宝宝睡眠行为形成的关键期,24 小时的昼夜节律一般在 1 岁以内就已经确立了。根据一项调查显示,超过 80%的宝宝都有夜醒,其中超过 22%的宝宝夜醒在 3 次以上。这是为什么呢?这不是宝宝在“作”,而是宝宝的睡眠规律使然。

美国著名儿科专家哈韦·卡普提出了宝宝睡眠的正常模式。在出生后的头几个月,宝宝的大脑发展得越来越好,能够将一天 24 个小时划分为三个主要活动时间:

- 觉醒时间:进食,认识世界。
- 睡眠活跃期:做梦,为白天生活“归档”,或称为快速眼动睡眠,会在两个深睡眠阶段的间隔发生。宝宝呼吸不规律,会有突然的抽动,四肢软绵绵地垂着,像是煮熟的意大利面条。其间,宝宝还会露出让人怦然心动的微笑。宝宝开始做梦,在深层记忆中会将白天所有的新鲜经历组织起来。
- 深睡眠期:休息和放松舒缓,恢复体力。深睡眠期大约占宝宝睡眠的

50%。宝宝睡得很香沉，肌肉有轻度绷紧，呼吸平稳规律，表情放松，如同小天使一般。

宝宝的深睡眠和活跃睡眠波交替，是在深睡眠和浅睡眠的大循环周期中同时进展的。周期大约是60分钟，持续整夜。控制能力较好或气质稳定的宝宝，即使在浅睡眠期，也能保持睡眠状态，就是醒了，通常也会重新睡过去。然而，那些自我安抚能力较差，而气质又不稳定的宝宝，在进入浅睡眠期时，就很难保持睡眠状态，很容易觉醒。如果再有饥饿、胀气、噪音或受惊吓，就会进入清醒状态，甚至哭闹。

奶奶了解了这个循环后，就可以明白宝宝睡觉不安稳，是因为宝宝的活动性睡眠比例比较高，睡眠周期短，所以在睡眠过程中更容易醒来，身体会比较活跃，容易出现哼哼唧唧，动来动去的现象。尤其是处于活动性睡眠状态，或者睡眠周期转换时，更让人觉得宝宝睡得不踏实。

另外研究显示，0～1岁的宝宝入睡比较慢，一般需要在大人的辅助下，经由20分钟左右的浅睡状态后，进入熟睡阶段。如果宝宝没有进入深睡眠期，奶奶看着宝宝是睡着了，就放下宝宝，但宝宝其实没有完全睡实，一放下，自然就醒了，甚至打挺哭闹了。

奶奶要观察宝宝是否睡踏实了，一个很简单的方法就是，看宝宝的双臂是否自然垂下，手指是否松开，呼吸是否匀称。另外，处于活动睡眠状态中的宝宝，还会出现眼球转动，轻轻啜泣或者手脚偶然活动，但并没有醒来的情况。这时奶奶不要看到宝宝动了，或者哼唧了，就抱起宝宝，否则宝宝可能会养成依赖大人抱哄的浅睡状态，以后再独立睡觉就很难了。

◇一年7个猛长期的影响使然

《美国儿科学会育儿百科》介绍了猛长期的概念，称为飞速生长期。一般来说，猛长期开始于出生后的第4天，有7个阶段：7到10天；2到3周；4到6周；第3个月；第4个月；第6个月；第9个月。每次猛长期一般会持续2到3天，有的延长至1周。

进入猛长期的宝宝，正在经历着大脑和身体发育的猛烈改变。虽然，这些改变可以让宝宝学习很多新的技能，但是，也会让宝宝感到困惑，苦恼，甚至是吓呆了。于是，宝宝就会有烦躁、哭闹、夜醒、粘人、食欲减退，等等，看起来是"不可理喻"的行为。当大脑一个猛长期结束,宝宝又会像小天使一样的温顺可爱。宝宝的成长也会向前跨越一大步,也就是老人说的,宝宝"闹人一次,变精一次",也可以理解宝宝为什么会"狗一阵,猫一阵"了。

月龄不同,问题不同

◇0~3 个月的惊吓反射

对宝宝来说,特别是刚出生的宝宝,深睡眠和浅睡眠基本各占 50%,而且是不断交替的。深睡眠时,宝宝处于完全休息状态,除了偶尔的惊跳和极轻微的嘴动外,没有其他活动。浅睡眠时,宝宝容易发出如哼哼唧唧的声响,身体会扭动,手臂、腿和整个身体经常会有些活动,脸上还可能会做怪相,皱眉,微笑等等,甚至还会手舞足蹈。尤其临近早晨时,宝宝会出现双腿伸直、紧绷,伸懒腰,憋红脸等情况。俗话里说的,抻、长个、使劲,都指的是这个现象。

这时期的宝宝还会经常出现惊吓现象,也叫惊吓反射,是正常的。这是因为宝宝神经系统没有发育完善,以后会逐渐消失的,一般到 5 个月后就完全消失了。这种惊吓现象不会影响宝宝睡眠,奶奶可以放心。当宝宝惊吓时,奶奶只要轻轻握住宝宝的双手或者柔声安慰,宝宝很快就会安静下来。所以,如果宝宝出现轻轻抽泣或运动,不要急着去拍他,抱他或者喂奶,先在床边观察,看宝宝是否能接着睡。否则,给予过多的干预,会人为地打断宝宝深睡眠和浅睡眠的自然交替,破坏宝宝的睡眠规律。

◇3~6 个月的翻身与出牙

宝宝因胀气或惊吓而睡觉不安稳的情况,会明显好转。由于宝宝神经系统的进一步发育和大脑皮层的进一步活跃,宝宝越长大就越容易无法进行自我调整。这就导致宝宝在四五个月之后,睡觉反而容易比小时候还要差,醒的次数还要多。这个阶段宝宝睡觉不踏实,还因为宝宝逐渐学会了翻身，容易翻来覆去，翻不过去的时候，就会哭闹。很多宝宝还喜欢两手上举着睡觉。当然，还有一个原因是，大多数宝宝开始进入了出牙期，产生了许多不舒服的感觉，致使宝宝会闹夜。

当宝宝在浅睡眠时，出现了不安稳状况，奶奶不要马上抱起宝宝，又晃又哄，这样反而会刺激宝宝不舒服，引起更不安稳的结果，甚至会产生恶性循环。奶奶可随着宝宝的哭闹或烦躁不安，在宝宝的背部至小屁屁的部位进行轻拍或抚摸，对宝宝有很好的情绪安抚作用。如果是宝宝饿了、渴了、尿了、热了等情况，给予相应的满足，会重新入睡。

这个时期的宝宝还容易出现日夜颠倒的睡眠问题，白天睡不醒，晚上不肯睡。研究证实、经常晚间睡眠不足而白天嗜睡的宝宝，不仅生长发育会比较缓慢，而且注意力、记忆力、创造力和运动技巧等方面，都相对较差。另外，缺乏夜间睡眠，还会扰乱生长激素的正常分泌，使得免疫系统受损，内分泌失调，代谢出现问题，影响身高发育，比较容易长胖。宝宝白天睡觉的环境，不能窗帘拉严，灯光昏暗，让宝宝误以为是晚上。如果宝宝白天睡得过多，奶奶可以有意识地弄醒宝宝，或逗他多玩一会儿，通过调整来克服“日夜颠倒”。

◇6个月以上的分离焦虑

宝宝的翻身相对比较熟练了，但逐渐开始有了分离焦虑的情况，在宝宝9～18个月时最严重。分离焦虑不仅表现在白天，也同样表现在晚上。宝宝的睡眠会醒得多，睡得轻，对外界警醒(经常半夜啼哭，但并不醒来)之外，有时在刚睡着后不久，或早晨4～5点，快到真正醒来之前，会突然翻身坐起来寻人，看不到大人就哭。一般抱起来哄哄或拍拍，就能接着睡。

如果宝宝白天遇到不开心的事情，或者睡前过度兴奋等原因，都会睡得不踏实。比如，宝宝会出现360度的原地旋转，床头至床尾的反复翻滚，突然四肢撑起身体，又轰隆趴下，还有四肢着地屁股撅起的“蛙式”睡，甚至做“噩梦”尖叫，这些一般不影响宝宝的接觉。但如果宝宝从活动睡眠期中醒过来的哭闹，要接觉就比较困难了，要根据宝宝的具体情况和需求，给予充分的安全感，让宝宝接觉。

夜里出现睡觉不安稳的这些症状时，宝宝一般都处在半睡半醒，迷迷糊糊的状态，多半自己会慢慢接觉。奶奶不要立刻抱起他，更不要逗弄他，会越逗弄越哭得凶，因为这不是宝宝需要的，他想要的是睡觉。奶奶可以拍拍他，安抚着想办法让他睡去。如果没有其他不适的情况，宝宝夜里常醒，还有一个原因是习惯使然。如果他每次醒来，奶奶都立刻抱他或喂他东西的话，生理上心理上，就会形成一种习惯性需要的恶性循环。

奶奶认为抱着哄宝宝入睡，会让宝宝睡得更踏实，甚至用哄睡四步曲：拍—抱—晃—逛，来哄宝宝入睡。但是，根据调查显示，从 3～24 月龄宝宝的哄睡方式和夜醒次数的结果中可以看出，被抱睡或奶睡的宝宝，夜醒次数更多。而在宝宝自己入睡的情况下，夜醒次数更少，而且，在夜醒后的自主接觉能力最高。

抱睡或奶睡的宝宝，大多数夜醒后，都需要重新来一个抱睡或奶睡的哄睡流程。抱睡或奶睡，反而会使短暂的生理性睡眠间隙，变成时间较长的睡眠中断，对宝宝的生长发育不利，也对宝宝锻炼自主入睡的能力有一定影响。

在这些阶段中出现的睡眠现象，大多数是宝宝发育过程中生理现象所引发的。绝大多数容易睡觉不安稳的宝宝，是个健康的宝宝，而不是生病的宝宝。奶奶只要理解，宝宝在这些睡眠过程中出现的生理现象，不要基于所谓的想象猜测而过度焦虑或过度干预。顺势而为，宝宝会睡得更香甜。

要让宝宝入睡容易，奶奶还要注意，不能让宝宝在睡眠前玩得太兴奋，不讲紧张可怕的故事，也不玩新玩具，更不要过分逗弄宝宝。在睡前 0.5～1 小时，应让宝宝安静下来，免得因过于兴奋，紧张而难以入睡。

那么，奶奶怎么做才能帮助宝宝睡得安稳香甜呢？

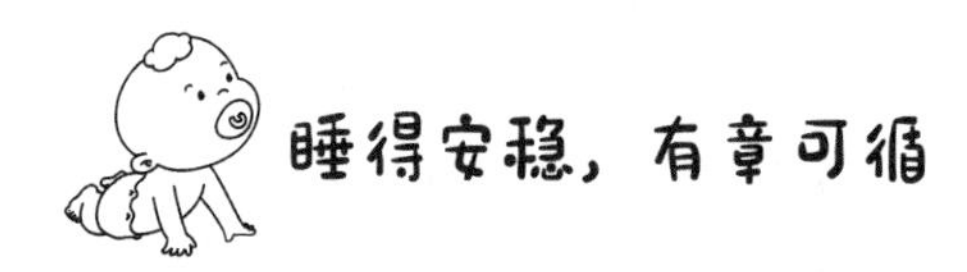

◇良好的睡眠环境

奶奶要安排一个安静舒适、适合宝宝需要的睡眠环境。房间整洁，空气流通，温度湿度适宜，24～26 度之间。要挑选一款适宜的婴儿床和床垫，如被子要柔软，透气性好，干燥；舒适的小床；床垫不能太软，不利于宝宝脊柱健康发育。这些是让宝宝安然入睡的必要条件。

宝宝在出生后应接受昼夜训练，白天室内不拉窗帘，家人应正常走动和说话。夜间室内不开长明灯(若必需长明灯，应小于 8W)。适应昼夜规律，有利于宝宝生长发育。如果夜间睡眠环境如同白昼，或者，白天午睡时，室内昏暗如夜，宝宝的生物钟就会被打乱。不但睡眠时间缩短，生长激素分泌也可能受到干扰，最后导致宝宝个子长不高，或低于正常体重。

根据研究，安静是宝宝睡眠环境的重要条件，但完全静得没有任何声响，也是不好的，应尽量避免不必要的嘈杂，或过大的声音就可以了。宝宝一般在 3～4 个月时，就开始自觉地培养“抗干扰”的调节能力了。然而研究表明，约有 30％的宝宝，并没有学会“抗干扰”——他们往往一有“风吹草动”便难以入睡，或在熟睡中被惊醒，尤其是 6～12 月的宝宝对环境噪音适应度较低，稍有响动就容易醒来。

要注意的是，宝宝会在自然的“家庭噪音”背景下入睡的，奶奶大可不必在房间里特意踮脚走动，不用弄出一点点声响就神经紧张。否则，宝宝很可能会养成不良的睡眠习惯，只能在人为的，刻意制造的“极度”安静的环境里才能入睡，而这种环境在现实中却是难求的。

◇作息顺序感

帮助宝宝从小养成良好的睡眠作息时间，奶奶要抓住两个关键词，一个是时间，一个是信号，才能更好地顺应宝宝的睡眠顺序。

首先，需要多注意观察宝宝，每天晚上大概几点左右，会出现睡眠前的信号。观察一段时间后，可以知道宝宝大概在什么时候需要睡眠的时间点。

然后，每天在这个时间点左右，奶奶就要观察第二个关键词：信号。比如，宝宝突然变得安静了，对玩具没有兴趣了，面露疲倦，眼睛无神，开始打呵欠，用手揉摸眼睛等等。

了解宝宝睡眠前的信号特点，就能及时读懂或是发现宝宝困意，及时哄睡，培养宝宝固定的睡眠规律。过了睡眠点后的宝宝，会越困越闹得凶，越难入睡的。

◇睡前仪式感

宝宝稍大些后，睡眠可不是奶奶只要定时间看信号那样简单了。宝宝开始不会踩着时间点上床睡了，出现了令人头疼的晚睡情况。奶奶和宝宝甚至要经过一场身心俱疲的睡与不睡的“博弈”。据统计，我国0～2岁婴幼儿每天睡眠时间，比美国同龄孩子平均少1个小时。

宝宝晚睡的具体表现为：晚上到了睡觉时间仍不愿意上床，入睡时间往后拖延，或者长时间难以入睡等等。研究还表明，在行为问题上，夜间晚睡的宝宝容易好斗，同时还可能伴有多动现象，自控能力差，精神不集中，情绪不稳定等症状。

奶奶可以根据宝宝的特点和需要进行“睡前仪式”。比如，洗澡、按摩、喝奶、读绘本、唱儿歌等一系列活动，然后把宝宝放到床上，告诉他该睡觉了。每天如此，让宝宝有种睡觉仪式感，养成等这些活动完了后，就该睡觉的习惯。仪式不是一开始就有效的，需要坚持才能成习惯。

有些宝宝有特定的安抚小物件，比如小玩偶或是安抚巾。这些小的安抚物，对宝宝夜间睡眠有一定的好处。有的喜欢含上安抚奶嘴，才能入睡。奶奶不用刻意拒绝宝宝喜欢的小安抚物，但奶奶要注意避免宝宝对安抚物产生过度依赖，可以有意识地调换宝宝所喜欢的物件，让他不痴迷于某件物品，还要定期清洗晾晒宝宝的安抚物和奶嘴。

还有一种情况蛮有意思的是，奶奶可以发现，宝宝在大床上容易睡不踏实，因为空间太大没有依靠。宝宝会翻来覆去寻找依靠，或紧靠着大人，或紧靠着被垛，或紧靠着床架，安稳而睡。在小床上睡觉的宝宝，奶奶会发现宝宝总是会脚蹬着床栏，或手靠着床栏，或头顶着床栏，有的宝宝还会满床翻滚找依靠，只要靠着一个东西或地方，宝宝就会比较安稳地睡去。这是因为在妈妈的子宫里，总会有子宫壁给他依靠，宝宝只要有地方靠着就感觉到安全，容易安静睡觉。

◇足够的睡眠时间

健康的宝宝需要足够的睡眠，只有足够的睡眠，才有健康的宝宝。美国最为著名的儿童睡眠和发展研究专家马克·维斯布朗博士，曾挑选了60名

5 个月大的健康宝宝，对他们的白天睡眠情况进行了研究。

研究显示，那些喔喔啊啊地试图和大人沟通，喜欢微笑，适应能力强，作息有规律，安逸宁静的宝宝，白天平均睡 3.5 个小时，晚上睡 12 个小时，每天总睡眠时间为 15.5 个小时。那些爱哭闹，易怒，难以相处，较为孤僻的宝宝，总睡眠时间要比前者短 3.5 个小时。

宝宝睡眠时间数量和质量的保证，对于宝宝的生长发育是非常重要的。因为在睡眠中，内分泌系统释放的生长激素比平时多三倍。入睡时间不同，深睡眠和浅睡眠所占的比例就会发生变化。入睡越晚，浅睡眠所占的比例越多，深睡眠的比例越少。深睡眠和宝宝的生长发育是直接相关的，因为生长激素主要是在深睡眠时期分泌的；而浅睡眠和宝宝记忆力发育的关系更为密切。所以奶奶要尽量让“小夜猫子”早点入睡。

09 宝宝松拳后，吃手吃脚要阻止吗

宝宝两个月了，隔壁张奶奶来探望。张奶奶一边称赞宝宝长得真可爱，一边伸手去拉拉宝宝的小手，可宝宝的五指紧握不松开。张奶奶问，宝贝手指平时会松开吗？李奶奶说，一直喜欢双拳紧握的呀。张奶奶说，我听一位育儿专家讲，宝宝双拳能越早松开，对宝宝成长越好哦。李奶奶说，没事的，宝贝再长大一点，自己会松开的。那么，新生儿宝宝的双拳是不是要帮助早点松开好呢？

早松双拳，开发大脑

◇让“智慧的前哨”尽早开发

心理学家提出，手是宝宝的“第二个大脑”。手不仅仅是动作器官，而且是智慧的来源，或被称为“智慧的前哨”。宝宝绝大多数的智力活动，是通过手指的活动来实现的。手指越灵活，头脑越聪明，因为宝宝大脑有许多细胞，是专门处理手指、手背、手心、腕关节的感觉和运动信息的。所以，尽早训练宝宝松开双拳，训练宝宝手的技能，对于开发宝宝的大脑十分重要。

新生儿基本上都是五指紧握，大拇指在里面的，很少松开，很多宝宝甚至过了满月依然紧握双拳。当然，也有的新生儿才两个多星期，双手就能五指松开进行活动，比如，会紧紧握住奶奶的一个手指，然后手指松开放掉。

通常新生儿具有很强的抓握能力，但没有主动松手的能力。到第二个月时，宝宝的手掌开始松开，自然弯曲，甚至有了“出拳”的动作。在宝宝手能伸手捡东西之前，首先发展起来的是松手的能力。紧急松手是宝宝自我保护的一种最原始的自救能力。比如，在出现威胁时，宝宝能把手松开，将手中紧握的东西立即放开，这个能力对宝宝来说，很是重要。

当宝宝开始具备了一定的运动能力后，宝宝的手脚都要解放出来，让他感受这个世界。宝宝是通过运动来和大人交流感情的，手脚的运动对宝宝的呼吸也有好处。多动手，多踢腿，大脑发育才更好。奶奶不要怕宝宝会抓自己的脸，便给他戴上手套，或包起来不让动。

奶奶可以每天有一定的时间解开包包，让宝宝睡在宽松的睡袋里或襁褓里，手脚和身体不受束缚，双手能从袖口中伸出来，去触摸各种东西，让他自由挥动拳头，观手，玩手，吸吮手。要创造条件提供帮助，让宝宝玩，比如，手上系条红布条，脚上带个能响的脚镯（要确保安全），宝宝对手上的红布条，能响的脚镯会非常感兴趣而不停地活动。

◇及时打开双拳，好处多多

及时打开双拳可以尽早给宝宝奠定良好的手指肌张力和五指灵活性的基础。尤其是对拇指的肌肉发展是非常有利的，对手部精细动作的发展是非常重要的。

中医认为手指手掌连接着身体的各个系统，及时对新生儿进行手指松开的刺激训练，能更好地促进宝宝大脑和神经系统的发育。手指的动作越早做越精巧，越复杂就越能在大脑皮层建立更多的神经联系，从而使宝宝的大脑更聪明。

手指分开后，开拓了双手的功能，极大地提升了宝宝探索世界的好奇心和兴趣。宝宝能够无意识地主动学习和进行一些力所能及的活动，使得感知觉的能力得到更好的发育。

手部动作的进一步开发，使宝宝和环境产生了互动，同奶奶有了更多的动作交流。这种互动和交流的经验对宝宝今后的发展意义重大。

◇奶奶可以这样做

- 刚开始时，奶奶可以轻轻地抚摸宝宝的手指，刺激他手部皮肤的感觉，让宝宝感觉到安全。然后，奶奶可以给宝宝做一些力所能及的训练，绝对不可以操之过急。比如，慢慢地、温柔地打开宝宝紧握的双拳，让他体会到舒展手指的轻松感，并用自己的手指，或者其他合适安全的粗细软硬不一的东西让宝宝抓。抓了以后，宝宝的手就会松开，再塞上去，抓完了又松开，反复训练，锻炼宝宝五指的肌张力和灵活性。

- 帮宝宝洗澡时，奶奶可以把宝宝手掌放进水里，轻轻地把自己的手指伸进宝宝的手掌里，在小手心里慢慢地来回转动，边清洗边按摩，肌肤温柔的触感能刺激宝宝触觉神经，使宝宝身心放松，小拳头很容易就松开了。
- 奶奶还可以把宝宝搂在怀里，把手指伸进他的手心里，大手握小手，轻轻地摸一摸，缓缓地摇一摇。然后慢慢地打开宝宝的拳头，让小手掌触摸奶奶的脸，不停地和宝宝说说话。拿起宝宝的手掌，轻轻掰开拇指，再将手指一根一根打开，再一根一根合拢，轻柔地抚摸，边做边说话边唱歌。让宝宝握住玩具，奶奶拿住宝宝的小手，一起摇摇，听听玩具会发出什么声音，让宝宝在游戏中慢慢学习松开，控制，使用自己的手。

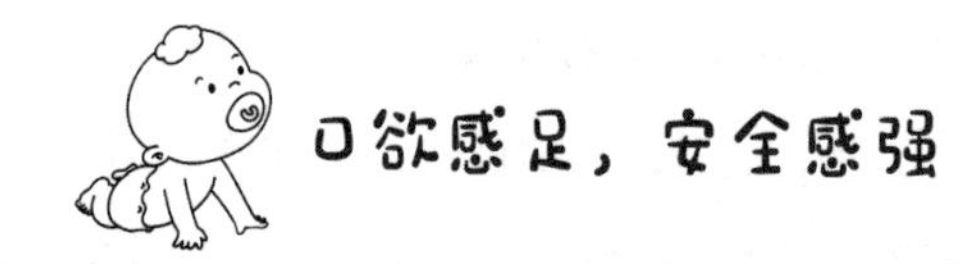

口欲感足，安全感强

◇吃手吃脚是宝宝的工作

李奶奶弄不明白，宝宝的双拳松开后，喜欢把手指伸进小嘴吮吸，甚至把整个小拳头伸进嘴去吮吸。更令人捧腹的是，还经常历尽辛苦地抓起小脚丫送进小嘴品尝。最近，借着翻滚或爬动，活动范围大了，胃口也大了，凡是能用手抓得到的东西，都送小嘴啃咬。李奶奶尝试了把宝贝的手用手套包住，或在手指上涂点苦瓜水，甚至打一下小手手，都不管用，太闹心了。

奶奶别闹心，这是宝宝进入了口欲期。医学观察发现，口欲期在宝宝出生以前就开始了。通过B超检查，便可发现胎儿在子宫内，就会吸吮自己的手指了。根据心理学家弗洛伊德的理论，宝宝在0～1岁处在口唇期。按照宝宝神经系统的发育规律，口周神经的发育要先于手部的神经，所以，此时宝宝探索世界的唯一工具便是嘴巴。

美国哈佛大学早期教育专家伯顿说，婴儿开始协调自己的身体的最初标志，就是他越来越频繁地把拳头放进嘴里并吮吸。宝宝通过嘴巴周围的肌肤、牙床、舌头来感知，探索一切接触得到的物体，主要表现就是吮吸，啃咬等。

尤其在出牙期间，宝宝往往会感觉不舒服，需要摩擦牙床，就会逮着什么就啃咬什么。由于宝宝处于一种完全不自立的状态，嘴巴便是宝宝生活和兴趣的中心。宝宝的各种欲望主要通过口部来得到满足，拿到任何东西都喜欢用嘴来试探研究。作为一种自娱和享受的探索活动，“吸吮”就是让小宝宝感到最舒适、最安全的动作。

当宝宝开始吃手的时候，也是宝宝大脑支配行动，手眼协调能力开始进一步发展的信号。吃手是宝宝了解世界、感知世界的最佳途径，是宝宝发育过程中一种必不可少的正常现象。宝宝是用嘴巴在研究自己的小手，感知和探索自己的身体。啃咬吮吸手的大小、皮肤的质地、身体的气味等这些重要的身体信息，被源源不断地传递到大脑中，丰富着宝宝的认知系统。

宝宝通过吃手不仅能探索认知自己，而且还能让宝宝学会舒缓安抚自己的情绪，发展情智力，得到更多的安全感。对于大多数宝宝来说，如果在口欲期，宝宝被给予了充分的用口探索世界的机会，随着月龄的增长，手的敏感期的出现，这种探索方式会慢慢减弱，直至消失。

◇重视口欲期的全过程

2 个月左右，宝宝吃奶时习惯含着乳头吃几口，接着又吐出来。宝宝喜欢“玩”舌头了，用舌头去舔碰到嘴边的各种东西，比如，滑到嘴边的毯子角，奶奶的手指。再后来宝宝学会了主动伸出舌头，并且开始自己吐泡泡玩，除此之外，宝宝也开始舔自己的嘴唇。

3 个月左右，宝宝喜欢玩自己的手，吮吸手指头或者将整个小拳头，放入口中左右搅动，喜欢把手上的任何东西，送往口中品尝。

4 个月左右，宝宝能够将手和手里的东西准确无误地放进口腔里了。

5 个月左右，宝宝不满足于吃手了，而是开始对自己的脚丫发生了极大的兴趣，会玩脚趾，并努力把脚丫塞进自己的嘴巴里。

6 个月左右，宝宝开始要出牙齿了，使得口欲期产生了更多的欲望。宝宝对啃咬和嘴嚼有十分旺盛的需求，什么东西都想“尝一尝”“磨一磨”。奶奶为了满足宝宝的这一特殊需要，可以准备些磨牙用的饼干、磨牙棒、奶嘴等。

6 个月以后，宝宝的口腔变得更敏感，探索欲望更强烈。随着宝宝能坐起，翻滚，爬行，站立，口欲期的宝宝依然用他那“欲望难填 ”的嘴巴，来探索他越来越感觉神秘、好奇的世界。

宝宝的活动能力增强，活动范围扩大，手脚的协调度和手眼的配合度日益成熟，精细动作能力已经很强。此时的宝宝会发现更多的物品，包括极细小的物品，如绿豆、针线，甚至头发，都会拿来放到嘴里品尝探索。这时，宝宝的安全就是个非常需要重视的问题了。

◇满足口欲期的四大好处

※促进智力发展

随着宝宝慢慢长大，手指功能开始分化，初期手眼协调功能也出现，一般在 3 个月左右，宝宝开始出现了吃手的现象。这是宝宝对外部世界探索的一种特有形式。当宝宝抬起小手，伸出一根手指，放进嘴巴里，这个简单的动作，对于宝宝来说，却是发育中的一次飞跃。

当宝宝能把手指，甚至整个小手，放在嘴巴里吧唧吧唧的时候，从生理上，说明宝宝的运动肌群与肌肉控制能力，已经开始相互配合，相互协调了。从心智上看，宝宝通过口腔来探知世界，是对世界最早的认知和自信，要尽可能满足宝宝探索世界的需求。

宝宝在吃手的时候，能加强触觉，嗅觉和味觉刺激，促进神经功能发展。宝宝能吮吸小手指，啃咬小拳头，表明他的大脑正在不断发育，其中包含了手眼协调、手指分化等一系列能力的发展。在吃手的过程中，宝宝会慢慢意识到“手”是我身体的一部分，有利于宝宝自我意识的发展。

宝宝的吃手吃脚是早期智力发展中，非常重要的信号之一。有学者甚至提出，宝宝早吃手吃好手，更有利于智力发育。

如果奶奶在一开始就阻断宝宝吃手，宝宝的生理和心理发展都将受到很大的影响。比如，不利于宝宝精细动作的发展和大脑的发育，长大以后容易变得自信心不足，多疑和胆小。如果宝宝到了 6 个月大，还没有任何吸吮手指的行为出现，那反而可能是异常现象。奶奶需要多多观察，甚至可以试着牵宝宝的小手指，放到他的嘴边，让他尝试自己吸吸。

※增强安全感

0～1岁的宝宝正处于口的敏感期，极需口感满足，得到安全感。不仅仅是味道的口感，更重要的是口部，包括舌头和嘴唇感觉的刺激和满足。这些需要的满足，能让宝宝更好地建立安全感和自信心。比如，此时的宝宝喜欢吮着自己的小手睡觉，或者咬咬自己的爱恋物自乐，妥妥的满足感。再比如，宝宝开始尝试用两只小手去抓小脚丫，送往小嘴啃咬的过程，那不仅仅是宝宝的一种自娱自乐，而是一项很伟大的心理生理发展工程哦！

这项工程，需要宝宝大脑对全身神经肌肉的调动，手部与眼睛的协调，而且往往不是一帆风顺的，需要宝宝的努力和坚持。奶奶可以发现，宝宝为了能抓住小脚丫，准确地送进小嘴，有时会憋得满脸通红，一遍一遍地尝试。当小嘴终于啃上了小脚丫的时候，满面笑容，成就感让宝宝是那么的满足与自信。如果宝宝口腔的欲望无法得到满足，会导致宝宝在三岁后，有的甚至成年后，仍然有喜欢咬东西吃手等不良习惯。

※帮助调节情绪

著名心理学家弗洛伊德认为婴儿在口唇阶段的初期（0～8个月），快感主要来自唇与舌的吮吸活动。宝宝的吃手活动包含了人类快感需要的自然反映。因吮吸本身可产生快感，所以宝宝在不饿时，也会经常出现吮吸手指的动作。如果吸吮、啃咬的需要得不到合理的满足，宝宝就会产生不安、烦躁、紧张的不良情绪。而宝宝通过吮吸手指，或啃咬物体，能给他带来舒服感，愉悦感和安慰感。这种快感对消除自身的不安、烦躁、紧张具有一定的调节情绪的作用。

宝宝在尝试吮吸手指和脚丫的过程中，还获得了成功带来的成就感和自信心："我靠自己的努力终于尝到手指和脚丫的味道啦！"因为这份喜悦，宝宝每天都在乐此不疲地吮吸手指或脚丫。一旦支持这个行为的内在技能发展完善后，这个行为就会自动停止。这就是为什么很多宝宝长到1岁半左右，就彻底不再吮吸手指或脚丫了。

◇训练手眼协调，培养感统能力

进入口欲期的宝宝，其大脑、手、眼、口唇的协调能力尚未发育完全。当宝宝有吮吸手指的欲望时，大脑会不停地调整手、眼、口之间的配合程度，经过一次次艰难的尝试之后，宝宝才能完成吮吸手指或脚趾的目标。一个看似简单的过程，却需要宝宝经历很复杂的大脑工作机制才能完成。

宝宝手部功能的尽早开发和充分训练，离不开对宝宝手指的按摩和刺激。宝宝口唇期的吮吸手指，就是一种早期对手指的自我按摩和自我刺激，能刺激神经系统的发育，能增强大脑神经元的发展，对宝宝精细动作的开发，感觉统合能力的培养，都是很重要的。精细动作不是单纯的手部运动，还包括运转手腕，双手协调，视觉和双手的协调等动作。在此过程中，宝宝对事物完整性的理解和自信都能得到发展。

宝宝吮吸手指脚丫，不仅能锻炼宝宝手部的灵活性和手眼的协调性，而且还能促进大脑更好地发育。心理学家提出，手指是“智慧的前哨”，“心灵手巧”和“手巧心灵”是辩证的关系。宝宝手指的动作越精巧越复杂，就越能在大脑皮层建立更多的神经联系，使大脑更聪明。

◇如何帮助宝宝过好口欲期

- 营造一个温馨、有趣、舒适的环境，让宝宝安心愉悦地“自啃自乐”，充分体验到爱的味道。
- 选择合适的玩具给宝宝，并定期清洗。含有任何危险因素的玩具和物品，要远离宝宝，确保安全。
- 宝宝在快乐地啃咬东西时，奶奶不要强行制止或硬把东西抢夺过来。否则，宝宝或者会觉得奶奶是在和我做游戏，很好玩，会越发刺激宝宝啃咬东西，或者会因奶奶抢走自己的东西，感觉很伤心。
- 用不同的方法引导宝宝玩玩具。比如，当宝宝啃咬摇铃或喇叭时，奶奶可以引导宝宝摇摇铃或吹喇叭，发出不同的声音，刺激宝宝模仿你的动作，有利于宝宝尽早用手的探索功能替代口的探索习惯。
- 宝宝如果正处于出牙的阶段，那因牙龈痒痒而啃咬的东西，范围是很大的，内驱力是很强的，比如，有的宝宝甚至会去咬门框或咬人。奶奶不能责怪或惩罚宝宝，要理解宝宝非常时期的非常举动，及时引导。奶奶要注意宝宝的安全，用比较硬一些的咬牙棒或饼干给宝宝磨牙，等牙齿长好，这种现象就会逐渐消失。

10 宝宝扔东西要做规矩吗

李奶奶的膝盖最近有点不利索。张奶奶看见了，问她怎么回事。李奶奶无可奈何地说，小孙子太喜欢扔东西了，吃的时候扔食品，玩的时候扔玩具。更头疼的是，只要宝宝一拿到抽纸或卷筒纸，兴奋异常，不停地抽，满地白花花。然后，坐在那里，很开心很满足地“手撕鸡”。这可忙坏了爱整洁的李奶奶，经常弯腰趴在地上清洁，膝盖自然不舒服了。李奶奶寻思，怎么给宝宝做规矩阻止扔呢？

扔着好玩，扔有目的

◇“世界难题”——宝宝扔东西

大概从三个月起，宝宝可以控制自己的手指，能将双手松开又握起，握起又松开，这是宝宝手部发育的一个里程碑式的动作。如果在宝宝的手心上放一个小物体，他会立刻握住，握一会儿就松开手，还能听到物体落地的声响，这引发了宝宝的探索兴趣。

到4～5个月时，无意中宝宝开始接触到一个重要的概念——因果关系。宝宝非常好奇，为什么手里的东西掉到地上，就会发出声响呢，还能引发奶奶的一连串反应，比如惊讶的表情，滑稽的笑声，弯腰的动作，真好玩。随着宝宝力量和好奇心的增强，由不断地把握在手里的东西松开落地，演变成把东西直接扔出去了。这个时期宝宝的扔东西，大多是由宝宝感觉到有兴趣，有乐趣而产生的游戏般的行为，并乐此不疲。

从6～8个月开始，宝宝就会出现故意扔东西的有目的行为，以观察物体落地的方式以及怎么滚动的，听听发出的不同声响，或者看看奶奶对自己行为的反应。如果宝宝坐在小餐椅上，还会低着头去寻找自己丢下去的东西。奶奶可别小瞧这个有点调皮的小行为，这可是宝宝学习因果关系，探索空间能力的重要方式，有助于宝宝心智的成长，奶奶可以适当鼓励引导，但要把握好引导尺度。

◇探索因果关系，体验空间感

到了8～12个月，随着宝宝进入手的精细动作的进一步发展，宝宝会更加兴致勃勃地有意或有目的地扔东西，探索物体的消失和出现，开始体验空间感和理解物质不灭定律。

宝宝在成长过程中都会经历手部敏感期，这也是宝宝发育过程中的关键时期。如果没有满足手的敏感期的发育需求，对宝宝感觉统合能力的发展是极为不利的。在这段时间里，宝宝扔东西撕纸等行为，是精细动作发展的一大进步，也是与此相关的大脑区域功能的一大飞跃，奶奶需要遵循宝宝自身发展的内在规律来引导宝宝。

现在的宝宝能够非常自如地控制自己的手指了，可以用两只手指捏起细小的东西了。手的自由使得宝宝扔东西的兴致愈发蓬勃，探索世界的兴趣愈发广泛。而且，在扔东西的过程中，宝宝能体验到自身力量，对这种感觉是非常满足愉悦、非常感兴趣的，所以特别喜欢重复这个过程。

宝宝喜欢扔的东西更广，更杂，更小了，只要能拿得到的，没有宝宝扔不了的。比如，从水果到鸡蛋，从玩具到餐具，从面包到石头，无所不扔。而且，宝宝会扔得更加有目的，花样百出，还具有创造性。看似随性的这些动作，其实都是宝宝探索世界的途径。

宝宝开始用有意的方式探索事物，探索世界，目的性变得更加明确。宝宝还可以不断变换着扔的动作，观察物品掉落的过程，思考不同事物的性质。比如，“哇，小皮球扔出去会滚很远很远啊，哦，再扔一块积木看看，咦，怎么只能啪地一下子落地，不动了呢”，宝宝会逐渐认识到扔不同的东西，会产生不同的效果，发现物体更多新的属性和因果关系。这种探索会让宝宝将来的逻辑思维更强。

当宝宝学会爬和走路后，扔东西的范围和内容又扩大了，不仅锻炼了宝宝手部伸肌群的发育，还锻炼了大脑的思维能力，宝宝的思维活动也有了很大的进步。比如宝宝可能会翻箱倒柜，把所有能找到的物品，一样一样地胡乱扔在地上，然后，心满意足地欣赏自己的“战果”。

奶奶不要阻止，这对宝宝来说是种非常有意思的探索游戏。无数次从箱柜里扔出衣物，又放进去，不仅增强了宝宝的空间感，而且在游戏体验中，宝宝似乎发现了一个大秘密，刚刚手里玩的东西，扔出去以后，即使离开自己的视线，也仍然存在。这是宝宝第一次领悟到物质不灭定律。

不同的扔，不同引导

◇不同阶段扔的不同引导

值得重视的是，随着宝宝自我意识的逐渐觉醒，宝宝扔东西的目的增添了新的目标——用来表达需求，如求关注，用来发泄不满情绪，如发脾气。奶奶现在需要与孙俱进，调整对应宝宝扔东西的方法了。奶奶对宝宝两个不同阶段的扔东西，要有不同的应对方法。

※扔着玩的阶段

宝宝在第一阶段扔东西的行为，大多由无意识扔东西开始，发展到由好奇有趣而产生的游戏般的有意识举动。

奶奶首先不要将宝宝的“扔东西”赋予道德的含义，比如告诉宝宝“乱扔东西的宝宝不是好宝宝”。否则，奶奶会想方设法地阻止宝宝的行为，这样，会挫败宝宝的探索欲望。当宝宝兴致勃勃地扔东西时，奶奶可以把这看作是宝宝的一场探索世界的“表演秀”，保持一种平和的心态，观察，引导，在“表演秀”中回应宝宝的好奇，设定必要的界限。比如，告诉宝宝什么东西不能扔，阻止宝宝扔有危险的东西，既保护宝宝渴求探索的热情，更要保证宝宝的安全。

※有目的扔的阶段

宝宝在第二阶段扔东西的行为，比起第一阶段来，动机和目的，效果和作用都要复杂得多。奶奶应对的方法，还真的要“与孙俱进”了。

逐渐萌发了自我意识的宝宝，经过第一阶段的体验后，扔东西再也不仅仅是作为一种兴趣般的游戏了，更多的是作为一种表达需求的行为。例如，宝宝有了更强烈的探索需求，有了更细腻的心理需求，有了更丰富的情感需求。而现实是，宝宝的需求是“有口难开”，“有苦难说”，怎么办呢？最直截了当的方法，除了哭闹，就是扔东西，比如：

➤ 这么长时间了，奶奶还不来，我一个人好无聊啊，扔个玩具把奶奶叫来吧！

➤ 我都吃饱了，奶奶还一个劲地要喂我，吃不下，把面条给扔了吧！

➤ 噢，这个有点儿像小球球一样的东西，可以扔多远啊，扔扔看，啪的一声，怎么会流出白的黄的东西呢？

➤ 奶奶怎么不抱我，去抱那个宝宝呢，好伤心哦，不行，把杯子扔了，要让奶奶知道我生气了。

➤ 只要我扔东西，奶奶就过来了，好好玩哦，喜欢看奶奶生气着急的样子，嘿嘿，我又扔啦！

………

宝宝的各种探索需求层出不穷，宝宝的各种“恶作剧”防不胜防，奶奶真的是穷于应付。

◇会折腾的宝宝大脑发育好

奶奶对于宝宝第二阶段的乱扔东西，往往不容易理解，甚至会更生气。比如，宝宝扔生鸡蛋，奶奶会觉得是故意捣蛋，给自己添麻烦。其实，这是宝宝在探索不同物品扔出去，怎么会有不一样的结果呢。

宝宝反复扔东西，对训练宝宝手眼协调能力大有好处，对于听觉、触觉的发展，以及手腕、上臂、肩部肌肉的发展也有很大作用。更重要的是，宝宝通过扔东西来探索世界，在探索中，促进了大脑的发育，增强了认知。比如，通过扔东西，宝宝慢慢觉察到坐在餐椅里，可以把手里的东西从桌子上扔到地下，坐在地上可以把手里的玩具扔到远处。通过对上与下，近与远的探索，宝宝不仅感觉到了自己的力量，更重要的是逐渐理解了空间感。

◇要温柔而坚定地说“不”

※对宝宝的发脾气扔东西，奶奶要温柔而坚定地说“不”

萌发了自我意识的宝宝，开始通过故意扔东西来表达需求或发泄情绪了，尤其在生气或愤怒时，以此引发奶奶的注意。奶奶不能有扔必应，一概满足。奶奶要对宝宝的情绪进行疏导，举动进行引导，对于不当行为，要温柔而坚定地说“不”。要让宝宝逐渐明白什么能做，什么不能做的界限。不然，如果宝宝每每得逞，久而久之会养成“只要扔东西，就能达到目的”的坏习惯，那后果很严重哦。

※对宝宝为逗引奶奶“恶作剧”的扔东西，不予理睬即可

别看宝宝还不会说话，精得很呢，有时会用“恶作剧”的扔东西来逗引奶奶。比如，宝宝会手举着想要扔的东西，一脸坏笑地冲着奶奶，嘴巴噢噢地叫。如果奶奶很着急地想要阻止宝宝时，他会在你眼前把要扔的东西朝你晃一晃，冷不丁一下子扔了后哈哈大笑。

奶奶越是着急，宝宝越是乐此不疲。宝宝想，“哇，我扔个东西这么厉害啊，奶奶又是喊又是叫的着急。真好玩，再扔一个看看，奶奶还会有什么新反应吧！”对宝宝故意扔东西逗引奶奶，其实奶奶不要反应过于激烈，否则，反倒会激发宝宝扔东西的兴致。奶奶装作不在乎，不予理睬，宝宝没有观众，几分钟的热度一下就退了，慢慢地就不逗奶奶了。

※对宝宝扔不安全的东西，要正确引导

奶奶可以给宝宝一些可以扔的物品作为替换，比如不同材质、形状的玩具，或者会发出不同声音的音乐类玩具等，满足宝宝的好奇心和求知欲。重要的是，奶奶要确保宝宝远离那些危险的，或有破坏性的东西，防止宝宝受到伤害。随着宝宝慢慢长大，他的关注点会转移，自然而然地会对扔东西失去兴趣了。

奶奶也可以为宝宝创造与“扔”有关的游戏，满足宝宝扔的欲望。比如，扔不同物质的物体，观察物体落地时的声音有什么不同，或者奶奶和宝宝比一比，看谁扔得远，等等。与此同时，奶奶还可以帮助宝宝转移注意力，逐渐淡化这种行为，避免养成不良的习惯。

奶奶在宝宝能独自爬行后，要培养宝宝“先扔后收”的好习惯。比如，宝宝特别喜欢把玩具，从玩具箱里一件一件扔出来，扔得满地都是。奶奶不要盲目阻止，而要引导宝宝在结束扔的游戏后，要把玩具一件一件地收起来，放进玩具箱，培养宝宝东西要归类的好习惯，当然，奶奶要及时表扬鼓励宝宝哦。

11 为什么说宝宝“哭得坏”却“抱不坏”

李奶奶最近六神无主，宝贝没病没痛，不饥不渴，却日哭夜哭，抱在手里了，想想还要哭。哭成了宝宝的常态，奶奶想了很多办法，效果了了。儿子说，只要不是生病，哭了不要哄，让他哭，哭够了自然会吃，自然会睡，慢慢就不会哭闹了。这就是“哭声免疫法”。试了几天，宝宝那个哭哦，说是撕心裂肺不为过，奶奶心痛极了，心想，这个“哭声免疫法”真的是灵丹妙药吗？

宝宝啼哭，自有乾坤

◇“哭声免疫法”是良方吗

哭是上天赋予人类表达情绪的一种特殊功能。然而，对于一个不会说话、生活又不能自理的宝宝来说，更是一种性命攸关的求生功能。无助的宝宝只能通过各种各样的哭声，同奶奶沟通交流，表达他的想法和需求，以求得到及时的生活照料和情感慰抚。奶奶对宝宝的各种哭，给予适合、适时、适宜的回应是非常重要的。

“哭声免疫法”创始人，美国心理学家约翰·华生，创立了一个把宝宝当做机器来按需矫正养育的理论。“给我一打健全的婴儿，把他们带到我独特的世界中。我可以保证，在其中随机选出一个，训练成为任何我所选定的任何类型的人物——医生、律师、艺术家、商人，或者乞丐、窃贼，不用考虑他的天赋、倾向、能力、祖先的职业与种族。”

“哭了不抱，不哭才抱”也源自这个理论，认为当你听到宝宝哭，不要着急，随他哭，还强调要妈妈不要喂夜奶，宝宝哭了，就掐着表过几分钟再过去，拍拍宝宝说：“你现在不需要吃夜奶，你需要睡觉。”这套理论的提出是为了更好地帮助宝宝睡眠，他号称用这些方法可以训练出一个极少哭闹、让妈妈省力的乖宝宝。

“哭声免疫法”因为见效快，让妈妈省心省力，曾在美国风靡一时。结果是，在这种方法下，宝宝变“乖”了，哭声少多了，可眼神、笑容更少了，对大人的回应也大大减少。实践过此法的许多妈妈都后悔了。比如，有个著名演员就在微博中说过，她现在很后悔，在女儿小时候用过“哭声免疫法”。

是呀，换位思考一下。如果能说会道的我们，因受到惊吓或委屈而哭，渴望得到的是一种冷漠的忽视，还是一个关切的拥抱呢？而有口难言的宝宝，只能用唯一的语言——哭声来表达情绪，表达需求，却得不到回应，那是一种什么样的感觉啊？如果宝宝连唯一表达需求的方式，都被拒绝了，渐渐地，不安全感会一直伴随着无望的宝宝，长大了很容易出现心理问题。这些被哭声免疫法修理长大的宝宝，有不少宝宝后来轻则睡眠障碍，重则人格障碍，甚至精神分裂。

比如，创始人华生的儿子们，竟然这样描述他们的父亲：没有同情心，情绪上无法沟通，他不自觉地剥夺了我和我兄弟的任何一种感情基础。令人心痛的后果是，华生的儿子雷纳曾多次自杀，后在三十多岁时自杀身亡。女儿也多次自杀，外孙女也是酒精成瘾者，并多次想自杀。

◇科学家的“深夜哺乳”实验

著名心理学家埃里克森，提出 0～1 岁的宝宝是处在建立信任 vs 不信任的阶段。发展心理学提出，新生儿的啼哭是生理需求引起的，在此基础上的哭泣增加了社会交往需求的性质。啼哭首先是新生儿最早将需求信息传递给看护人的一种交流手段，是宝宝的第一也是唯一的“语言”，也是新生儿影响成人行为的强有力的手段，能起到成人照顾宝宝的导向作用。一岁前的宝宝，还没有太多无理取闹的能力和时候，只要能尊重和理解宝宝的需求，及时回应，宝宝反而不容易有激烈的哭闹情绪。

为了进一步寻找答案，研究者们还在托儿所进行了实验性育儿——深夜哺乳实验。实验者把婴儿分为两组，一组不管婴儿夜里如何哭泣，都不给他喂奶，白天也只按照托儿所的规定定时哺乳，也就是“哭声免疫法”。大多数宝宝在一周之后就再也不会哭到天亮了，而是变成了等待大人喂奶。有的最多哭到两周，最后宝宝们终于知道不会有人给自己喂奶，也不得不停止了哭泣。

这种“哭声免疫法”，给宝宝心中形成了一种对周围人和世界的朦胧，但却根深蒂固的不信任感，以及对自己的无力感。从研究者们长达数年的追踪观察结果来看，认为“不再哭泣的孩子能够更聪明，更有忍耐力”的这种想象是完全错误的，这些孩子在稍微遇到困难的时候就会退缩，很快就会放弃努力。

第二组采取实验性育儿方法，只要婴儿想吃奶，就喂他。而且只要是婴儿宝宝希望的，就尽可能地满足他，如抱他、陪他玩等等。在婴儿期，建立基本的信任感就是宝宝来到人世间的第一个任务。婴儿不管是在深夜还是在其他任何时候，只要通过哭声表达自己的需求，就会得到满足。在这样的环境中长大的宝宝，对周围的人和环境充满信任，对自己也有基本的自信，身心发育比较健康。

这个研究告诉我们，不要再认为用哭声来吸引看护人的关注满足自身需求的宝宝，是个需要被“修理”的宝宝了。“哭声免疫法”会耽搁宝宝生理和心理的健康成长。比如，宝宝会采取回避、自我封闭的形式来保护自己，会造成日后社会适应不良，难以与人交流，对身边发生的事情，无法进行清晰准确的判断，会有突如其来的暴怒，悲伤而无法融入群体生活，甚至被孤立。这些缺乏安全感的表现会影响至成人，拒绝宝宝的哭泣是违反人的天性的。

《西尔斯亲密育儿百科》里提道：哭声没有得到回应的宝宝不会变成一个“好”宝宝，他只会变成一个灰心丧气的宝宝，或者一个暴躁的宝宝，因为他觉得无法与你交流，也没有人会来满足他的需求。研究还发现，温柔的爱抚对宝宝来说，就是天然的镇静剂和止痛剂，能让宝宝体内压力激素水平大大降低。

◇“正常性啼哭”和“需求性啼哭”

0～1 岁宝宝的哭，可以说是一门复杂而有趣的学问。我们要了解宝宝哭的不同，理解宝宝哭的含义，回应宝宝哭的需求。

对于不会说话的宝宝，哭声是传达生理和心理需求信息的主要方式。奶奶要学会辨别宝宝传达的信息，并积极地回应和提供帮助。这样，才能让宝宝建立足够的安全感和信任感，为宝宝形成良好的情绪发展打好底色。

0～1岁宝宝的啼哭，大致分为正常性啼哭和需求性啼哭。

※正常性啼哭

宝宝是伴随着嘹亮的哭声来到这个完全陌生的世界的。婴儿时期是宝宝成长的最佳时期，他们会用任何可能的方式促进自我的生长发育，包括哭。宝宝的正常哭是有节奏的，响亮的，并且时间短，一天的次数比较多。此时，奶奶可微笑着对宝宝轻言细语，轻轻地抚摸宝宝，拉拉小手，宝宝自然会停止啼哭。

正常性啼哭对于宝宝来说，好处很多，奶奶不要过分紧张，急于抱起止哭：

➤ 建立条件反射，促进宝宝的神经系统发育，有利于智力发育。
➤ 促进有节奏的吐故纳新，有利于提高肺部的活动量。
➤ 改善宝宝的新陈代谢，有利于加快血液循环。
➤ 增进宝宝的食欲，有利于肠胃的消化吸收能力。
➤ 增加宝宝与家人的心理需求的信息交流，有利于安全感和信任感的发展。

※需求性啼哭

宝宝在不同状况下，根据自身的感觉而产生不同的啼哭，向看护人表示他们的需求，比如，因饿、渴、湿、痛等引起的生理性啼哭，因害怕、恐惧、寂寞、烦躁而引发的心理性啼哭，这些都是需求性啼哭。不同的需求性啼哭，宝宝会有不同的动作表示，一般来说，大致有以下几种：

饿了：会用有节奏的，由小到大的哭声提醒家人，并张嘴扭头寻找目标。

渴了：啼哭时，小嘴唇发干，不时地舔嘴唇，并会躁动地来回扭头。

湿了：啼哭声音比较低，眼泪很少，小腿在不停地踢蹬。

冷了：啼哭声比较低沉有节奏，嘴唇发紫手脚微凉，哭时身体不怎么动。

热了：啼哭声大，躁动不安，小脸潮红，胳膊腿一个劲地活动，脖子大腿有汗。

困了：啼哭声烦躁，紧皱眉头，不停地揉自己的小眼睛，不停地扭动身体。

痛了：突然发出尖利的哭声。

烦了:一阵一阵不耐烦的哭叫,显得焦躁不安。

怕了:突然放开喉咙大哭,哭声很刺耳,伴随着间断短暂的嚎叫,身体会像痉挛般抽搐一下。

病了:持续不断的哭声很委屈,眼睛呆滞无神显得很无力,或闭着眼睛哭泣,伴有肢体抖动。

对于这些需求性啼哭,奶奶一定要根据宝宝不同的需要,积极回应,及时帮助,必要时,还需要在第一时间同子女联系或送医院。这样,才能让宝宝建立足够的安全感和信任感。

当然,在宝宝七八个月以后,对宝宝有些心理性啼哭,奶奶的积极回应办法,也可稍作调整,不是宝宝一哭,立即抱起满足需要。而是要帮助宝宝学会认识自己的情绪,体验和调整自己的情绪,进行自我安慰。

比如,有些宝宝一饿就急哭,连拿奶瓶的时间都等不得,奶奶会嗔怪,"像前世里没有吃过"。其实,比较好的办法是,奶奶先用肢体动作和轻声细语安慰宝宝几秒钟,比如,一边抚摸宝宝,拿着奶瓶在宝宝眼前晃一晃,逗一逗,一边说"哦,宝宝饿了,不哭不哭,一会儿就喝了"。

当宝宝得到的安慰信息越多,他以后就越有可能模仿这些语言,用自言自语的方式来安慰自己,习得抚慰自己情绪的策略,这就是宝宝的情绪自慰。

◇理解不同月龄宝宝的不同哭

❋ 0~6个月

宝宝的哭声是真实单纯的,基本不会无缘无故地哭,宝宝还不懂假哭,认知发展并没有达到,可以用哭声来操纵奶奶的程度,还不会进行诸如"我哭了就有人来抱我"这样复杂的思考。所以,宝宝的哭,非常直接,就是在表达最基本的需求,饿了,累了,痛了,尿布湿了,无聊了,等等,对于这些需求,奶奶的及时回应,给予满足,对宝宝建立安全感和信任感非常重要,根本不用担心会把宝宝宠坏。

有些宝宝无法自己安静下来。哭闹的时候,他们的头或手臂会甩到后面去,如果宝宝在5~10分钟内无法安静下来,他可能是想独自安静一下。那么接下来,奶奶可以把宝宝放到床上,等等看。然后你再温柔地让他感觉：“我可以帮你吗?”，宝宝会用肢体语言，或发音，让你知道他是不是想要你的帮助。在奶奶的陪伴下，要给宝宝机会学习，如何靠自己安静下来。

❈ 7～9 个月

宝宝开始有认知了，哭泣开始变得有思维了，啼哭也发生了重要的变化——变得有目的了。因为宝宝慢慢明白哭声所带来的结果，开始对因果关系有了一定的认识。比如，宝宝开始明白，只要我哭，奶奶就会出现，我的需要就会被满足。

这时如果宝宝哭了，奶奶可以先观察一下宝宝是不是困了，饿了，不舒服了。如果都不是，而奶奶又忙着，可以先答应一声，比如：“奶奶等一下就过来。”也可以走到宝宝身边，和他一块玩一会，不一定非要抱起他。可能宝宝只是需要有人关注，并不一定要你抱。这个阶段宝宝还通常喜欢对着某个特定的人哭，这其实是喜欢这个人的意思。

❈ 9～12 个月

宝宝会用哭声表达情绪，更是能够把哭声和一些身体动作结合起来，“诉求”需要，啼哭逐渐成为有指向性的社会行为。比如，宝宝一边哭着看奶奶，诉求自己的需求，一边观察奶奶的反应。这个时候的哭声就变成了社会行为，奶奶需要及时回应，酌情给予宝宝安全感。

12 个月以后的宝宝的啼哭，逐步变得有意识起来。他们开始知道怎么利用哭声来控制大人了，而且通过前半年的练习和声带的发育，他们对哭声的控制更加娴熟，不仅会大哭，还会尖叫，更会变着调子哭，以此来表达自己的情感。这个时候奶奶才需要注意，不能宝宝一哭就有求必应，立马满足。建立依赖关系并不是靠千依百顺来实现，宝宝的哭声需要根据月龄来区别对待。除了疾病因素，0～1 岁宝宝的哭闹通常都是基本需求的表达，而这个年龄段宝宝的各种需求，既要被及时满足，以便让他们建立足够的安全感，又要注意引导，防止过度满足。

◇积极回应和及时帮助

➢ 帮助宝宝建立合理的作息规律，防“哭”于未然。培养宝宝合理而规律的日常作息：按时吃，定时睡，及时陪，需时帮。平时，多亲亲多抱抱，多唱唱多说说，让宝宝感觉满足，温暖，舒适，安全。

- 有些高需求宝宝，无法使自己安静下来。哭闹的时候，他们的头或手臂会甩到后面去，尤其是当他们仰卧的时候。如果宝宝还未满 6 周，无法安静的时候，奶奶可以试试“包裹法”。可以请护理师或助产士示范，如何用一条大毛巾将宝宝包起来，帮助宝宝安静下来。
- 给宝宝听音乐。舒缓轻松的音乐，同样也能让宝宝在哭闹中变得安静下来。奶奶可以选取一些宝宝平时喜欢的音乐，或者，奶奶可以比较大声地唱唱宝宝喜欢的儿歌，转移宝宝的注意力，这样很自然地就安静下来了。
- 轻轻地给宝宝捏捏手，然后再沿着宝宝的背脊往下进行轻轻的按摩，很多宝宝都很喜欢这个姿势的。如果让宝宝趴在床上，一定要注意让宝宝的头转向一侧的位置，防止宝宝出现窒息状况。

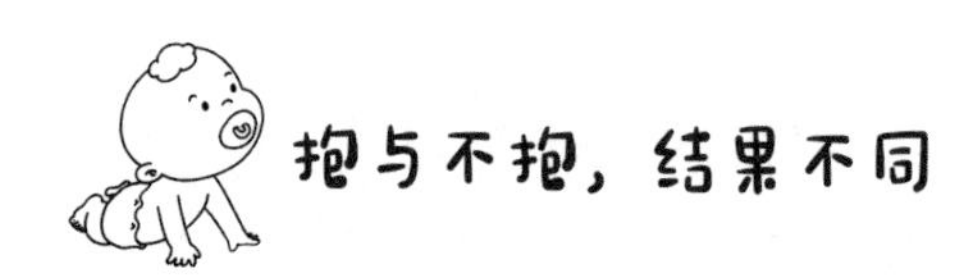

抱与不抱，结果不同

李奶奶、张奶奶和王奶奶各自推了宝宝车，一起在小区的林荫道上遛弯。没多久，张奶奶的宝宝开始哭了，瞬间，三个宝宝“小合唱”了。张奶奶一边推车一边说“哭吧，我不会抱你的，不哭我才抱你”。旁边的王奶奶一听到宝宝哭了，赶紧抱起来说，“宝宝不哭，宝宝不哭，奶奶在呢”。李奶奶一下有点蒙了，不知要不要抱自己的宝宝。两位奶奶好像都有道理，那宝宝是哭了才抱，不哭不抱，还是哭了不抱，不哭才抱呢？

◇袋鼠式护理告诉了我们什么

李奶奶不是一个人在迷惑。因为这是个很有争议的“见仁见智”的问题。据说几年前，在孙俪的微博上，有一条关于她宝宝哭了抱不抱的话，她对哭着要抱抱的宝宝说：哭了不抱，不哭才抱。霎时，宝宝是哭了不抱，不哭才抱，还是哭了才抱，不哭不抱，听起来有点绕口的问题，吸引了众多粉丝，各持己见。

宝宝哭了求抱，是抱好还是不抱好呢？这其实不是一个简单的抱还是不抱的选择题，也不是一个简单的抱了会宠坏的因果题，而是一个涉及“哭”“抱”“宠”三个方面的多项题，更是一个如何培育身心健康的宝宝的大问题。

先说一个电影——《凯文怎么了》。讲的是一位美国妈妈，由于没有做好当妈妈的准备，而对新生的儿子不闻不问，随他哭，而且也不抱孩子。最终孩子长大后，对妈妈有很强的距离感，甚至产生了对妈妈的报复心理。可能例子有点极端，但是从侧面可以看到，如何回应宝宝哭着求抱抱的重要性，是很令人深思的。

其实，肌肤相亲对宝宝有极大的益处。在现代医学中，存在相关的研究——袋鼠式护理。在新生儿病房传统的医疗方式下，早产儿是缺乏拥抱的。为了延续早产儿的生命，需要进行各种各样的治疗。宝宝被放置在辐射台或者温箱内，只能平躺在床上，不会冷，也不会饿，但是缺乏拥抱，难以获得肌肤的接触。

在传统的医疗模式中，并没有对宝宝进行拥抱安抚这个选项。因为要优先保持早产儿的生存，摆脱死亡风险，医生往往更关注宝宝的生理指标。在摆脱了死亡风险之后，存活出院的早产儿相对足月儿，存在智力发育和运动发育落后的情况。

为了改善这一情况，1978 年 Ray 和 Matinez 博士在哥伦比亚波哥大创建了袋鼠式护理。这是针对早产儿进行的护理方式。具体的操作方式很简单：让婴儿趴在父亲或者母亲的身上，让宝宝在拥抱中感受父母的肌肤、体温。与传统护理模式比较，袋鼠式护理仅仅是增加了一个拥抱。那么这个拥抱对宝宝来说有什么样的改变呢？

2018 年发表于《发育神经心理学》的最新研究表明，袋鼠式护理的益处将延续至成年人。研究人员将 300 名早产儿随机分为传统护理组（缺乏拥抱）和袋鼠式护理组，进行 20 年的随访观察，评估成年后的心理情况，并得出结论：接受过袋鼠式护理的早产儿，在成人期有更高的 IQ 和更好的持续注意力。

目前 40 年过去了，全球范围内已有多个国家在新生儿病房推广使用袋鼠式护理。国内也陆续开展这项护理模式。比如，在北京电视台一档“生命缘”的节目中，就报道了一位三胞胎妈妈的袋鼠式护理，令人惊奇的是，当早产儿宝宝躺在妈妈的怀抱里时，竟然无意识地笑了。

通过临床对照研究发现，使用袋鼠式护理可以减少早产儿的死亡率，据全球数据统计可下降36%。新生儿运用袋鼠式护理，可以缩短新生儿住院天数，提早母乳喂养时间，减少婴儿哭泣，增加婴儿体格发育速度。同时对婴儿期运动发育同样有促进作用。

袋鼠式护理并没有使用昂贵的药物，也不需要复杂的仪器，对于早产儿、新生儿来说就是多了一个拥抱，就可以创造出这样的奇迹。所以宝宝需要拥抱，拥抱对宝宝来说，非常重要。拥抱能减低宝宝的适应焦虑。许多研究显示，母亲拥抱初生婴儿，是建立良好亲子关系的第一步。

因为，婴儿与母亲的子宫分离，初入人世，新的环境，新的生存条件，难免有不适的无助之感。妈妈把他拥入怀里，让他体验温暖的肌肤接触，聆听熟悉的心脏跳动，自然能减低宝宝适应新世界的焦虑，感受到亲人对他的关爱。等宝宝渐渐长大，就会用各种方式传达需要被抱的讯息了。

◇求人抱是宝宝依附需要

- 情感性依附的需要。新生儿身心方面的能力有限，需要仰赖父母的照顾才能够生存。在这种依存的关系中，婴儿逐渐发展出对父母亲的情感依附。到了6个月大，开始认人的时候，宝宝更会因为看到陌生人就焦虑，父母离开就哭闹，这些都是情感性依附的表现，也是很自然的现象。如果我们了解宝宝有这方面的需要，便会接纳他，抱抱他，减低他的焦虑。等到这段时间(6个月至一两岁)过去后，此种依附的需要便会逐渐减低。
- 工具性依附的需要。婴幼儿在学会爬行走路以前，都需要借助父母或家人的抱抱，来移动身体，扩展生活的空间。如果宝宝想到某个地方去，或者想要做某件事情，但自己却移动不了身体，宝宝在无助中，只能通过哭了求抱，寻求他人的帮助，抱他去实现欲望。这种工具性依附的求抱需要，在宝宝能够爬行、走路之后，就逐渐消失。

◇宝宝大脑还没成熟到会要挟

宝宝哭了求抱的举动，在某个发展阶段会表现得比较多，这也是受宝宝内在发展规律的驱动。科学家指出，从宝宝大脑的物理结构上，就决定了婴儿还做不到可以设计什么策略或计划，通过哭来操控大人。操控别人需要更高级别的思考能力，这需要更基础的大脑结构提前发育，0～1岁的宝宝根本没有这个能力。

科学家还发现，在一定程度上，对宝宝这种重复的回应及时的看护，会让宝宝大脑的基础结构得到最理想的发育，从而也会为这种更高级别的思考能力，打下良好的基础，也就是说，得到及时回应的宝宝会更聪明。

奶奶在刚开始带宝宝的时候，常常是听到宝宝哭了，就把他拥入怀里。久而久之，宝宝自然就习得，不舒服，有需要时就哭，哭了以后就期待着被抱。抱还是不饱，听起来像是门技术活，如何掌握呢，因人而异。

0～6个月的宝宝哭了求抱，奶奶要及时满足，7～12个月的宝宝哭了求抱，奶奶要尽量满足。心理学家研究发现，一岁内的宝宝多抱抱，抱不“坏”的。过去老人常说“宝宝哭了不要抱，这样他就不会习惯粘人，比较好养”，这是不合适的。

当然，从另一方面看，如果宝宝是被“抱着长大”的，自然会错失许多练习大动作和精细动作的时间和机会，不利于宝宝身体和心智的健康发育和发展。宝宝到了一定的月龄，奶奶需要培养宝宝独处和独立的能力，而不是一味地抱在手里了。

12 宝宝有依恋物或行为是“怪癖”吗

李奶奶坐在园区长椅上，把孙子抱坐在自己的膝盖上，要喂奶了。这时，张奶奶也抱了孙子过来，两人闲聊着。李奶奶拿着奶瓶给孙子喂奶，只见宝宝一边喝着奶，一边把手伸进奶奶的衣服，摸上了奶奶的肚子。李奶奶一脸的尴尬无奈，对张奶奶说，这小家伙，一边把宝宝的手拉出来，一边嘴里唠叨着，讲了多少次了，不要摸，怎么又不听了？张奶奶说，不奇怪，我家宝宝喝奶时都要捏着一只小毛绒。宝宝的这些依恋“怪癖”是怎么回事呢？

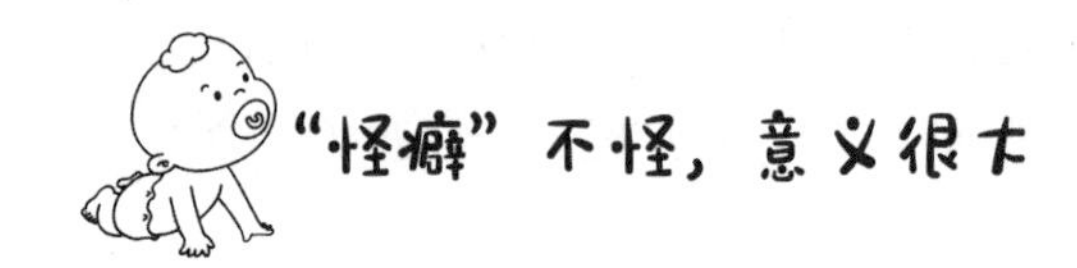

◇依恋物是宝宝的“情感拐杖”

宝宝有了依恋物品，或喜欢抚摸奶奶的肚子耳朵等依恋行为，是一个常见的正常现象。心理学家发现，在美国就有60%的宝宝有依恋物品的行为。8～12个月的宝宝，会开始寻找能够让他感到安全的物品，通常是长期陪伴宝宝入眠的小枕头，小毯子，毛绒玩具，或者妈妈的衣服，等等。

当人在因伤残而不能独立行走时，需要拐杖用以支撑，方能行走。当弱小的宝宝面对一个陌生的世界时，会有恐惧、无助、孤独、痛苦等无法控制的情绪，也需要情感支撑。比如，宝宝在断乳、分床、分离等“重大时刻”时，会产生分离焦虑，宝宝就会寻找自己的“拐杖”，用以慰藉情感，陪伴自己的成长。而这些“拐杖”，通常是宝宝的依恋物，专家称之为“情感拐杖”。

这些依恋物所具有的熟悉气味和柔软触感，对于宝宝来说，已经不仅仅是一个玩具，一块毛巾，或奶奶的肚皮了，而是宝宝为自己提供安全感的一种情感支持方式。对于宝宝来说，这是健康成长过程中，一个作用很大的“小插曲”，是宝宝适应这个新世界、新环境，调整情绪，稳定心境的“情感支撑”。

儿童精神医学大师温尼科特把布娃娃、毛绒玩具等宝宝依恋的东西，也称为宝宝自己发现或创造的“过渡性客体”。在某些特殊时期，它甚至比最亲近的人还重要，是宝宝“几乎无法切割的一部分”。“过渡性客体”可能是被宝宝情感化了的物体，也可能是亲近人的乳房、耳朵、肚子，或是宝宝不断重复的某些动作，甚至有些宝宝会创造旁人无法理解，但对其有特殊意义的喃语。“过渡性客体”能够帮助宝宝减轻内在的焦虑感，给予宝宝精神抚慰，帮助构建安全感，帮助宝宝更好更快地走向独立。

“情感拐杖”“过渡性客体”依恋物，往往有以下特点：

在众多的同类物品中，宝宝独钟情于其中的一个，并对此具有强烈的占有欲，通常是不让人碰的。比如同样是毛巾，宝宝就是只要那一条，“蛮横”得不可思议。

宝宝每天都离不开这个宝物，随时都要带着它，吃饭、睡觉、玩、外出等，必不可少。更要命的是，如果要在外面住酒店，而恰恰忘了带宝宝的“情感拐杖”，那么，这一夜折腾得会让你怀疑人生。

宝宝对依恋物有种特殊的感情，会热情拥抱，会同它玩耍，会吸吮闻味，会喃咕说话，等等。

除了宝宝自己，谁都不能改变依恋物的状态。无论多么破旧不堪，宝宝依然不离不弃，不准藏不准洗不准换不准扔，否则，就会哭闹不止。

◇宝宝为什么会有这些“小怪癖”

※断奶带来的分离焦虑

很多宝宝在断母乳后，会出现这种“小怪癖”。《西尔斯亲密育儿百科》里说，“断奶”原本的意思是“成熟”，就像水果成熟、变红，该离开树枝了。所以，宝宝断奶本应是一个瓜熟蒂落、值得庆祝的事情，意味着宝宝才开始变得完整，能够独立地进入下一个发展阶段。

但如果过早或粗暴地给宝宝断奶，宝宝准备不足，还不能接受挑战，就容易因为断奶而引发分离焦虑，从而寻找安慰性的替代品，如抱奶瓶喝奶时喜欢抚摸奶奶的肚子。因为小宝宝突然不能再捧着妈妈柔软的乳房喝奶，取而代之的是坚硬的奶瓶，这种分离焦虑是非常严重的。在这种焦虑下，宝宝突然发现奶奶的肚子肉肉的软软的，于是便紧紧地捏在手里，犹如感觉依旧捧着妈妈的乳房。就如李奶奶的孙子那样。

※能过渡性地承载宝宝对妈妈的依恋

心理学上把依恋物称为“过渡性客体”，是指那些物品能够给予宝宝对依恋的人一个过渡性的情感寄托。宝宝自 6 个月后，开始逐渐意识到自己相对于父母来说，是一个独立存在的个体。宝宝会用“过渡性客体”，即依恋物，作为桥梁，把自己对父母或看护人的依恋转移到这个物品上。因此，当宝宝带着依恋物，即过渡性客体的时候，宝宝就会感觉到，同时保有了自己和父母的联系。这就是为什么宝宝会特别喜欢拿妈妈的衣服，或者沾有妈妈味道的物品作为依恋物，因为这是妈妈的味道啊！

※依恋物是宝宝亲密的朋友

依恋物对宝宝而言，还是宝宝适应环境的情感媒介，能帮助宝宝化解内心的各种无以表达的冲突。当宝宝对环境感觉适应不良，缺乏安全感时，会靠依恋物来帮助自己缓解焦虑和恐惧，通过依恋物来调整情绪，稳定心境。比如，有的宝宝会紧紧抱住依恋物亲吻，有的宝宝会对依恋物，说着谁也听不懂的娃娃语。此时，依恋物是宝宝最亲密最信任的朋友。

所以，依恋物的出现，对宝宝而言，具有其特殊的意义。有些奶奶不能理解，认为过度依恋某件物品或某种举动，觉得太怪，不可思议不正常，会变得更加没出息，拒绝宝宝把依恋物走哪带到哪的行为，甚至会直接丢弃。这种粗暴的干涉，对宝宝的情感分离是又一次重伤。宝宝的“情感寄托”，不会因为一个依恋物的消失而消失，而是把这种“情感寄托”的外在行为，转向了情感焦虑的内在“潜伏”，于宝宝的情绪健康发展极为不利。

接纳尊重，静待花开

◇理解接纳，尊重宝宝的选择

奶奶需要理解和接纳宝宝的依恋物或依恋举动，这对宝宝来说是非常重要的。虽然不是每个宝宝都有必不可少的依恋物或依恋举动，但当自己的宝宝有依恋物或依恋举动时，要理解这是宝宝在成长中的一种正常现象，不是怪癖。正如心理学家所说，这是宝宝成长过程中的一个普遍状况，一种很重要的自我成长过程。

婴儿时期的宝宝和妈妈，或和看护人奶奶，是一种共生的状态，宝宝有求，亲人必应。随着逐渐长大，宝宝会明白原来妈妈或奶奶和自己不是一个人，是会离开的。焦虑的宝宝很难一下子接受这个情况，开始寻找陪伴自己的依恋物，作为情感的寄托，作为陪伴的朋友，平稳自己的情绪，或满足自己的需要。依恋物成为奶奶或妈妈对宝宝的爱的转移和替代，这是宝宝成长中的选择，能帮助宝宝逐渐完成从幻想到现实的转换过渡。奶奶要理解并接纳，慢慢引导去替代化。

◇保护宝宝自我力量的成长

※保护宝宝对自己依恋物的“控制权”

奶奶要理解，宝宝需要对自己的依恋物有绝对的控制权，这对保护宝宝的人格发展具有非常重要的意义。这是宝宝成长过程中一个很重要的阶段。很多宝宝在可以自由地控制自己的手脚，自己的行动的时候，就不再需要一个身外之物作为“过渡性客体”。宝宝有依恋物，说明宝宝正在构建安全感的过程中。等到构建完成，随着自我力量的进一步加强，宝宝会逐渐放弃以前的依恋物，自然不再依赖依恋物的情感寄托了，通常会自然放弃。

比如，《我喜欢我的小毯子》里那只叫小豆豆的小兔子，她把心仪的依恋物毯子藏在了一个树洞里。后来，忘了放在哪儿了，便四处寻找。在寻找的过程中，看到了很多新奇的事物，有了更多的兴趣爱好，自我力量也成长起来了。等重新看到那条小毯子时，小豆豆发现，她已经不再留恋那条毯子了。

※耐心陪伴，慢慢等待

宝宝离不开依恋物的陪伴，这可能也是一个信号，提醒父母或奶奶，对宝宝的陪伴可能不够。当宝宝对环境感觉适应不良时，会通过依恋物来调整自己的情绪，缓解焦虑和恐惧，稳定心境。每一个宝宝的“不可理喻的行为”背后，都藏着一个关于“情绪”的答案。尤其是没有依恋物就无比焦虑的宝宝，奶奶指责他并没有任何帮助，相反，会更刺激宝宝对依恋物的依恋。

要站在宝宝的角度，去感受其焦虑不安和难过愤怒等心理状态，表达对宝宝和依恋物的接纳，陪伴并守护他，等待着宝宝的成长。奶奶需要与宝宝建立良好情感的链接，不过度干扰，随着宝宝的独立和成长，慢慢地依恋物的替代作用会变得水到渠成，自然消失。

※尊重宝宝，切忌粗暴制止

宝宝正常的依恋行为，是不会影响到心理发展的，反而强行戒断依恋物，会引发宝宝的其他“毛病”。如果，依恋物被大人丢弃，宝宝在一场情绪崩溃后，很可能会发展出另一个依恋物，又或者是另一个行为来替代。不仅不能解决宝宝的所谓问题，反而会加重焦虑，给宝宝的成长留下不可磨灭的心理阴影。等宝宝能够独立面对生活中的困境了，他自己会主动放弃依恋物的。

比如，动画片《小乌龟富兰克林》中的小乌龟富兰克林也有一个依恋物，是一条又旧又破的小毯子，可妹妹也喜欢这条小毯子，富兰克林想了想，说：“我已经用不到它了，可以把它送给妹妹了。”于是主动放弃了小毯子。对富兰克林来说，他迈出了成长中十分有意义的一步。

※宝宝依恋物也有一个度的问题

如果宝宝对依恋物的过于依赖，已经影响到正常生活了，比如，依恋物是宝宝唯一的“朋友”，不喜欢与其他小朋友交流玩耍，则需要帮助宝宝减少对依恋物的依赖度。奶奶可多带宝宝出去亲近大自然，多与小朋友一起游玩，多让宝宝参加一些动手的游戏。总而言之，让宝宝忙起来，动起来，发展更多的兴趣点，自然就能淡化宝宝对依恋物的依赖。

所以，奶奶应和宝宝建立亲密的依恋关系，给予宝宝选择的自由和必要的界限。比如出去玩的时候，可以允许宝宝带上自己的依恋物，但是要告诉宝宝，依恋物放在车上，不能带到户外。这样宝宝就能区分，什么时候应和家人、朋友在一起，什么时候可以和依恋物在一起。当然前提是给宝宝充分的尊重和选择权，让他自己来决定，出去玩的时候，把依恋物安放在哪里，怎么安放。

◇那些名人的依恋物趣事

对于宝宝来说这些依恋物不仅是提供安全感的东西，更是亲密的朋友。大多数宝宝随着慢慢长大，会自然而然地放弃依恋物，但也有一些宝宝，在长大成人后，仍然保留着依恋物作为某种情感寄托。

比如，几年前的《超级演说家》中，有一位李先生演说了他的《陪伴》。他提到的陪伴，是一只毛绒玩具。因为父母工作很忙，没人陪伴，他最好的玩伴就是一只毛绒狗熊。睡觉时抱着它，用嘴巴蹭它的耳朵。最孤单的时候它陪伴着，最隐私的秘密也说给它听。这只没有生命的毛绒狗熊，哪怕后来已经旧得不成样子，它却在演讲人的生命里尤为重要，因为陪伴，因为倾听，因为承担。

再比如，在游泳比赛中，用了“洪荒之力”的傅园慧，在综艺节目上总是随身斜挎一根红绳，甚至带着它睡觉，带着它出门见新朋友。傅爸爸解释说：“这个叫‘摸摸’。傅园慧从小就佩戴着，会给她安全感，不然手不知道放哪儿……”其实，这也是恋物的一种表现，红绳就是可以给傅园慧辅助的情感寄托。傅园慧在游泳上取得傲人的成绩，性格又十分开朗乐观，并没有什么地方能证明“摸摸”让她幼稚。

还比如，在《非诚勿扰》节目中，也有一位姑娘，与大家分享了她的“宠物”。那是一条她片刻不离的非常陈旧的方手帕，说这是她从小开始，无论做什么都一直随身带着的宝贝。站在旁边的一些姑娘们，满脸的惊讶不解，而这位姑娘却是一脸的开心满足。

对宝宝的依恋物，奶奶要调整心态和态度，理解接纳，正确引导。适宜的依恋物对许多宝宝的心理健康，具有异乎寻常的帮助作用，它关系着宝宝的安全感、自信心、自我满足感等许多重要的心理品质。只要依恋物不影响他人或者宝宝的生活，都是需要被善待的。

13 宝宝进入分离焦虑高潮期怎么办

李奶奶最近被宝宝“作”得有点吃不消了。小宝贝只要醒着，无时无刻不缠着奶奶。比如，奶奶轻轻地开门，想到院子里去拿东西，正在玩的宝贝，一听见门响声，就哭着快速爬过来要奶奶抱，双眼可怜兮兮地看着奶奶。甚至连上厕所，宝宝都要吊着奶奶脖子一起去。奶奶告诉了儿子，儿子说，不要紧，这是分离焦虑，过些日子会好的。奶奶想，这么小的宝宝还会懂分离，还会有焦虑，不至于吧？那过多少日子，宝宝才会好呢？

分离焦虑，源于依恋

◇分离焦虑是自然的情绪反应

心理学家指出，分离焦虑是宝宝在与养育者产生了亲密的情感依恋关系后，又要与之分离时而引起的不安、焦虑、伤心、痛苦，或不愉快的情绪和行为，以此表示拒绝分离。分离焦虑是宝宝较常见的一种情绪障碍，而这种不适应行为或情绪，依不同年龄，会有不同的反应。如何帮助或引导宝宝顺利渡过分离焦虑，是个关乎宝宝能否健康快乐成长的重要问题。

根据《西尔斯亲密育儿百科》，分离焦虑通常始于宝宝 6 个月，开始认生的阶段。到了 8～9 个月大的时候，随着自我意识的逐渐出现，宝宝就很容易产生分离焦虑。分离焦虑的第一个高峰期，出现在 10～18 个月，第二个高峰期出现在托儿所或幼儿园时期。

分离焦虑的表现，在不同的月龄，会有不同的反应。比如，越小的宝宝，通常会表现出紧紧抱着父母或奶奶不放，害怕，甚至哭闹尖叫；而较大点的宝宝，则会有惧怕的表情出现，情绪非常不稳定，又叫又跳的，甚至耍赖，躺平在地等表现。当然，除了月龄不同会有不同表现外，宝宝天生的气质不同,分离焦虑也会有不同的表现。

依恋是宝宝与主要抚养者之间的最初的社会性联结,也是情感社会化的重要标志。宝宝的焦虑感和安全感,可以说是一体两面,相辅相成。正常情况下,宝宝出现分离焦虑是成长过程中,一种很自然的情绪反应和行为表现。宝宝的安全感建立得越及时越稳固,宝宝的焦虑感也就会越减弱越可控。反之亦然。作用于这一体两面的,是在宝宝不同阶段的成长中,依恋的需求有没有得到及时、合理的回应和满足。

◇焦虑度与宝宝对养育人的依恋度相关

心理学家鲍比尔提出,依恋是抚养者与孩子之间一种特殊的情感上的联结。由于依恋的特性之一是指向性,所以只有当宝宝能分辨出主要抚育者时,稳定的安全依恋才有形成的可能。而依恋的表现和性质,在宝宝发育的不同阶段,也是有所不同的。

※0～3个月:宝宝处于无差异的依恋发展阶段

宝宝用抓握、微笑、哭泣和凝视成人的眼睛,开始了与他人的亲密接触。宝宝虽然可以识别妈妈的气味和声音,但没有形成依恋,并不在乎与不熟悉的人在一起。通俗地讲,只要有人抱,宝宝就开心,不管是谁抱,作用都一样。宝宝生理需要被满足了,身体感觉舒适而愉悦,安全感就很容易满足。一般来说,宝宝内在的自然发展规律,还没有到会引发宝宝分离焦虑的阶段。

※3～6个月:宝宝进入了弱差异的依恋发展阶段

宝宝开始能区分熟人和生人的差异,并对陌生人有所拒绝,但对那些似曾相识的熟人,还能比较容易接受。如果在与生人接触一些时间后,宝宝也会很快就把生人当熟人了。宝宝的安全感尚未建立,缺乏安全感的宝宝,比较敏感,很容易引发不愉快情绪,甚至焦虑,但真正意义上的分离焦虑,还没有完全出现。

对这个阶段宝宝的需求,奶奶要及时回应,尽量满足,这对于建立宝宝的安全感,是非常重要的。奶奶不要顾忌会宠坏宝宝。不会说话的宝宝,哭闹就是他们对生活的必要诉求,不管是生理上的还是心理上的。宝宝还没有“成熟”到会“要心机”的阶段。

但是，如果对宝宝的诉求不及时回应，宝宝会敏感地知觉到，奶奶是不是爱我，会影响到宝宝安全感的建立。另外，有很多方法可以帮助宝宝，及时缓解和消除这些负面情绪，比如转移宝宝的注意力，非常有效。

※6～12 个月：宝宝进入了强差异的依恋发展阶段

宝宝对亲人、熟人、生人有了不同的认识和区别，与他们的依恋也有了强烈的差异感，并依据差异感程度，区别对待，给予不同的情绪反应和行为表现。比如，不熟悉的人要抱宝宝，他会恐惧，躲避，抗拒。宝宝开始会认定一个特定的对象，与之产生密切的依恋关系了。有人比喻为是一种“热恋”关系，通常是与宝宝最亲密的妈妈，或亲自照料他的奶奶。所以，有不少爸爸开玩笑地说，在宝宝那里，我经常排队也领不上号。宝宝是在确立这种重要的“热恋”关系的过程中，逐步地建立安全感的。当宝宝有了安全感后，分离焦虑的情绪表现就完全是正常可控的了。

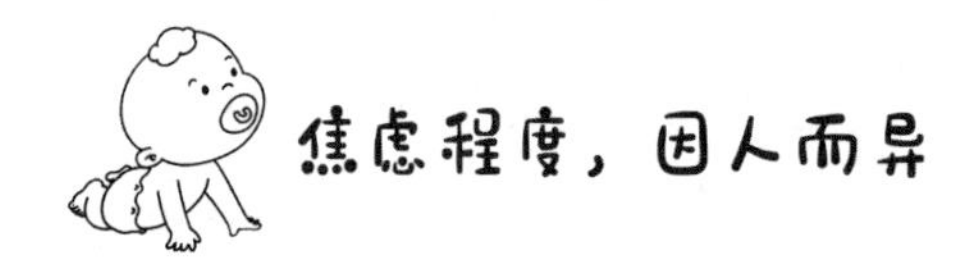

◇与宝宝自身发展规律相关

早期宝宝的需求，基本上停留在生理层面上。宝宝对养育者的依赖，主要依托于食物的提供，身体舒适的原始满足。只要满足了宝宝这些基本需求，同谁在一起，宝宝没那么挑剔，没那么重要，俗话说，“有奶便是娘”，大概就是这个道理。

没有自体感的宝宝，视自己和他人是一体的，一般不会产生分离的感觉。宝宝 6 个月之后，便开始有了自体感，会体验到抚摸奶奶和抚摸自己的感觉是不一样的。宝宝逐渐认识到，自己是自己，奶奶是奶奶。自体感的产生，让宝宝进入了分离焦虑的初始阶段。

大约 8 个月后，宝宝会意识到自己和别人是互相独立的。开始萌发了自我意识的宝宝，非常害怕被冷落，被忽略，被丢弃，时时不断地求关注，求关爱，求安全。这些认知上的发展和心理上的需求，也是宝宝出现分离焦虑的重要原因。

比如，奶奶问宝宝，妈妈在哪里，他会用手指向妈妈。而且，宝宝还逐渐理解了，东西即使看不见，也还是存在的，即“客体永久性”的概念。比如，如果奶奶把玩具藏到被单下面，宝宝会去寻找，并把它拿出来。这些都是宝宝认知发展过程中，里程碑式的标志。宝宝只有具备了客体永久性概念，才会在奶奶离开后焦急地寻找奶奶，才会将奶奶视为探索环境的安全基地。

宝宝一岁左右，大脑发育差不多到成人的60%，思维能力明显进步很多，越来越聪明，开始理解“因果关系”了。比如看到奶奶拿了包包，要往门外走时，宝宝马上意识到要和奶奶分离了，宝宝就会紧紧抓住奶奶不放手，或直接哭闹，想阻挡奶奶离开。这是分离焦虑症的典型表现。

◇依恋类型同与生俱来的气质相关

心理学家对婴儿的研究很清晰地证明了，婴儿的先天气质，的确对依恋的形成和发展有着重要的作用。由于婴儿只有最低限度的社会经验，因此婴儿的行为主要是先天气质特性的反映。由于婴儿的先天气质有所不同，分离焦虑的表现也不尽相同。如果奶奶了解了这一点，就可以理解自己宝宝的先天气质，影响了宝宝在分离焦虑上的表现，就能更好地根据宝宝的气质特点，帮助宝宝顺利渡过分离焦虑期。

心理学家安斯沃斯，通过陌生情境研究法，把婴儿的依恋分为三种类型：安全型，反抗型和回避型。

※安全型

宝宝将妈妈或主要抚养人视为安全基地。初步建立起了对世界、亲人和自我的信任感和安全感。依恋感在可控范围内，分离焦虑感会比较弱，焦虑和不安比较容易转移。对妈妈或奶奶的暂时离开，陌生人进来，都没有强烈的不安全反应，而是容易拥有更积极，更成熟的应对机制。安全型依恋宝宝一般比较快乐和自信。多数宝宝属于安全型依恋。

比如，当奶奶要离开一会儿，给宝宝一个他喜爱的玩具，宝宝会自己玩而不吵闹，因为宝宝知道奶奶会回来的。这种信任感和安全感是分离焦虑的缓解剂。当然，宝宝有时也会表现出忧伤，表达依恋并寻求安慰。这时，奶奶要及时回应，给宝宝一个温暖的拥抱，让宝宝知道奶奶是宝宝的“安全基地”。

家庭是宝宝生活的主要场所，家庭氛围将在宝宝成长的历程中，发挥潜移默化的重要作用。另外，宝宝的主要抚育者的言谈举止，会给宝宝留下难以磨灭的印记。显然，温暖、和睦、互助的家庭氛围，将有助于宝宝安全型依恋的形成。反之，冷漠、疏远、拒绝的家庭氛围，则容易使宝宝形成不安全依恋。宝宝的主要养育者的情绪和脾性，是不是稳定、积极、平和、关爱，也对宝宝的安全依恋有着极大的影响。

❈反抗型

宝宝缺乏安全感。宝宝的信任感还没有建立完全，不能把奶奶当作“安全基地”。宝宝会时刻警惕奶奶的离开，对奶奶的离开极度反抗，非常苦恼。奶奶回来时，宝宝既寻求与奶奶的接触，又反抗奶奶的安抚，表现出矛盾的态度，这种类型又称为矛盾型依恋，也是典型的焦虑型依恋。属于这类依恋型的宝宝是少数。

比如，当宝宝知道奶奶离开或回来时，宝宝的情绪表现会很激烈，闹腾的时间会更长，而且更难安抚，即使奶奶回来要抱宝宝，宝宝反而会生气地把奶奶一把推开。奶奶的每次离开，都仿佛是一场小小的“战斗”。这类宝宝在陌生情境中，还难以主动地探究周围环境，而且探究活动很少，表现出明显的陌生焦虑。

❈回避型

宝宝与奶奶之间并未形成特别亲密的感情联结，体验不到“安全基地”。宝宝已经熟悉了与奶奶身体和情绪的隔离感觉，一种一直在体验的感受。对宝宝来说，奶奶在与不在，结果都是一样的。情感上的疏远、冷漠、孤独、怀疑，让宝宝缺乏社会交往，缺乏自信和阳光。宝宝的分离焦虑很难被发现，非常容易被忽视，还常常被误认为是宝宝“好带”。

比如，宝宝在陌生情境中，奶奶是否在场对他的探究行为没有影响。奶奶离开时，宝宝不会表现出明显的分离焦虑；当奶奶返回时，也不主动寻求接触，而且当奶奶接近时，宝宝反而会转过身去，回避奶奶的亲密行为。

当宝宝忧伤时，陌生人的安慰效果与奶奶差不多，没有表现出明显的陌生人焦虑。这不是宝宝懂事，“不讨手脚”，而是更需要奶奶的理解和呵护。

回避型宝宝虽然属于少数，但是宝宝非常需要被关爱，被重视，这是关乎宝宝身心健康的大事。

很明显，处于安全型关系的宝宝在离开奶奶时表现出的焦虑最少。当然，任何气质特点的宝宝，都有形成安全型依恋的可能，关键在于我们要提供给宝宝一个稳定的安全基地，一个温馨的养育环境，一个根据宝宝本身气质特点的养育方法。

值得一提的是，许多宝宝在分离焦虑开始出现的时候，有时就像两个截然不同的宝宝。在家里或奶奶面前是一个开放、热情、外向的宝宝。但在不熟悉的人和环境里，宝宝就变成了一个紧张、粘人、害羞、易受惊吓的宝宝。

宝宝这两种截然不同的行为模式，并不能简单地说，宝宝被宠坏了才胆小或害羞，也不是宝宝“越大越作”了，而是因为宝宝开始能识别，熟悉和不熟悉的人或环境的不同而表现的情绪，是宝宝身心发展的规律使然。

◇与宝宝缺乏自理能力相关

宝宝对奶奶的过度依恋，导致分离焦虑更为严重，某种程度上也是因为宝宝缺少自理能力的训练。虽然宝宝尚小，但从小训练宝宝的生活自理能力，是很重要也很有机会的。比如，当宝宝可以抓握奶瓶时，奶奶就可以训练宝宝，在喂奶时让宝宝自己抓住奶瓶喝，宝宝会非常开心的，当然，奶奶要在旁边看着。还比如，当宝宝能够手握调羹了，或手抓食物了，而且开始喜欢自己抓食物吃了，奶奶就可以开始训练宝宝自己吃饭了。不要怕宝宝不会自己吃，怕桌子地板搞得一塌糊涂，怕万一宝宝噎着了，呛着了。

再比如，当奶奶在给宝宝穿衣服时，可以训练宝宝配合奶奶动作，伸伸胳膊伸伸腿的。另外，尽管宝宝比较小，但可以在宝宝需要便便时，训练宝宝条件反射般的配合。当宝宝玩玩具结束后，可以训练宝宝和奶奶一起收集玩具归类。从小训练宝宝的生活自理能力，益处多多。不仅可以训练宝宝的大动作能力和精细动作能力，有利于培养宝宝的感觉统合能力，而且还可以更好地培养宝宝的自立和自信。

宝宝的自理能力不仅仅是体现在日常生活中，还包括在与外界，与其他小朋友的相处等社会交往上。在小家庭成长的宝宝，如果家里很少有亲友来往，宝宝绝大多数时间和奶奶在一起，和外界接触比较少，宝宝会对奶奶表现出强烈的依恋性。这样，当宝宝来到新环境，接触陌生人时，是非常容易出现心理和情绪障碍的。所以，奶奶要经常带宝宝出去逛逛，鼓励宝宝自己去结交小朋友，探索新事物，那么宝宝的分离焦虑会慢慢减退的。

著名学者约翰·鲍尔比，把宝宝的分离焦虑的表现分为三个阶段：

反抗阶段——嚎啕大哭，又踢又闹。

失望阶段——仍然哭泣，断断续续，动作的吵闹减少，不理睬他人，表情迟钝。

超脱阶段——接受外人的照料，开始正常的活动，如吃东西，玩玩具，但是看见母亲时又会出现悲伤的表情。

这类症状是宝宝比较常见的情绪障碍，而且根据不同的年龄，会有不同的行为反应。当然，并不是所有的宝宝都会有这三个阶段的分离焦虑表现。

◇分离焦虑对宝宝的影响

美国一位心理学家就曾指出，早期的分离焦虑如果比较严重的话，会降低孩子智力活动的效果，甚至会影响其将来的创造力以及对社会的适应能力。对宝宝的未来发展和健康人格的形成，造成不利影响。

严重的分离焦虑还会引起宝宝生理上的应激反应，长时间焦虑的宝宝会抵抗力下降，情绪躁动不安，有的还会伴随着感冒、发烧、肚子疼等问题，严重的话，还会影响宝宝的身体健康。

严重的分离焦虑还会加深宝宝的不安全感，不信任感，不自信感。宝宝容易产生自卑、忧伤、孤僻、暴躁、偏激等一些负面情绪，影响宝宝心智和人格的健康发展。

◇帮助宝宝顺利度过分离焦虑期

※给宝宝一个极其重要的“安全基地”

宝宝能否顺利地度过分离焦虑期，取决于宝宝有没有得到足够的安全感，有没有一个信任的“安全基地”。心理学家提出，宝宝在0～1岁的阶段，主要发展任务是获得信任感，克服怀疑感。也就是说，这个发展任务就是要更好地建立和巩固宝宝的安全感。

专家指出，信任感和安全感是建立在“适当的回应”和“良好的依附关系”的基础上的。所以，奶奶要理解和接纳宝宝，关注和关爱宝宝，及时回应宝宝。建立了稳固的信任感，安全感，宝宝就有了“安全基地”，就不容易因为短暂的分离，而出现极大的不安与焦虑。

宝宝在建立安全感的过程中，会逐渐意识到自己是一个独立于他人存在的个体，会把自己依恋的奶奶，如心理学家所说，作为一个“重要他人”。宝宝还会把自己的依恋物，作为奶奶这个“重要他人”的替代物。对于宝宝来说，这些依恋物，不仅是提供宝宝安全感的“东西”，更是亲密的“朋友”，能帮助宝宝缓解分离焦虑。

有不少宝宝还会用嘬大拇指或吸安抚奶嘴的办法，平复自己的焦虑。吮吸是宝宝为数不多的几个能让自己平静，减少焦虑的办法之一。所以，奶奶要理解和接纳宝宝这些令人费解的爱好，让宝宝更好地度过分离焦虑期。奶奶对宝宝发出的信号反应越敏感，回应越及时，宝宝形成安全型依恋的可能性就越大。

另外，为了更好地帮助宝宝顺利度过分离焦虑期，给宝宝创造安全的环境是非常重要的。如果宝宝在探索时遇到危险，会让宝宝更加害怕独立，更加依恋奶奶。

※给宝宝一个有多人接触的生活环境

心理学家鲍尔贝曾指出：“婴幼儿应当与多个重要的成人建立依恋而非仅仅母亲。若在幼年依恋关系无法建立，将会对个体健康的社会性和情绪发展造成终生的影响。”与多个重要的成人建立依恋关系，对宝宝的影响是终身的啊！我们不要将照顾宝宝，当作是主要养育者一个人的事情，要让宝宝充分接触家庭中的每一个成员，做到共同参与，多人培育。这样，既对宝宝的全面成长有益，也能减少宝宝对妈妈或奶奶的过分依恋。

除了家庭中的多人参与外，还要让宝宝尽量多接触家庭以外的小朋友和大朋友，要让宝宝拥有多个一起玩的小伙伴。当宝宝在 1 岁左右开始尝试与同伴交往时，奶奶一定要在旁边鼓励宝宝多交往，帮助宝宝逐渐学会如何与小朋友相处，如何相互交换玩具玩，等等。

从小培养宝宝的社会性和人际交往的能力，那是受益无穷的。如果开始时，宝宝因为陌生人的靠近而变得焦虑不安，奶奶可以轻抚宝宝的背部安慰宝宝，让宝宝放松，或者对宝宝轻轻耳语鼓励安慰；并要求陌生人先不要太过靠近或者抚摸宝宝。

奶奶还可以培养宝宝与人打招呼的习惯，以克服在陌生的环境里胆小，怕生，怕人多等状态。如果宝宝还没习惯与人打招呼，奶奶一定不要强迫宝宝，或者数落宝宝，“一点礼貌都没有啊”。否则，会更加重宝宝的害怕心理，更过分依恋奶奶。

※给宝宝一个有时效性的具体性的表扬

宝宝分离焦虑的出现，是具有特殊的适应意义的，是宝宝寻求安全的一种有效的方法。当宝宝能够离开奶奶而独立玩耍时，当奶奶需要离开宝宝一会儿而不哭时，当宝宝能够同其他小朋友玩耍时，奶奶都要及时对宝宝的良好表现给予表扬和鼓励。对宝宝的表扬和鼓励，一定要讲究时效性和具体性，也就是要结合宝宝表现的实际情况，及时给予，切不可夸大其词或笼而统之。

比如，奶奶离开一会儿，宝宝没哭闹，奶奶回来要抱抱宝宝，表扬宝宝，“刚才奶奶去厨房给宝宝准备点心，宝宝自己同娃娃一起玩得很好哦”。宝宝尽管听不全懂，但奶奶的表情、身体动作和语调会让宝宝明白，“奶奶抱我，表扬我是因为刚才奶奶离开，我没有哭自己玩，真开心啊！”

奶奶不要简单抽象地说，“宝宝真乖，真聪明”。否则，宝宝会体会不到奶奶为什么表扬我，我做了什么奶奶这么开心。奶奶也不要到了晚上，才想起表扬宝宝早上的表现，宝宝很难感受到。所以，抽象的、夸大其词的、过时的表扬，对宝宝来说，作用是不大的。

※给宝宝一个稳定的秩序感

0～4 岁是宝宝的秩序敏感期。宝宝一出生就有秩序感，就有追求秩序和创造秩序的基本情感需求。心理学家蒙台梭利指出：“儿童对于秩序的敏感，在他出生后第一个月就已经表现出来了。宝宝从出生时就具有对秩序规则的敏感，熟悉的环境、整洁的房间、固定的看护人等都能让他们对秩序和规则产生感受。当孩子看到一些东西放在‘恰当’的位置时，他就会感到兴奋和高兴。”

秩序感是宝宝生命中的基本情感需求，得到满足时，能使宝宝产生愉快、兴奋和舒服的感觉，其表现形态为宝宝的安全感和归属感等。追求秩序感是宝宝在构建自我内心安全感的一种表现，当这种秩序一旦被破坏，就会引起宝宝情绪上的不安和焦虑，成为宝宝安全感建立的两大屏障。

这是因为外在秩序感，如周围事物环境所体现出的均衡、对称、节奏等因素；内在秩序感，如作息秩序、生活秩序、游戏秩序等因素，都能带给宝宝舒服的愉悦感，心灵宁静的安全感，免于对未知的恐惧。

比如，每天下午，当宝宝午睡起来吃完点心后，奶奶就会带宝宝出去遛弯。用不了多久，虽然宝宝还不明白时间概念，还不会说话，但是当宝宝吃完点心，差不多到了出门的时候了，他就会用动作或发声来表示要求出门，或者干脆自己往外面爬了。这是"有规律的行为和生活"带给宝宝的秩序感。

这里所讲的"秩序感"并非要求奶奶，严格地控制宝宝的生活作息和日常行为，更不是刻板地要求宝宝遵循某种行为规则，而是鼓励宝宝对有秩序感的生活产生愉快的期待，使宝宝的生活习惯和行为方式，慢慢适应符合年龄的秩序，使宝宝能更容易融入社会环境。

我们可以先了解一下，一岁前宝宝秩序感发展的重点，比如：

- 睡眠的秩序。宝宝出生时身体本身就具有一定的规律性，生物钟就是一种秩序感。睡眠是宝宝成长中的重要内容，奶奶要重视有目的的引导，建立良好的睡眠习惯，避免作息困扰。
- 饮食的秩序。宝宝来到这个陌生的世界，有着太多的陌生感和不确定。只有通过每天几乎一致的照顾，才能让宝宝感到舒适，稳定和安全。所以，每天固定的节奏，程序化的生活对建立宝宝的安全感，是很有帮助的。有规律的、良好的饮食习惯，不仅是满足宝宝生长发育的需要，也是培养宝宝心理上的舒适与安全的需要，同时也可让奶奶从容不迫地照料宝宝。宝宝良好的行为规范，通过秩序感的建立而成为习惯时，约束就是一个很自然的行为。
- 游戏的秩序。建议每次只玩一个玩具，帮助宝宝建立游戏的秩序感，还可以帮助培养宝宝的专注力。奶奶可以先拿出一个玩具让宝宝玩，观察宝宝，如果发现宝宝对这个玩具失去兴趣时，再换另一个玩具。然后，一只手拿出玩具给宝宝，另一只手从宝宝手中收回玩具，告诉宝宝，我们换玩具啰，引导宝宝了解"交换"的概念。当游戏结束后，和宝宝一起进入收拾玩具的秩序。

➢ 生活的秩序。生活的秩序感是随着宝宝的身心发育而发展的。宝宝在不同的月龄阶段，身心的发育会让宝宝有一些特别敏感的时间段。在此期间宝宝会特别热衷于某些事情，或者对某件事情特别敏感。比如，在宝宝手指动作发展的敏感期，宝宝会特别喜欢把东西塞进嘴巴里品尝，这是宝宝内在发展规律，或者发展秩序使然，也就是说，宝宝到了吃手啃东西的阶段了。奶奶不要简单地阻止，这是宝宝在学本领，让宝宝学会把东西往嘴巴送，享受啃咬的乐趣，又锻炼了手的精细动作。当宝宝学会一种本领，他就会不断重复，不断练习，并享受快乐。

14 宝宝为什么要光脚，还要先爬后走

有一天，李奶奶发现，张奶奶的宝宝光着脚在地上爬。李奶奶去摸一下，感觉有点凉凉的，便有些纳闷，问张奶奶，老话不是说病从脚心起，宝宝的脚是不能受寒的呀，你怎么能让宝宝光脚呢？张奶奶说，打从抱宝宝出门起，我就给宝宝穿袜子啦。可最近儿子告诉我，天气转暖了，让宝宝光脚对宝宝的发育有利。张奶奶说，我倒是经常看到外国妈妈抱着光脚的宝宝逛马路，听儿子的吧。那么，光脚对宝宝是有利还是有害呢？

宝宝光脚，强身健脑

◇光的是脚掌，练的是全身

在日本，赤脚已经成为一门正式的课程。比如，著名的爱知大学附属幼儿园耗资700多万日元，将院内的水泥地面变成了沙土，以便让孩子们有更多的时间在沙地上赤脚玩耍。赤脚训练对宝宝的生理和智力发育都是极好的。根据气候、环境的情况，给宝宝一个光脚的机会，非常有利。

研究发现，对宝宝双脚发育最好的训练就是裸足，这是最健康、最自然的模式。足弓在小孩6岁前，就发育了80%，到10岁左右发育成熟。宝宝光脚更能锻炼足底肌肉和韧带，促进足弓的形成，有利于缓冲走跳时引起的震荡，预防宝宝扁平足和脚内翻、外翻等情况的出现。

宝宝脚掌有66个穴位，72个反射区，有“第二个心脏”之称。脚部周围皮层有着丰富的毛细血管和神经末梢，脚部触觉的训练和开发，如同手部精细动作的开发一样，对刺激大脑的发育，训练宝宝的感觉统合能力，都是非常有利的。

宝宝的双脚通过接触不同质地、不同温度、不同软硬的物体，来刺激脚

部丰富的触觉神经,促进全身血液循环,提升宝宝感官和大脑的发育,增强记忆力,益智健脑,提高感觉灵敏性,身体灵活性和平衡性。增强宝宝对外界的适应能力,能够更自由地去感知和探索世界。

宝宝的小脚充分裸露在空气和阳光中,脚部的血液循环即会加快,进而可带动全身的新陈代谢速度。代谢加快,宝宝的食欲会增强,身体的抗病能力、免疫力自然也会随之增强。光脚能释放宝宝的天性,给他们带来无尽的欢乐,光脚走路能促进宝宝健康发育,又能给宝宝带来身心愉悦。

在保证宝宝安全的前提下,学步时让宝宝光脚走,脚掌的末梢神经直接感受地面,接收到地面传来的压力,可以更好地感知地面的高低变化,进行及时的调整,宝宝会更容易抬头挺胸,形成良好的走路姿势,也会走得更加协调平衡,锻炼宝宝的运动能力和反应速度,学得更快,走得更稳。

脚掌是人体汗腺最密集的部位,会不停地出汗,然后挥发散热,帮助人体保持体温正常,对于天生汗脚的宝宝来说,尤其如此。另外,最容易出汗的小脚丫,细嫩的皮肤很容易被细菌侵袭,从而造成足癣真菌的感染。让宝宝光脚有利于宝宝足部血液的循环,避免皮肤感染,提高抵抗力和耐寒能力,预防感冒或受凉腹泻等疾病。

◇光脚须知的五个注意事项

- 要检查宝宝活动的小床上或地面是否有钉子、玻璃渣子、碎石头等锐器,以免扎伤或割伤宝宝。
- 炎夏时,户外地面在阳光下会温度很高,宝宝光脚时一定要小心烫伤!天冷地面太凉,会对宝宝造成一定的伤害,甚至受凉拉肚子,所以不要长时间让宝宝在过凉或过热的地面上光脚走路。
- 正常健康的宝宝,虽然夏季一般是没必要穿袜子的,但在空调房里,温度不要过低,或空调口直吹宝宝,以免让光脚宝宝着凉。
- 新生儿和早产儿的体温调节功能尚未发育完善,自身产热不足,体表散热面积又大,需要格外注意保暖,这时候的小袜子还是很有必要的。
- 对于部分体弱或是身体不适,比如,腹泻或是感冒的宝宝,也需要穿上薄棉袜。

所以，当宝宝初学走路时喜欢光脚行走，奶奶不要着急害怕，担心宝宝摔跤，担心宝宝受伤，担心宝宝会养成不卫生的习惯。如果在室内，奶奶可以“清理场地”，让宝宝在一个没有危险因素的空地上赤脚走；如果在室外，奶奶可以让宝宝光着脚，在没有危险物品的沙滩或草地上行走。当然，要注意安全，不要让宝宝长时间地光脚走路。

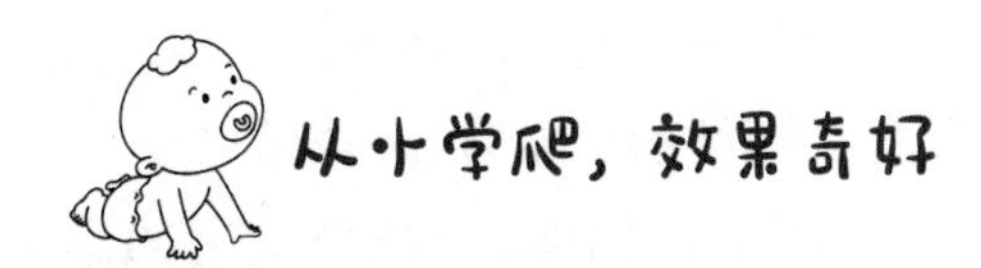

从小学爬，效果奇好

李奶奶近来很烦心。儿子说要让宝宝先学爬行再学走路，可宝宝喜欢在地上翻来滚去已有些日子了，就是不愿意学爬。有一天，张奶奶带了宝宝来李奶奶家玩，看见李奶奶正为宝宝不肯学爬而烦恼，就说没事，我家宝宝也不喜欢学爬行，但喜欢拉着东西学站。我就让他学站，说不定学走路会更快些呢。再说，哪个宝宝长大了，不会自己走路的啊？李奶奶听了觉得似乎有点道理，但又觉得儿子说得也没错，爬有那么重要吗？

◇自我位移促进认知和心理发展

发展心理学指出：自我位移的实现，对婴儿的认知和心理社会方面的发展，具有惊人的作用。而在BBC纪录片《婴儿的异想世界》中，研究者发现，经过一段时间爬行的孩子，比刚开始学习爬行的孩子，拥有更强的思维力、判断力和学习力。

天津市妇女儿童保健中心的有关专家调查发现，感觉统和失调的儿童，90％以上不会爬行或爬行时间很短。宝宝如果爬行少或爬行练习不足，或者没有经历过爬行，都将引起对称性颈紧张反射的动作不成熟，表现为身体的上半部和下半部不自觉地对抗，容易发生感觉统合失调症，如视觉和听觉不协调，视觉和动作不协调，听觉和动作不协调，等等。

该中心的儿童保健专家于淑萍介绍说，缺乏爬行经历的宝宝还容易出现情绪不稳定，固执，容易有侵略性，容易有挫折感，难适应学习环境，注意力不集中，平衡能力差，易摔倒，胆小内向，手脚笨拙，爱哭等症状。这并不是一般的教育问题，而是儿童大脑发育过程中某些功能不协调所致，在医学上被称为“感觉统和失调”。

上海市人口与发展中心在母婴健康社区进行的调研中显示，不会爬或不经过爬的阶段就直接行走的幼儿比例，高达24.4%。不经过学爬行就走的现象，确实很普遍。不少奶奶错误地认为，不会爬就会走，是代表宝宝学得快，长得好。

有项研究显示，宝宝感觉统合能力的基础，绝大部分是在婴幼儿期打下的，尤其是在宝宝大动作和精细动作能力开拓期的0～1岁。学龄前儿童进入学校后，出现的许多学习上的问题，往往与宝宝的感觉统合能力失调相关。

爬行过程是宝宝全方位学习的过程和方式，奶奶应该像重视宝宝阅读一样，重视爬行。

◇爬行能促进大小脑发育

当宝宝在襁褓中时，视听范围很小，坐着或躺着时，视听范围略有扩大，但得到的刺激仍然不够。而爬行则使宝宝的视听范围大幅度扩大，行动有了比较大的自由，触觉和刺激增大了，思维和协调能力自然得到了更多的训练和发展。宝宝的爬行动作由最初的爬行反射，经过抬头和翻身等中间环节，最终发展成为真正的爬行，需要经历多次的学习。

宝宝在爬行中，不但需要使肢体协调，运用力量让自己移动，更需要在移动过程中判断物体的远近、空间的深度，通过这种判断—行动—再判断—再行动的循环，宝宝的视觉、前庭觉等深度感知能力，得以迅速发展。而这些看似简单的大动作的学习与发展，其实都与大脑的发育有关。

爬行需要大脑和小脑之间的密切配合，多爬行能够丰富大小脑之间的神经联系，促进大脑的生长发育。因此，学习爬行其实就是对脑神经系统功能的一次强化训练。宝宝通过爬行，促进了脑功能的发育，而促进脑功能的构建，能帮助大脑加强对手、足、眼的神经运动的调控。所以，会爬的宝宝协调能力好，求知欲强。而不会爬行的宝宝往往协调性较差，平衡力较弱。

爬行能促进语言学习。美国科学家对大量婴儿考察研究后证明，爬行可以加强大脑中各个神经元的联系，刺激大脑语言中枢，为宝宝今后的语言学习做好准备。宝宝爬得越多，学说话的能力会越加强。有一项研究表明，儿童期有阅读困难的孩子，很多是由于婴儿期缺少爬行环境和爬行训练造成的。

◇爬行是预防感统失调的最佳方法

爬行是目前国际公认的预防感觉统和失调的最佳方法。爬行对于宝宝来说有着无可替代的作用，能帮助宝宝内耳前庭和平衡能力的发育。大量的研究结果表明，与爬行多的宝宝相比，过早使用学步车而缺少爬行练习的宝宝，常常会出现动作协调性差、注意力不集中的问题。甚至会患上感觉统合失调症，出现视听、视动、听动失调的情况。

※能训练肌力，刺激大动作和精细动作的发展

人类所能学到的一切运动上的技巧，都是凭本体感觉来实现的。而本体感觉的培养是从爬行开始的，学习爬行的阶段是开发宝宝多器官协作能力的最佳时期。

大动作能力（如翻、滚、坐、爬、站、走）以及精细动作能力（如拿、捏、抠、扔、抓、打）的完成，需要运用到不同的肌肉群。爬行可以强化躯干及相关肌肉，并且运用手眼协调，促进粗细动作技巧，将来有助书写、阅读和运动技能。爬行是在人的一生中，手脚等各个身体器官的最先综合协调使用。

爬行是复杂的运动发展过程，首先必须撑起头，抬起胸，先是绕圈而转或腹部贴地的拖拽而行，再是有规律地移动手与膝盖的匍匐前进，直至最后，熟练地交替使用手与膝盖来爬行。这期间，宝宝的大动作能力和精细动作能力得到了很大的发展，大脑构建也有了很大的发展。

人的脑神经系统是人所有活动的指挥中心，指挥中心拥有错综复杂的网络结构，目标是传递信号和发布命令。但刚出生的宝宝，大脑指挥中心是不会指挥的。经过1年的时间，宝宝通过眼看、耳听、皮肤触、舌头味觉、鼻嗅等过程（医学上称感觉统合过程），脑中的各种信号路径就建立和发达起来。

这其中伴随着宝宝的运动能力的顺序发展，如俗话说的，“二抬四翻六会坐，七滚八爬周会走”。宝宝这些不同阶段运动的发展，将直接刺激宝宝大脑的发育，影响宝宝感觉统合能力的发展。

※能促进距离感、空间感等认知的发展

宝宝的学习爬行是一个累积生活经验、尝试失败挫折的学习成长过程。宝宝爬行必须统合感官讯息和手、眼、脚的配合，才能了解周围环境，判断爬行方向。这些刺激可发展宝宝的空间概念及距离感。爬行会刺激宝宝左右脑的均衡发展，宝宝也在爬行中知道，自己在什么地方，以及如何避开障碍物，有助于抽象概念的形成，将来有益于逻辑思维。

宝宝的这些学习经验，将化为好奇和勇于探险的精神，培养未来独立解决问题的能力和自信。爬行是宝宝第一次全身协调运动，可以锻炼胸肌、背肌、腹肌以及四肢肌肉的力量，还能使宝宝的血液循环流畅，促进全身的生长发育。

并且，爬行中消耗能量较大，有助于宝宝吃得多，睡得好，体重和身高长得快。宝宝爬行还可刺激内耳或前庭系统，有助于维持平衡感，而手眼协调也有相同作用，能强化平衡感。另外，宝宝在爬行中，从眼睛到地板的距离，大约等于将来阅读时，眼睛到书本的距离，这种距离感的养成可帮助宝宝建立一种好的学习习惯。

◇遵循先爬后走的发育规律

宝宝发育从出生到成熟是个连续的过程，不是间歇式、跳跃式的过程。在这个连续的过程中，又可将其分为若干个阶段，而这些阶段之间是相互联系的，前一个阶段是后一个阶段发育的基础，后一个阶段是前一个阶段发育的延续。

如果前面阶段没有发育好，就会影响到后面阶段的发育。这是宝宝自身发展的内在规律，我们必须尊重和遵守。比如，宝宝大动作的发育，就是一个连续的过程。宝宝的抬头、翻身、坐、滚、爬、站、走，这些动作是宝宝大动作发育连续过程中，所分的几个阶段，既不能倒着来，也不能跳着来。

另外，人类的脊椎发育是循序渐进的，是需要一步步“循规蹈矩”锻炼而成的。当宝宝可以自己坐稳的时候，就意味着脊椎已经发育到可以支撑其独立安坐的阶段。而学习爬行，则能帮助宝宝锻炼脊椎弯曲度和腰部肌肉，以及身体活动能力。宝宝在能完成随意坐躺和自由爬行之后，才是进入学习走、跑、跳等的阶段。现实观察和研究结果表明：爬得越好，走得也就越

好；不爬就走，不利于宝宝的身心发育。

对于宝宝来说，爬行是最好的全身运动，宝宝在爬行中消耗热量，躯体的活动也随之加强，可以促进消化增加食欲。经常爬行，可以使减少宝宝的皮下脂肪积聚。另外，宝宝在爬行中抬起头颈，可以锻炼颈部的肌肉。同时胸腹部离地，四肢支撑身体的重量，也锻炼了胸、腰、腹、背与四肢的肌肉，不但可以促进骨骼生长和韧带灵活，更为站立、行走打下基础。

◇渐进式的爬行训练法

专家们认为，宝宝不会爬，大部分是由于抚养方式不当造成的。可以通过以下六个小活动，训练宝宝爬行：

- 抵足爬行。宝宝俯卧在床上，奶奶用手掌顶住宝宝的脚，宝宝就会自动地蹬住奶奶的手往前爬。开始时宝宝可能不会用手使劲，整个身子也不能抬高，奶奶必要时可用一点外力帮助宝宝前进。每天练习2～4次，每次爬行2～4米，可天天坚持。
- 上肢准备。让宝宝俯卧，抬头，两臂撑起上半身，可用镜子、玩具、画报等逗引宝宝抬头。宝宝满月后每天训练3～4次，时间根据宝宝情况即可。
- 单臂支撑体重。当学会上述动作后，可在宝宝俯卧时，用玩具在他一侧手臂上方逗引他拿玩具，两臂可轮流练习。
- 趴着玩。宝宝出生3个月后，头能直立了，就可以经常让其趴着玩，每次3～5分钟，随月龄增长，循序渐进。宝宝如果不爱爬，奶奶就要抓住宝宝情绪好的时候，让宝宝在游戏中练习爬行。
- 下肢准备。3～4个月，可将宝宝跪抱在奶奶的大腿上，让宝宝的手扶着你的身体，锻炼宝宝膝部支撑力。此外，也可让宝宝俯卧，奶奶用双手抓住宝宝踝部，做前后交叉运动。
- 四肢协调爬行。让宝宝手膝（或手足）着地，腹部离开床面，四肢协调爬行。若宝宝腹部不能离开床面或不能向前移动，可用手托住宝宝腹部或用长围巾兜住腹部，用玩具诱导他爬行。7～9个月是宝宝模仿能力形成期，如果可能的话，奶奶也可以和宝宝一起爬，先做示范爬，如追逐滚动的球，拿到后放在宝宝面前，让宝宝模仿爬着去拿，宝宝会非常开心地学习模仿的。

◇训练爬行时要注意的几个问题

- 安全的爬行环境。准备一张爬行垫和布置一个运动区域,环境要安全有趣。爬行垫的大小以家庭的面积来选择,尽可能大一些。奶奶要提前检查好爬行的区域,是否有尖锐危险的物品。家具边角可以贴上防撞保护,抽屉加上儿童安全锁,墙角的电插孔做好保护措施。最好奶奶能趴在地上。从宝宝视觉的角度检查一下,周围有没有危险的地方。因为,宝宝的视觉低,有时会看到奶奶从没注意过的位置。
- 准备好宝宝喜欢的训练玩具。比如,让宝宝爬上爬下的枕头,各式球类,能拖动的玩具,会发声的玩具,宝宝喜欢吃的东西,等等。有吸引力的玩具和训练器材,会刺激宝宝的爬行欲望。
- 无束缚的爬行着装。宝宝如果穿得过多,过紧,过长,很大程度上会影响爬行的学习。给宝宝穿上松紧适宜的衣物,利用空调控制室内温度,稍微穿少点,露出小手小脚,宝宝爬得更欢快。如果在天气炎热时,可以让宝宝露出四肢,宝宝爬起来更自由,但一定要保护好宝宝的膝盖。
- 适时适宜的训练。专家提醒说,宝宝每次爬行练习时间不要过长,以免引起宝宝的抵触情绪。训练强度要适合宝宝的身体状况。宝宝情绪不好时,有抵触时,身体不佳时,不能要求宝宝练习爬行。在训练中,如果奶奶能变着花样制造一些小惊喜,引导宝宝学爬行,要比单纯地学爬行,效果要好得多。

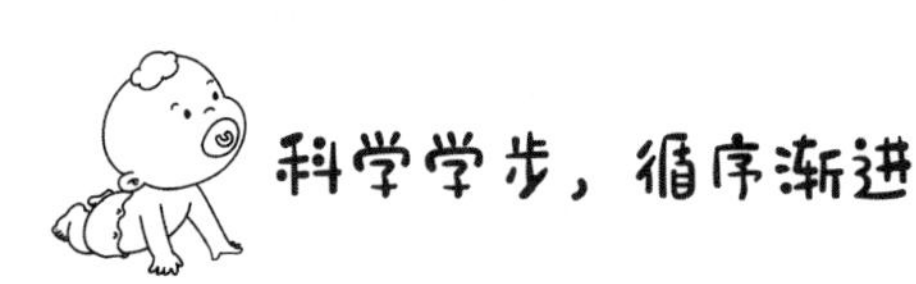

科学学步,循序渐进

◇学走路的五个阶段

有句话说得好:婴儿期的宝宝用短短一年的时间,演绎了从爬行动物到直立行走的人类几十亿年的转变！学会走路是宝宝开始成为一个独立人的标志，也是人生发展的一个重要的里程碑。宝宝成功地学会走路，不仅给宝宝带来了重要的成就感、自信心和探索精神，而且标志着宝宝今后活动范围将逐渐扩大，视野逐渐开阔，给宝宝体能和智力方面的发展提供了重要的基础条件。

一般来说，宝宝学走路，大致有五个阶段，其中月份可能有早晚，视宝宝个体情况而定：

➢ 10～11 个月。是宝宝开始学习行走的第一阶段，当奶奶发现宝宝在放手能稳定站立时，可以开始尝试训练走路了！

➢ 12 个月。蹲是此阶段重要的发展过程，奶奶应注重宝宝站—蹲—站连贯动作的训练，可增强宝宝腿部的肌力，并可以训练身体的协调度。

➢ 12 个月以上。宝宝扶着东西能够行走，接下来必须让宝宝学习放开手也能走二三步，加强宝宝平衡能力的训练。

➢ 13 个月左右。奶奶除了继续训练宝宝腿部的肌力，及身体与眼睛的协调度之外，也要着重训练宝宝对不同地面的适应能力。

➢ 13～15 个月。宝宝已经能行走良好，对四周事物的探索逐渐增强，奶奶要尽量满足宝宝的好奇心。当宝宝能开始走路就代表着具有以下四项条件：能自主性地握拳，并随其意志使用手指及脚趾；腿部肌肉的力量已经足以支撑本身的重量；已经能灵活地转移身体各部位的重心；懂得运用四肢和上下肢，各种动作的协调性发展得比较好。

◇防止误入两个极端

一个是抱了不放。奶奶不要因担心宝宝摔跤受伤而抱着宝宝不放手，给宝宝多一些尝试的机会。不要因为宝宝摔了一跤，就心疼得不再让他练习，也不要表现出惊慌害怕的表情，以免增加宝宝对学步的恐惧。许多宝宝迟迟不会走路，其中一个原因，就是到了该学步的时候，宝宝仍被奶奶经常抱着。这样看似很安全的呵护，却难免剥夺了宝宝尝试行走的机会。

另一个是急于求成。奶奶也不要因为隔壁差不多大的宝宝，已经会摇晃着走路了，就着急地拖着自己的宝宝也学走步，这是不妥当的。每个宝宝都有自己的成长程序，奶奶要遵循宝宝发育的内在规律，不能操之过急。

因为，一岁内的宝宝骨质还比较软弱，肌肉组织（尤其是下肢及足部肌群）比较娇嫩，肌力较弱。再加上刚学走路时姿势会不太正确，使得全身的重量压在下肢。在这种垂直重力的持续作用下，容易造成双腿弯曲畸形，甚至形成“X”形或“O”形腿，不仅影响到宝宝以后的形体健美，而且也不利于宝宝的正常生长发育。

◇选择适合宝宝的训练方法

如果奶奶不能带宝宝在室外学习走步，那就一定要在宝宝下地走步之前，先把家里的窗户打开，透气一些时间，保持室内空气清新。因为走步加快了宝宝的呼吸，保持空气质量很重要。在宝宝初学步时，为防止摔倒，应选择活动范围大，地面平，没有障碍物的地方学步，安全第一。

如冬季在室内学步，要特别注意避开煤炉、暖气片和室内任何锐利有棱角的东西，防止发生意外。如果不光脚走步的话，要给宝宝穿合适的鞋和轻便的服装，以利活动行走。如果去户外学走步，要注意活动的周边环境，尤其是路面状况，比较推荐先到草地上练习。

当宝宝扶着东西能够站起来后，就可以开始训练宝宝走步了。这时奶奶可以蹲在宝宝面前，伸出双手拉他手臂至与肩同高的位置，不要抬得太高，以免拉伤宝宝。然后鼓励宝宝慢慢向前迈步，让他充分体验脚踏实地的感觉。奶奶也可以站到宝宝身后，两手托住宝宝的腋窝，不要牵着宝宝的两只手，因为宝宝的关节很娇嫩容易脱臼。或者，做一条两寸宽的环形带子套在宝宝身上，从后面拽住带子帮他行走。

当宝宝逐渐对身体能平衡控制，只需用一点点外力就能往前走的时候，奶奶就可以在距离宝宝1米左右的地方，用他喜欢的玩具去引逗他向前迈步。训练几次后，宝宝便能大胆地独立行走了。只要宝宝能走几步，就要让他每天练习一下走走路，但是走路的时间不能过长。当宝宝能走稳时，也可以教他用脚尖走走路，这可以强健宝宝的足弓。

至于学步车，美国儿科学会强烈建议父母不要让孩子使用学步车。学步车容易让宝宝形成踮起脚走路的习惯，一旦离开学步车，宝宝很难掌握平衡，可能一下子就不会走了。建议可使用手扶小推车替代，宝宝既能够自主控制身体，走路又不容易跌倒。

无论哪种方法帮助宝宝学走步，奶奶都需要多一些耐心和等待。在练习宝宝自主控制身体协调上，宝宝不需要许多外力的干扰，走路是宝宝的天赋，奶奶更重要的是做好保护措施。

◇学步时要警惕的三种情况

※八字脚

宝宝的八字脚表现在腿上，也就是常说的"X"型腿和"O"型腿。"X"型腿的宝宝爱夹着大腿走，一般都不爱走长路，老嚷着要奶奶抱。有时候，这种走路姿势的宝宝是缺乏肌肉负重锻炼，奶奶别老宠着，要让他多做些锻炼。"O"型腿的宝宝走路像骑马，不过不用担心，慢慢自己就能调整过来。这两种走路姿态一般在 2 岁左右就能慢慢恢复正常。但如果一直这样，就有缺钙和维生素 D 的迹象，需要治疗。像"O"型腿严重的宝宝，甚至要给双腿打上石膏来纠正。

※走路经常跌跤

事实上，宝宝学步时的跌撞、摔跤都是正常的，在跌跌撞撞中，宝宝能很好地学习训练控制脚步的能力。不过，如果到 2 岁后还是这么跌撞着走，那么就要带宝宝去求医了。因为，有可能是宝宝骨架结构的问题，也有可能是小脑疾病影响平衡，还有可能是脑缺氧或脑瘫。

※鸭子步和跛行

有的宝宝走起来像小鸭子，两条腿移动很慢，如果不小心摔倒了，要用手撑地，弯腰，或用手撑膝关节才能站起来。这种步态在一开始学步时就很明显，一个原因是宝宝的脚还是平足，学步的过程要慢慢练习。如果有平足的情况，可以让宝宝练习蹬小轱辘童车，一般在 5 岁前会自然出现弧度。如果是宝宝有两侧先天性髋关节脱位引起的，要尽快去医院检查。

还有的宝宝走路跛行，很多是得过小儿麻痹的。如果一开始走路就跛行，那很可能是单侧髋关节脱位引起的，要带宝宝及时就医。

15　宝宝为什么对越小的东西越喜欢

近来，李奶奶非常紧张。只要把宝贝一放到地上，宝贝就一边爬一边“侦探”四周，不时能在地上发现他的“猎物”。眼睛就像一只放大镜，再细小的东西，如一粒小米粒，一根头发丝，都逃不过；眼睛又像一部小雷达，奶奶想都想不到的角角落落，宝宝能一眼发现目标，且能准确地抓起，放进嘴里品尝。有一次，甚至捡起地上一只小螺丝往嘴里送，幸亏奶奶发现及时，马上拿掉。李奶奶很紧张，为什么宝宝对东西越小越喜欢，万一螺丝吞下去，怎么办呢？

东西越小，宝宝越爱

◇发育规律中的内驱力导致

著名心理学家蒙台梭利说过“儿童在1～2岁之间会有一个对细小事物感兴趣的敏感期。他们对细小而精致的东西充满了巨大的兴趣”。在自身发展的内驱力下，宝宝出现了强烈的对细小事物的探索欲望，是由宝宝内在的发育规律决定的。换句话说，这是宝宝在成长过程中都会出现的一个重要阶段。

宝宝不仅仅是被色彩鲜艳的事物所吸引，而且更充满激情和兴趣地发现和关注细小事物，热衷于拾捡或收藏那些极小而又新奇的东西，比如，小蚂蚁，小花瓣，小线头，小豆子等等。

因为，宝宝内在的发育规律，让宝宝有了下面四个能力的提升，出现了对细小事物的好奇和探索：

- ➤ 精细动作能力的提升：让宝宝的五指分合有度，手掌手腕转动自如，有了很大的探索功能；

- 手眼脑协调能力的提升：赋予宝宝的探索有了更广泛的兴趣和意义；
- 大运动能力的提升：手臂能自由挥动，腿脚能自由移动，让宝宝的探索有了更大的空间范围；
- 认知能力的提升：开始萌发了因果关系和客体永存的概念，逐渐有了“这是什么”的探究。

有了这些能力，世界在宝宝的探索面前，变得如此的生机勃勃，绚丽多彩，充满着强烈的吸引力。宝宝开始进入认识事物的萌芽期。宝宝这些探索，反过来又刺激和加强了上面这四种能力的提升。宝宝对细小事物探索敏感期是有时间性的，尽管每个宝宝的敏感期到的时间点，会不一样，但过程却是相近的。奶奶要敏锐地发现，高度地重视宝宝敏感期的到来。

◇强烈的好奇心和求知欲使然

在进入细小事物敏感期的时候，宝宝对周围的世界充满了强烈的新鲜感和好奇心。宝宝的愿望不再满足于只是能抓到东西了，而是有了“更高的追求”，更大的兴趣，去品尝和品赏手中的“猎物”。宝宝有多喜欢呢？可以喜欢到上一秒还在哭闹发脾气，下一秒看见一粒葡萄干在地毯上，马上会破涕为笑，就像发现新大陆一样，兴奋地爬过去，捡起来专注地研究。宝宝会用手的抓握，口的品尝，眼的观察，来感觉细小物体的质地和属性：“这是软的还是硬的？”“这是甜的还是酸的？”等等。

比起不会动的小事物，宝宝对会动的小虫虫之类的，则更感兴趣。比如地上爬的小蚂蚁，好像没有一个宝宝能逃过小蚂蚁的魔力。一旦发现地上有小蚂蚁，宝宝那个高兴劲儿，霎时眼里只有蚂蚁，没有世界。宝宝会用各种方式来表现他对观察蚂蚁的兴趣和热情。

随着肌肉和骨骼的发育，宝宝的手和腿都开始有力量了，能够将手的功能和整个身体的平衡结合起来，活动开始变得灵活了。此时，腿是宝宝的运输工具，把宝宝从这里带到那里，而手是宝宝的研究工具，用来探索和工作。宝宝对细小事物的探索，不仅满足了宝宝的求知欲望，也给宝宝带来了极大的心理满足感。所以，细小事物敏感期是培养宝宝学会对事物观察细致入微，学会带着疑问和想法认知世界的好时机。

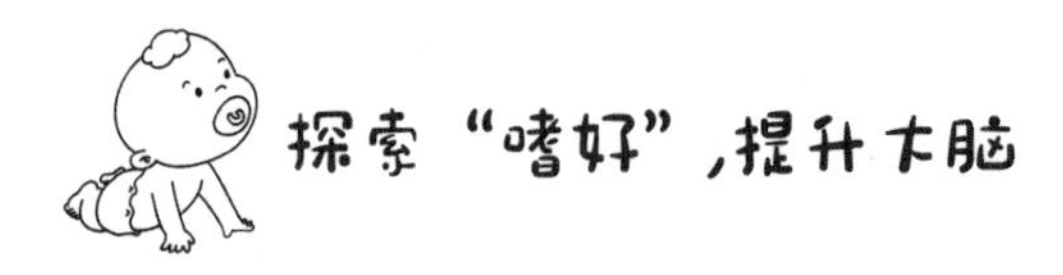

◇探索研究是宝宝的重要“工作”

对于宝宝的探索“嗜好”，奶奶在确保安全的前提下，要理解、接纳和引导宝宝这些“不可思议”的举动。因为，宝宝在专心地观察一件事物时，在他自己看来，这是一项很重要的“工作”，一种值得他聚精会神地去做的“工作”。

奶奶不要打扰或阻止宝宝的“工作”。阻止、训斥或威吓，不仅会破坏宝宝的探索兴趣和专注力，还会对宝宝的心理产生消极的影响。宝宝能安全、尽兴、满足地渡过这个细小事物敏感期，对于开发大脑，培养手眼协调能力，观察能力，专注能力和认知能力是非常有利的。

奶奶需要多带宝宝到大自然中去体会和观察各种事物，奶奶可以为宝宝创造观察的机会，但不要给宝宝设定观察的目标。强制性地培养宝宝的观察能力，会阻碍宝宝体验大自然的兴趣和乐趣。对于刚刚开始认识世界的宝宝来说，大自然是他最好的老师，要让宝宝自己去观察。在这个过程中，奶奶可以陪着他一起观察，给宝宝做一些讲解，让宝宝既能体会到观察的乐趣，还能从中学到知识。

比如，宝宝在草地上捡起一片发黄的树叶，一本正经在“研究”。奶奶可以让宝宝先观察，然后带宝宝去寻找这片树叶是从哪儿来的，为什么这片树叶会掉在地上呢？为什么树上的叶子是绿色的，这片叶子是黄色的呢？尽管宝宝听不懂，但这种“弹琴给牛听”的不断灌输，会让“琴声”慢慢地渗入到宝宝的潜意识中，对宝宝的语言能力和观察能力的发展，起到重要的作用。

◇爱护小小“收藏家”

随着宝宝对细小事物兴趣越来越浓，宝宝还会热衷于收藏。比如，有的宝宝捡到一块小石头后,会随身携带,吃饭睡觉都不离手。如果奶奶很不理解宝宝的这种收藏行为,认为既没有收藏价值,也没有学习意义,随手扔了。这会令宝宝很生气很伤心的。这种收藏行为不仅是宝宝探索事物的兴趣,也是宝宝心智发展的需要。

当宝宝感觉到自己的弱小,却又无法改变这一事实时,就会关注一些和自己同样弱小的事物,甚至会移情,把自己的爱转移到这些事物上来。遇到这种时候,不要随便丢弃宝宝的小收藏品,可以帮宝宝找一个小盒子,让他专门存放小收藏品,保护宝宝的这种行为和心理。

◇保护宝宝的"探索工程"

- 防患于未然,给宝宝一个安全的环境。一般来说,当宝宝进入对细小物品感兴趣的时期,大多已经会爬行了。对细小物品的好奇加上身体可以到处移动的便利,让宝宝有更多机会,接触到细小物品的可能性。所以,奶奶要经常检查家里的环境,地板上,床上,桌椅上,沙发上等有否细小物品,比如:纽扣,针线,药片,豆粒,糖丸,等等,如果有就及时清理了,有用的放到宝宝够不着的地方,没用的及时扔掉。
- 用转移注意力的方法,防止宝宝误食。当宝宝捡起某个不适合放到嘴巴里的细小物品时,比如小石头,奶奶首先不要过度紧张,一把抢过来会惊吓到宝宝,不利于宝宝的探索。奶奶可以和宝宝一起玩,先告诉宝宝这是什么东西,转移他想要品尝的注意力,然后,拿下宝宝手里的石头,陪着宝宝一起认识这块石头。让宝宝摸一摸,是不是又硬又尖,手指会不会痛?让宝宝看一看周围还没有这样的石头,再让宝宝拿一块,看看有什么不同。奶奶这样的引导,要比单纯地阻止好很多,不仅教会了宝宝认识事物的方法,还激发了宝宝的探索欲望,同时也避免了宝宝用口去品尝的危险。
- 误食后,要妥善对待。如果宝宝误食细小物品,那是非常危险,容易窒息的。奶奶除了要特别小心外,还要保持冷静,妥善处理。如果吞食圆形光滑的细小物件,如绿豆,小纸片时,可先小心地想一个安全的办法,刺激宝宝的舌根催吐。如果没有吐出来,视情况观察,如无异常和不适,造成伤害的可能性不大,多给宝宝吃些蔬菜、水果、香蕉等,几天就会随大便排出。如果宝宝反应很厉害,痛苦,要马上就医。如果吞食的是带棱角的东西,如钉子、别针等,应该立即送医院急救。

16 宝宝听得懂为什么不开口

张奶奶带着宝宝来李奶奶家玩，宝宝一进门，就甜甜地叫了一声“奶奶”。李奶奶又惊喜又惊讶，两个宝宝差不多大，怎么张奶奶的宝宝竟然会叫人了，我家连妈妈都还不会叫呢。李奶奶很是着急，忙着向张奶奶取经。张奶奶很谦虚地说，我家宝宝不算早，我朋友的孙子比我的还早一个月说话呢。李奶奶听了，心里犯嘀咕，我家孙子听得懂呀，怎么就不开口呢？

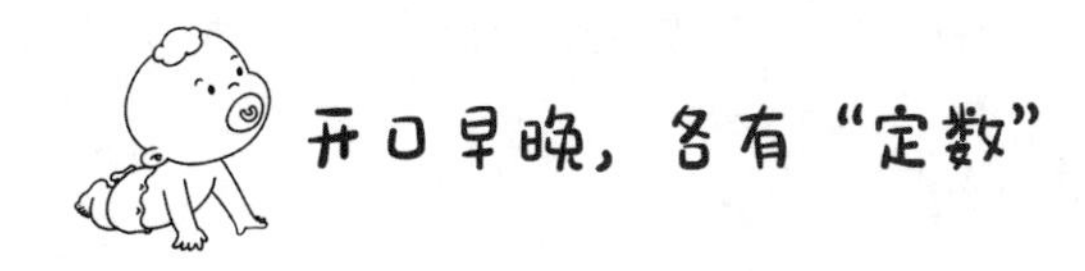

◇宝宝什么时候开口

这个问题是没有标准答案的。一般来说，从宝宝出生，到第一个具有真正意义的词产生之前的这一时期，大概就是0～12个月，被称为前言语时期。这个时期的语言发展有三个阶段：发音；感受和理解；表达。

- 宝宝初期出于自发的发音阶段，即咿咿呀呀发出元辅音。
- 宝宝感受和理解语言阶段，即在语言熏陶下能听得懂，但说不出。
- 宝宝在语言表达阶段，开始能用语言印象记忆库中的词语，表达自己的意思。

宝宝的语言发展，都有其敏感期的。每一个宝宝语言敏感期的出现，时间或表现都不同。但是，一旦错过了敏感期，或者，在敏感期中，缺乏足够的语言刺激，不仅会给宝宝的语言发展带来很大的影响，而且也会成为心理上的某种缺陷，带来无法挽回的后果。

语言敏感期有多重要呢？举个极端的例子，那个著名的“印度狼孩”，出生后在狼群里生活了8年多，被人救出来后，科学家们花了很多精力，想去训练恢复其语言和人性。但事与愿违，几年后，狼孩终究因错过了语言敏感期，无法与人说话沟通等原因，无法融入社会而离世。

宝宝的语言发展，都有其特殊性。每一个宝宝由于先天条件，遗传因素，抚养方法，生存环境，内在驱动力的不同等原因，开口说话的时间是各有定数的。有的宝宝 8 个月左右，就会叫爸妈，有的宝宝还未到周岁，甚至会背简单的唐诗，有的宝宝到 2 岁才会叫爸妈，而有的宝宝直至 3 岁才开口的，都有。科学家研究指出，宝宝到 3 岁左右才开口的，一般都属于很普遍很正常的情况。如果宝宝到了三四岁还不会开口，需要去医院诊断一下，是不是宝宝患了迟语症，或者宝宝的舌系带有异常，再或因为有其他的问题。

所以，对于宝宝开口说话早或晚这件事，老话说的“贵人语迟”，或者“天人早语”，都不一定的。语迟的不一定是贵人，早语的不一定是天才。重要的是，对于宝宝开口晚，奶奶要放松心情，稳定情绪，积极引导，静待口开。

◇抓住宝宝学说话的三个阶段

虽然，宝宝的语言发展绝不能“拔苗助长”，但还是能“科学助长”的。奶奶可以首先了解宝宝语言发展的大致规律，然后，因势利导，更好地利用宝宝自身发展规律的内驱力，帮助宝宝早开口，开好口。

※0～4 个月

新生儿已能对声音进行空间定位，并能根据声音的物理特征，体验和辨别各种声音的细微差别。对身边的各种声音很敏感，还能表现出对语音的明显偏爱，比如妈妈的声音。有研究发现，宝宝出生半个月左右，就会长时间注视着说话的人，发出哼哼的声音，“向往交流”。在奶奶亲切的哄逗下，宝宝会渐渐发出“呵呵”“哦哦”的喃语来。

2 个月左右，奶奶会经常听到宝宝重复某些元音(啊、啊，哦、哦)，尤其当奶奶用清楚、简单的词汇和句子，缓慢地同宝宝交谈时，宝宝发音更多，还能够辨别、区分并模仿成人语音。另外，宝宝更喜欢听奶奶唱儿歌，尤其是当奶奶唱歌时有动作或表情的伴随，会特别开心。奶奶的儿歌不仅给宝宝带来了快乐，而且也是一种很有成效的，寓教于乐的语言启迪。

3 个月左右，宝宝进入了发音游戏期，开始理解言语活动中的某些交往信息，能和奶奶进行“互相模仿”式的“发音游戏”，发音增多，能发出清晰的元音，如“啊、噢、呜”等。宝宝被逗时，会非常高兴地“啊，啊”，并发出欢快的笑声。当看到奶奶时，脸上会露出甜蜜的微笑，嘴里还会不断地发出咿呀的学语声，似乎在向奶奶说着知心话。

4个月后的宝宝会更加主动地倾听周围说话，能够注意一句或一段话的语词和节律，区分出一个个的词。如果奶奶注视着宝宝的眼睛，同宝宝说话，宝宝会非常专注地看着奶奶，模仿奶奶的语调语音，连续发出各种词音进行回应，做一对一的“语言交流”。

宝宝进入了咿呀学语的阶段，可以经常变换音区，有时用紧闭的嘴唇挤压气流，发出“乌”“弗”“丝”等音；有时嘴唇一张一合地又发出“啊”“噗”的声音。宝宝似乎很爱听自己发出的声音，常常练习着声带、嘴唇和舌头之间的配合。

奶奶不要以为三四个月大的宝宝是个小不点，说啥都不懂。其实，现在的宝宝，手脚开始灵活了，头部能转动了，视力听力也不错了。宝宝所接受的语言刺激更多了，都悄悄地藏进了宝宝的潜意识里了，给以后的语言发展打基础呢。

在语言发展的第一阶段，奶奶可以：

- 尽量同宝宝多哄逗，多说话，多唱儿歌，多讲故事。虽然奶奶是“对牛弹琴”，但对今后的语言发展，起到重要的潜移默化作用。
- 当宝宝主动发音时，奶奶要认真聆听，和宝宝面对面，让他看着你的嘴形，重复发宝宝这些单音，刺激宝宝再模仿。并且用不同的语调与宝宝应答，就像和宝宝交谈一样，对培养宝宝的语言感知能力是非常有利的。
- 当宝宝用天生的“语言”——哭声时，奶奶要及时给予回应，让宝宝知道他的“语言”奶奶也懂。不同的发音，是这个时期宝宝的语言表达，而不同的哭声，也是宝宝的“语言”表达。宝宝能够调节哭声的长短，强弱，音调高低，能够发出单音节，能发出单音节的单元音和复合元音，诉求各种需求。

※5～8个月

这个时期是宝宝大脑飞速发展期，是对刺激和学习的需求旺盛期，也可以说是大脑发育的“早期窗”。宝宝的语言发展进入了第二个阶段的高需求期。宝宝是通过外界语言的刺激和模仿，来学习发音和听懂词意的。在日常生活中多对宝宝说话,诱导和强化宝宝发出有意义的音,还可以通过唱儿歌做动作,声情并茂的讲故事,来促进宝宝理解语言,对这个阶段的语言发展非常重要。

5个月左右,宝宝咿呀作语的声调变长,语音越来越丰富,能发出高声调的喊叫或发出各种好听的声音,开始用语音来表达自己的感情了。比如,不高兴时,会发"p"和"b"等语音,高兴时,会发"j""k"等语音,还会开心地吹气、尖叫,大声地笑,清脆悦耳。当奶奶与宝宝说话时,他会望着奶奶的眼睛,发出咯咯咕咕的声音,好像一起在讨论一件很有意思的事情。

6个月左右,会朦朦胧胧地发出"ma,da"的声音。能对奶奶的愤怒声音和高兴声音作出不同的反应。宝宝看到熟悉的人或物会主动发音,练习母语的各种语音。听到奶奶叫自己的名字,会双目注视奶奶并微笑。奶奶可与宝宝热情地对话交流,做相互模仿对方发音的游戏,不仅乐在其中,而且是非常有效的语言训练。

宝宝还经常会对着玩具或镜子中的自己"说话",会模仿大人的声音,发出的语音大量增加,包括不同音节的组合,如"ou－ma, ba－wa "等等。这些声音和语言中的词很相似,可能会成为宝宝第一批说出的词。

7个月左右,宝宝开始主动模仿说话声,在开始学习下一个音节之前,会整天或几天一直重复这个音节。能熟练地寻找声源,听懂不同语言和语调所表达的不同意义。对奶奶说话声音的反应更加敏锐,并尝试跟着奶奶说话。奶奶可以引导宝宝叫"爸爸"和"妈妈",也可以耐心地教他一些简单的音节,比如"猫""狗""鸭""大"等词汇。宝宝已能很好地理解奶奶说的一些词汇了,比如"不要""吃饭"等。

8个月左右,宝宝从早期的发出咯咯声,或尖叫声,向可识别的音节转变,发音明显地增多,出现了声母音"pa""ba"等。宝宝的语言发育,处在重复连续音节的阶段,能够将声母和韵母音连续发出,如"a－ba－ba""da－da－da"等。宝宝能"听懂"奶奶的一些话,并能作出相应的反应,进行一些简单的言语交往。比如,奶奶说"爸爸呢",宝宝会将头转向爸爸,对宝宝说"再见",会做出招手的动作,明显地变得活跃多了。

宝宝会笨拙地发出"妈妈"或"爸爸"等声音。当宝宝感觉到,奶奶听到这些声音时会非常高兴,就会觉得自己所发的声音,具有某些意义,不久就会利用发出“妈妈”的声音，来召唤或吸引奶奶的注意。

当然，宝宝发出“妈妈”的声音时，还不明白这些词的含意，还不能和自己的妈妈真正联系起来。但是有了这样的基础，过不多久，宝宝就能真正地喊爸爸妈妈了。然后，宝宝会有目的地叫“妈妈”，比如，想同妈妈进行交流，或者需要帮助时。

在语言发展的第二阶段，奶奶可以：

- 继续坚持同宝宝面对面的语言交流，并运用各种方法，比如，夸张口型，多种表情，吐舌鼓腮，肢体动作，等等，刺激宝宝模仿，促进宝宝嘴部肌肉发育，体会语言语意。
- 运用动作指向，结合实物与语言的匹配法，给宝宝建立语音和实体之间的联系，加深对词的理解。当宝宝用眼睛盯着奶奶所指的物体，或者，自己在观察一个物品时，先别打扰他。当宝宝眼神游离注视的目标了，奶奶就可缓慢地告诉宝宝这个物体的名称，让宝宝有充足的时间尝试模仿或理解，加深宝宝语言系统发展的刺激。当然，能配以一定的物体描述，就更好了。
- 宝宝还不会说单词，但是宝宝会不断尝试与奶奶的沟通。奶奶可以通过游戏来增进宝宝对学习语言的兴趣，比如可以假装打电话，扮演某个角色，或者配合身体的动作，有声有色地讲故事，等等。

◇9～12 个月

9 个月左右，宝宝会经常发出连续音节，语音类型迅速增加，从辅音加元音逐渐向单元音、复合元音、双音节发展。宝宝与奶奶的交流出现了一些“婴儿语”。宝宝能够理解更多的语言，对句子的理解能力也很强了，尤其是生活中经常用的一些命令词，如“过来”“抱抱”等等。还可理解一些名词，如“灯”“球”“狗”等，并会用手指认物品。宝宝会做 3～4 种表示语言的动作，对不同的语言有不同的反应，当听到“不”或“不动”的指令时，能暂时停止手中的活动。听到熟悉的音乐时，能摇摆和跟着哼唱。

10 个月左右，不少宝宝已经会清晰地发出妈妈或爸爸的语音了，也能够主动地用动作表示语言进行交流，如模仿拍手，挥手，再见和摇头等动作。当然，每个宝宝发出可识别的词汇的时间，会有很大差异。开始能模仿奶奶的声音，并要求奶奶有应答，进入了说话萌芽阶段。在宝宝说话时，奶奶反应越强烈，就越能刺激宝宝进行语言交流。此时宝宝对说话的注意力日益增加。

11个月左右，此时的宝宝，能准确理解简单词语的意思。在奶奶的提醒下会喊爸爸、妈妈，奶奶等；会做一些表示词义的动作，如竖起手指表示自己一岁；能模仿大人的声音说话，说一些简单的词。可正确模仿音调的变化，并开始发出单词。能很好地说出一些奶奶听不懂的婴儿话。宝宝喜欢发出咯咯、嘶嘶等有趣的声音，笑声也更响亮，并反复重复会说的字。能听懂3～4个字组成的一句话。

12个月左右，宝宝的语言发育程度是参差不齐的。除了能叫爸爸妈妈，或者爷爷奶奶之外，宝宝开始能用单词表达自己的愿望和要求，并尝试用语言伴随着表情与人交流。宝宝已能模仿和说出一些词语，比如，抱抱，拜拜；有的宝宝已会用单词表达准确的意愿，比如，不要，不吃；有的宝宝甚至能说简单的句子，比如，这是苹果。

多数情况下，宝宝的语言是一些快乱而不清楚的声音，这些声音具有可识别的语言音调和变化。当然，有的宝宝什么也不会说，甚至还不会有意识地叫爸爸妈妈，只能发一些听不懂的语音。只要宝宝的声音有音调，有强度和性质的改变，他就在为说话做准备。

在语言发展的第三阶段，奶奶要：

- 保持一颗平和心。在这个阶段，奶奶对宝宝什么时候能开口，是比较关心的。往往会出现两种情况。一种是，听到宝宝能开口蹦几个词了，很是兴奋，觉得宝宝已经会说话了，便不辞辛苦地教宝宝学说话，搞得宝宝很累。结果容易引起宝宝对学说话产生疲劳感，甚至厌恶感，没有了兴趣和效果。另一种是，看到宝宝还不会说话，很是着急。觉得别人家宝宝已经会说话了，便千方百计地“诱逼”宝宝开口。结果容易引起宝宝反感、自卑，伤害宝宝学说话的内驱力。不管哪一种情况，这个阶段的宝宝都会从奶奶的表情、语调和动作中体会到奶奶的情绪，从而影响到宝宝的行为。所以，奶奶保持一颗平和心非常重要。
- 尊重宝宝学说话的节奏。宝宝学说话，有共性的发展规律，但每个宝宝的说话，有个性的发展节奏。奶奶既要了解宝宝语言发展的规律，更要尊重自己宝宝语言发展的节奏。只要宝宝能听到奶奶说话，宝宝的听力应该没有问题，只要宝宝能发出有变化的语调，丰富的语音的自言自语，宝宝的发音器官应该没有问题，只要宝宝能够听懂奶奶说的话，宝宝对语言的理解应该没有问题。如果宝宝学语言的三个条件都没有问题，奶奶可做的就是为宝宝强化这三个条件，“静待口开”。

➤ 阅读技巧要“与孙俱进”了。奶奶与宝宝的交流具有了新的意义。在宝宝还不能说出很多词汇或者任何单词以前，他可以理解的单词可能比你想象的多。有时候，宝宝可能有交流性的眼光注视，即不但注视着事物，还会转向奶奶，注意奶奶的反应，这一能力的出现，意味着宝宝与奶奶，开始了有意识的信息传递。这时候，奶奶同宝宝的阅读要“与孙俱进”了。

虽然宝宝还不会说话，但能理解更多的词汇，甚至语言了。奶奶不要仅仅给宝宝读绘本了，而是要把绘本里的故事“添油加醋”地讲活了。让宝宝更好地理解故事中的语言、语意、语境和故事所体现的人物、情景和情绪的熏陶，对提高宝宝的语言能力是很有帮助的。

宝宝开始了有意识的信息传递。奶奶讲故事时，可以让宝宝参与其中，不仅仅是听。比如，宝宝一起翻书，自提问题自解说；把着宝宝的手指指着画面讲故事，培养宝宝的追视能力；让宝宝一起和奶奶扮演故事中的角色，等等。

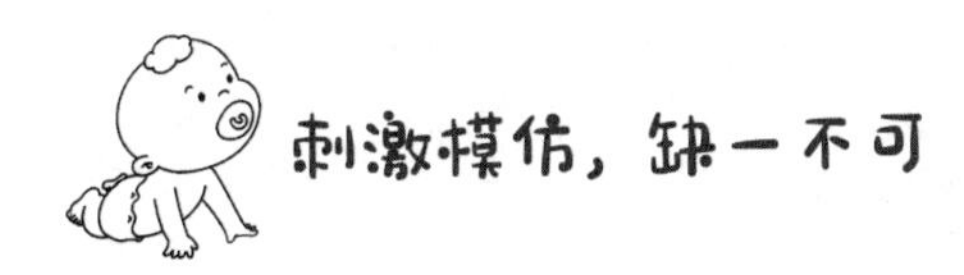

◇一个韩国宝宝的警示

记得有一次在等飞机时，看到一个很帅气的小男孩，四五岁模样。在与他妈妈交流的全过程中，男孩要什么东西，表达什么意思，全都是手势，或身体语言，而妈妈也都明白，立即能满足他，交流看上去没大碍。我想这么帅的男孩是个哑巴，蛮可惜的。后来，在同他妈妈聊天中，得知男孩不是哑巴。

他们是从韩国来的，奶奶在家带孙子。因为人生地不熟的，语言又不通，奶奶不敢让孙子出去玩，也怕送幼儿园受欺负，就一直在家待着。奶奶又特别疼爱孙子，衣来伸手饭来张口的生活，使得孙子不用说话，就能满足一切要求。久而久之，男孩从不开口到不会说话了，只能简单地蹦出几个词，人也显得很羞涩很不自信。妈妈现在非常着急，儿子连幼儿园都去不了了，上学怎么办。于是，联系了一位有名的专家，坐飞机去看病。

不少说话很晚的宝宝，尽管没有这个男孩那样严重，但在宝宝生长环境中，大人缺少给宝宝一个说话的机会，是个很重要的原因。当宝宝还不会说话时，只能用哭声，咿呀声，动作或眼神来表达自己的需求，奶奶一旦发现，心领神会，马上给予满足。比如，看到宝宝伸手去抓杯子，就赶紧给喂水；往哪个玩具多看两眼，奶奶马上拿来，塞到宝宝手里；看到宝宝往门口爬了，奶奶马上抱起来，开门带出去玩了。

长此以往，宝宝就会养成一个习惯，“宝宝动手不动口”，我用不着说话，什么都能被满足，干嘛要说话呢。是呀，这种行为无意中使宝宝失去了与人讲话的欲望和开口说话的动力，最终用自己的身体语言来代替口头语言与人交往，会错过学语言的最佳时期，会形成自卑、孤独等心理问题。

在这个阶段，奶奶在满足宝宝的要求时，最好晚半拍。宝宝想要某种东西，往往盯着它或用手去抓。这时奶奶不要马上满足他，而是把它拿在手里，鼓励宝宝说出自己想要什么。如果宝宝说不好，奶奶可以先做示范，让宝宝“鹦鹉学舌”，再把东西给宝宝。但在这个过程中，不能用“诱逼”，而是要“诱导”。

◇足够的语言刺激环境

如果宝宝开口说话晚，还有一个原因可能是，宝宝缺少一个合适的语言刺激环境。宝宝学语言阶段，需要直接、生动、形象的刺激。大多数奶奶会通过给宝宝读绘本，看图片来帮助宝宝学说话，这是一个不错的选择。但如果照本宣读，缺少适合宝宝的“直接，生动，形象”的刺激，宝宝的接受效果会差些，学说话的速度会比较慢些。奶奶在给宝宝读绘本时，可以“添油加醋，绘声绘色”,也可以“唱唱跳跳,充当角色”。这种生动形象的刺激,能让宝宝大脑兴奋,心情愉快地学说话,效果就不一样哦。

其实,除了绘本图片外,生活中到处都可以是刺激宝宝学习语言的好方法。比如,奶奶可以当家庭“导游”,抱着宝宝一间一间房间地参观解说,里面有什么东西,是做什么用的,从颜色、形状、用途一一说给宝宝听。尽管宝宝听不懂,但宝宝对这些刺激会非常感兴趣,奶奶的这些解说或多或少会进入宝宝的语言记忆库中。要多带宝宝到大自然中去,到小朋友中去,这些都是非常好的语言刺激环境。

还有,当宝宝要某件东西时,奶奶可以把这件东西的名称特点,仔细地告诉宝宝:这是苹果,红红的,圆圆的,吃起来是甜甜的……,每次当宝宝要苹果时,都这样说给他听,慢慢地,苹果这个概念会烙印在宝宝的大脑记忆中,过不了多久,宝宝也许就会说“果果”了。再比如,奶奶带宝宝去超市,宝宝会非常兴奋,好奇,刺激,什么都要看,都要摸,小嘴还不停地叫唤。此时,奶奶可要当好“导游”,让宝宝脸朝前方,边走边看,边摸边说,语言训练效果会非常好。

当然,学语言的过程是循序渐进的,当宝宝会说一个字时,奶奶最好教两个字,当宝宝会说两个字时,奶奶可教三个字,这样能使宝宝学习语言的兴趣感、成就感和自信感大幅度提升。但是,如果宝宝只能说一个字,奶奶就教短语或句子,那可能欲速则不达,宝宝会因为难以成功而困惑,怀疑,自卑。

◇模仿说话要面对面、眼对眼

宝宝开口学说话,是从模仿开始的。当宝宝对语言发生兴趣的时候,奶奶可以发现,每当奶奶在说话时,宝宝的耳朵会仔细地聆听奶奶的发音,眼睛会认真地观察奶奶的口型,这是宝宝开始要模仿说话啦!奶奶要尽量用面对面的姿势,与宝宝脸对脸,眼对眼地说话,吸引宝宝的注意力,并做出相应的面部表情,宝宝不但能够听到奶奶的发音,还能看到口型变化,面部表情,把听、看、说结合起来,使宝宝理解不同的词义所表现的不同的情感和体验,让宝宝能更早更好地学会说话。这是最有利于宝宝学说话的方法。

宝宝模仿语言的过程,是枯燥还是有趣,直接关系到宝宝学语言的兴趣和效果。有趣的模仿过程也就是游戏的玩乐过程,让宝宝在游戏中学习感兴趣的语言，将会事半功倍。尽量和宝宝说看得见的东西和事物，说正在做的事情，使宝宝把语言和事物很好地联系起来学习，这样学习的目的性强，宝宝容易接受，学得也快。

宝宝是否能明白奶奶说的每一个字并不要紧，可以结合语境，帮助宝宝理解语意。比如，奶奶准备好了宝宝的午餐，向宝宝伸出手说"现在该吃午饭了"，他就会明白自己的午饭已准备好了，并且会坐上儿童餐椅。如果没有那些相应的暗示，宝宝可能不明白"该吃午饭了"的字面意思。他会通过理解这些字，重复出现在有帮助的语境下，最终明白它们的意思。

要及时发现宝宝的进步，及时给予表扬鼓励，当宝宝用自己的语言说出自己的意愿时，要给予一个大大的拥抱，并给予及时的满足，使宝宝觉得学习语言是一件快乐的事情，这样宝宝才会更有兴趣，而兴趣是推动学习的极大动力。

◇语言训练中的"三不要"

※不要模仿或取笑宝宝的错误发音

刚开口说话的宝宝，虽然有时能用语言表达自己的一些愿望和要求，但是有很多宝宝还存在着发音不准的情况，令人捧腹。比如把"吃"说成"七"，把"狮子"说成"希儿"，把"苹果"说成"苹朵"，等等。这是因为宝宝发音器官发育不够完善，听觉的分辨能力和发音器官的调节能力都较弱，还不能正确掌握某些发音方法，不会运用发音器官的某些部位。如在发"吃""狮"的音时，舌向上卷，呈勺状，有种悬空感，而小宝宝不会做这种动作，把舌头放平了，于是错音就出来了。

奶奶千万不要觉得好玩，模仿这些错误的发音来逗宝宝，甚至取笑。否则，会混淆宝宝对语言的理解，会挫伤敏感宝宝的说话积极性。奶奶在与宝宝说话时，表达尽量要清楚、准确，不要故意使用宝宝的儿语，或者模仿宝宝不清晰的发音。比如，说"吃饭"，不要说"吃饭饭"，说"外面"，不要说"外外"等等，让宝宝学到标准的语言。奶奶用正确的语言和发音来与宝宝说话，对宝宝的语言发展是非常重要的。

宝宝很多时候会有含糊不清的自言自语，或者对着玩具说着谁也听不懂的"宇宙话"。这时，奶奶要认真倾听，听不懂也要频频点头，热情对应，不能心不在焉，不予理睬，敷衍了事。宝宝对奶奶的态度是很敏感的。奶奶要尊重宝宝，不急于打扰，纠错。当宝宝发错音时，要尽量理解宝宝的语意，给予鼓励，让宝宝大胆地说。

※家庭语言环境复杂，要理解宝宝说话会晚

现在有些家庭里存在多种语种或方言，语种或方言的混乱也是造成宝宝不容易开口说话的一个原因。在家庭环境里，如果家人有的讲方言，有的讲普通话，甚至还有的讲外语，再加上频频地更换保姆，保姆的方言又会刺激宝宝的脑细胞。同时有多种语言刺激的过程，可能导致宝宝对语言莫衷一是，说话自然会晚。在宝宝开始学说话时，家里最好使用一种语言为主，如果不行的话，奶奶要有充分的耐心，等待宝宝有个接受磨合的过程。奶奶和宝宝说话时，如能使用普通话是最好的，不管哪种语言，要简洁明了，逐字逐句，语速要慢，吐字清晰，让宝宝有逐字接受的过程。

另外，美国儿科学会提出，研究显示，如果孩子从很小的时候就开始接触两种语言，那他们可以同时学会这两种语言。在儿童的正常语言发育阶段，他可能更熟悉其中一种语言，有时可能将两种语言的词语混在一起讲。但过一段时间后，他会明白这两种语言的不同，并将它们分开，进行顺利的交流。鼓励孩子讲双语，这将是使孩子受益一生的资本和技能。孩子开始接触两种语言的年龄越小，他就越容易熟练掌握。

※不要逼宝宝讲话

语言从某种角度来说，也是一种天赋，语言能力有快有慢，有强有弱。刚开始学说话的宝宝，语言表达能力还非常差，甚至在开口说话前，会出现一段时间的“沉默期”，基本不发声音。奶奶有时为了急于让宝宝学会说话，尤其是宝宝开口说话比同龄宝宝晚时，奶奶往往会使出“逼话”方法，“威逼利诱”，让宝宝说话。比如，如果宝宝想要某个东西，奶奶会拿着这个东西要挟宝宝，不说话就不给，如此反复。如果“逼”得太过，宝宝会觉得说话有很大的压力，容易造成宝宝对开口说话产生一种厌恶心理，甚至出现口吃现象。奶奶要理解宝宝开口说话早晚，受制于语言发展的规律、个体发育的节奏和语言刺激的环境。宝宝从模仿语言发音开始，到理解语言意义，再到“储备”语言词库，到最后正确地表达语言，是一个非常重要的学习过程。在这个过程中，奶奶不能“拔苗助长”，只能“科学助长”。

17 怎样培养宝宝的自我意识

李奶奶今天有点头大。给宝宝喂面条,谁知宝宝一把抢过奶奶手中的叉子,硬要自己吃,结果搞得一塌糊涂。看到奶奶拿了水杯,宝宝夺过来要自己喝。奶奶怕宝宝呛着,要把水杯夺走,这下惹急了宝宝,那个嚎啕大哭哟,把奶奶吓坏了。奶奶弄不明白,前几天,还喂得好好的,今天怎么又是抢叉子又是夺杯子的,样样要自己来了呢?恭喜奶奶,宝宝的自我意识开始觉醒啦!别看宝宝小不点一个,自我意识在还没能开口说话前,就已经萌芽啦。

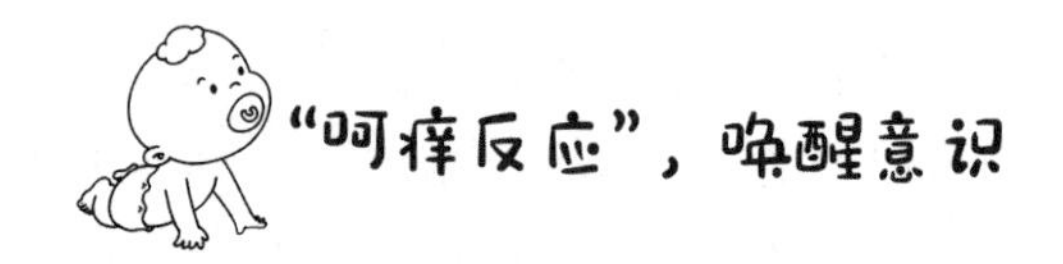

“呵痒反应”,唤醒意识

◇“破壳小鸡”没有本体感

奶奶要悉心呵护宝宝自我意识的发展,首先要了解0~1岁宝宝自我意识发展的规律和阶段。所谓自我意识,简单地说,属于个性的范畴,指人对自己的认识和调节,包括很多内容,如独立、认知、自尊、自信、自我认同感、情绪,等等。而这些抽象的感受,都来源于生活中那些具体的、点点滴滴的体验和积累。因此,自我意识不是天生的,而是受社会生活制约,在后天学习成长中形成的。

发展心理学家认为,宝宝在出生时是没有自我意识的,还把新生儿比作“蛋壳中的小鸡”,不能把自己同外界环境区分开来,还不具备本体性,自我意识尚未萌芽。宝宝以为自己和妈妈是一体的,不知道自己和妈妈的区别,也不知道自己和其他人的区别,不知道自己身体的各个部分是属于自己的。所以奶奶经常可以发现宝宝在吃手,还会把自己的小手或小脚当玩具来玩耍的情况。

随着宝宝的慢慢长大，宝宝犹如一只破壳而出的小鸡儿，开始渐渐地区分自己与他人，身体与外界，也就是说，宝宝慢慢有了主客体的区分感。宝宝自我意识的萌动，如同破土而出的幼苗，破土之前，也需要被悉心的呵护呵！

在美国心理学家范茨的一项婴儿实验中，研究者给婴儿们一共呈现了10组照片，每组照片呈现1分钟。在这10组照片中，每组都有一张完全相同的照片和另外一张互不相同的照片。研究者发现，在10次呈现照片的过程中，2个月以上的宝宝对完全相同的照片的注视时间越来越短，而对互不相同的那张照片的注视时间越来越长。因为宝宝有了短暂记忆，记得哪些照片是见过的，对那些没有见过的照片更感兴趣。

一丁点儿的宝宝，也会根据短暂记忆做出反应了。比如，宝宝现在会辨认熟悉的人和声音，大多数宝宝开始把看护人和其他陌生人区别开来，会主动冲妈妈奶奶笑。宝宝的“认生期”与“认母期”的出现，说明了宝宝已经有了自己的记忆能力了。宝宝记忆能力的发展，同自我意识能力的发展，有着密不可分的关系。记忆发展好的宝宝，自我意识能力会发展得更好。

宝宝虽然大部分时间都在睡觉，但一旦睡醒，就会通过嘬手指、转头、挥动手臂、踢腿、“啊、啊”发声等等一些令自己快乐的动作，来了解和接触这个新世界。宝宝仿佛是一位学习科学家，随着对外界的探索，推动自我意识的不断发展。

◇咬手指的感觉和“呵痒反应”

宝宝的动作开始转向外部环境，喜欢摇铃等会发声的玩具。宝宝仍把自己的身体当做玩具来玩耍，喜欢嘬手指，用小手搬弄小脚丫，或者将小脚丫放进嘴里啃吮，并发出“咿咿呀呀”的声音。宝宝虽然还不能意识到自己身体的存在，但宝宝出现了因咬痛自己的手指而放声大哭的现象。这个现象很有意义，宝宝感到咬自己的手指和咬别的东西，在感觉上不一样，开始出现了最初的自我意识体验。

心理学家伯顿研究发现，宝宝在14周以上才会出现一种很重要的“呵痒反应”。奶奶只要轻轻地在宝宝肚皮上呵痒一下，宝宝就会格格地笑个不停，后来，只要奶奶做出要呵痒的动作，宝宝就会条件反射般地大笑。这是因为呵痒效果,取决于“被呵痒者”感觉到了,这是另一个人对自己的刺激,而不是自己。这体现了宝宝的自我意识,社会性意识开始萌芽,能意识到其他人对自己的刺激,而产生了呵痒反应。

宝宝开始喜欢看镜子了,显示出对镜中人物的兴趣,并高兴地注视它,接近它,并咿呀作语,但还未意识到镜子中的宝宝就是自己,照镜子是宝宝自我认识的一个过程。出于好奇心,或者为吸引“对方”的注意,宝宝还会用手去摸摸镜子里的宝宝,还会用小手拍拍镜子,还会模仿镜子里宝宝的动作。这些宝宝最喜欢的游戏和有趣的动作,对于激发宝宝的自我意识和自我认识是非常有利的。至于老人说的,让几个月的宝宝照镜子不好,会吓着宝宝,这是不科学的。

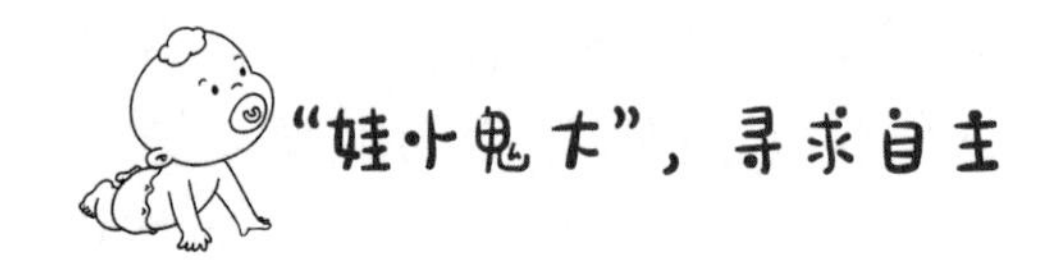

“娃小鬼大”,寻求自主

◇有意识的动作和情绪表达

随着宝宝对自我意识和对他人认识的加深,宝宝出现了认生现象,分得清生人和熟人,进而出现了分离焦虑。宝宝在看到奶奶离开时会感到难过,甚至会大声叫唤,啼哭。

随着宝宝自我意识的成长,他知道可以通过自己姿势的调整,拿到自己想要的东西。如果一件玩具够不到,宝宝会更努力地伸手,甚至挪动身体,改变手和手指的动作以靠近目标。

如果拿到了玩具,不巧中途滑落了,宝宝会意识到这一点,会调整自己的动作,再次尝试,去够取他想要的玩具。

宝宝开始喜欢扔东西,当奶奶帮宝宝捡起来,重新递给他时,宝宝会有意地把玩具再次扔在地上,看着奶奶再帮他捡起来。在扔与捡的反复过程中,宝宝逐渐区分和意识到,自己的动作和动作产生的结果的关系,自己的动作和主观感觉的关系,这是宝宝自我意识的最初级形态。

宝宝已经能够表达出愤怒和生气的情绪,这一情绪可以进一步增加宝宝对自我的感受和体验。而奶奶对宝宝愤怒情绪的反馈,又会促使宝宝进一步意识到,自己可以成为使某种事物或情境发生变化的原因,这对宝宝自我意识的发展起着重要作用。宝宝在六七个月的时候会表现出害羞,笑的时候会把头往奶奶怀里扎。很多心理学学者认为,这也是自我意识萌动的标志。

◇尝试自主，越发对镜像感兴趣

9～12个月的宝宝,自我意识开始有了较快的发展,有了独立自主的意识,遇事喜欢亲力亲为。例如,喜欢自己拿勺吃饭,拿杯喝水,拒绝奶奶的帮忙。宝宝开始意识到奶奶能为自己提供帮助,故意向奶奶寻求帮助,如有目的地哭泣。宝宝开始寻求别人对他的小成就给予称赞,这是宝宝成就感的最初表现。如学会了一个动作,宝宝会笑嘻嘻地盯着奶奶看,求表扬。宝宝开始向奶奶表达自己的感情,如会主动依偎,拥抱甚至亲吻奶奶,生气时,则会盯着奶奶的眼睛,明确地表达自己的愤怒。

宝宝快到1岁时,能把自己的动作和动作的对象区分开来,把主体与客观世界区分开来了。比如,宝宝开始知道,由于自己摇动了挂着的铃铛玩具,铃铛就会发出声音,并从中认识到自己跟事物的关系。有的宝宝喜欢把床上的各种玩具,一件件地抓起来扔到床外,一边扔一边咿呀地说个不停。这是因为宝宝发现通过自己的小手,可以让玩具"响了""跑了""飞了",开始意识到自己的能力,感受到自己的存在和力量。这就是宝宝自我意识的最初表现,在宝宝的自我发展过程中具有重要意义。

宝宝越发显示出对镜像的兴趣,把镜子当作游戏伙伴,注视它,亲吻它,微笑并咿呀说话,但对自己的镜像和其他宝宝的镜像反应没有区别。有一个很著名的实验,抱着宝宝站在镜子前,在宝宝的鼻子上点上一个红点点,宝宝会看着镜子中的自己,用手去摸这个红点。这是一个了不起的动作,意味着宝宝的自我意识已经唤醒了。快1岁的宝宝开始发现,镜子里的宝宝,动作和自己的一样,朦胧感觉到就是自己。1岁以后,宝宝才逐渐认识到自己在镜子里的镜像。

当宝宝感受到自己的一哭一笑,一举一动,对周围的人和环境会产生影响后,他的自我意识也开始迅速发展。宝宝逐渐理解了他和事物之间的因果关系，并将这种理解，应用到实际的生活中去了。比如，桌上的玩具因远而拿不到，宝宝会意识到，可以通过拽桌上的桌布移向自己，来拿到桌上的玩具了。

简单做起，玩中培养

◇固定称呼，培养“非我莫属”的意识

培养宝宝自我意识的萌芽，从新生儿起就可以开始了。简单地说，从给宝宝取一个固定的称呼开始，不管谁叫宝宝，宝宝的称呼只能一个。宝宝可以有大名和乳名，但是，在宝宝自我意识发展阶段，最好一个称呼比较好，让宝宝有个“非我莫属”的感觉。然而，在不少家庭，爸爸妈妈、爷爷奶奶对宝宝有各自的爱称，比如，称呼“宝宝”“胖胖”“小不点”，或者宝宝的大名，有的奶奶甚至会每天都开心地换着样儿叫宝宝。

如果长时期混乱模糊地称呼，会令宝宝困惑。宝宝根本没办法把这个称呼同自己联系起来，这很不利于自我意识的发展。如果家人把宝宝的乳名固定了下来，并且家人称呼一致，慢慢地，宝宝对自己的乳名就有了感觉，知道这是在叫他，每次喊他，宝宝都会充满期待地看着奶奶哦！

除了给宝宝一个固定的称呼外，奶奶也可以给宝宝一套固定的婴儿餐具、水杯、奶瓶等宝宝的专属用品。每次使用时，都可同宝宝说，这是宝宝的水杯，这是宝宝的奶瓶，这是宝宝的小花碗。用不了多久，宝宝一看到奶奶拿了自己的小花碗过来，宝宝就会意识到这是我的小花碗，奶奶要给我吃饭了哦！这不仅是对宝宝最初的自我意识的培养，也是对宝宝最初的“物权意识”的培养。

◇认识身体，培养“独一无二”的意识

有学者提出，自我意识从认识五官开始，这是自我意识的发展基石之一。奶奶可以从给宝宝洗澡擦身那天起，就对宝宝进行认识身体各部位的

训练了。奶奶可以一边洗擦，一边称呼宝宝的乳名，向宝宝介绍身体的各个部分。比如，这是亮亮的眼睛，这是亮亮的耳朵，这是亮亮的鼻子，等等。擦到哪里，说到哪里，并用宝宝的手指，去碰触那些部位。尽管宝宝一窍不通，但每天这样的给宝宝介绍，会在宝宝潜意识中，刻下三个痕迹：我是亮亮，这是眼睛，这是我的眼睛。慢慢地，这三个认知，随着宝宝的成长，会渐渐从潜意识中浮现出来，构成自我意识的一部分。

到宝宝6个月左右时，当奶奶叫亮亮的时候，宝宝可能会回头，意识到这是在叫他。当问宝宝，亮亮的眼睛在哪里啊，宝宝知道用手去指了，当然不一定指得准。这是因为宝宝有了"我是亮亮"的个体独立感，有了这个眼睛是我的物权归属感，这也是宝宝自我意识的发展基石之一。

◇户外活动，培养"与众不同"的意识

宝宝从6个月左右开始，自我意识慢慢苏醒，慢慢意识到自己同奶奶不一样，是个独立的人，能区分熟人和生人。奶奶要引导宝宝，认识自己与外部世界是主体和客体的关系。多带宝宝去户外活动，让宝宝理解自己与大自然、与环境、与他人的关系，培养一种感受自我的体验。

不少宝宝居家与外出时有很大的区别。比如，在家开朗而活泼，外出"深沉而低调"。很多奶奶会觉得，宝宝"不上台面"，急忙给人解释，"我家宝宝在家可活泼了，出门就怕生"。有的奶奶还会用同其他奶奶对换着抱宝宝的方式，训练宝宝不怕生，以此提高宝宝的社会性。

这不是一个好办法。由于宝宝天生的气质不同，有的宝宝会因害怕而哭闹。其实，宝宝"出门就怂"的表现，恰恰是有积极心理意义的。宝宝是在小心翼翼地体会，外部世界与家庭的不同，外面人与家人的不同。这也是一种本能的自我保护意识，是安全教育最原始的动力。

不要用成人的心理与眼光去解读宝宝。当宝宝在外面"玩深沉"的时候，当宝宝微笑着，或害怕着扎进奶奶怀抱的时候，奶奶要用你的拥抱与微笑给宝宝以鼓励与认可，让宝宝的自我意识，在积极的呵护中得到发展！

18 宝宝这么小也要培养注意力吗

李奶奶抱着宝宝在草地上溜达。宝宝看到草地上有朵小黄花在随风摇摆，便挣扎着从奶奶的怀里下来，兴奋地一屁股坐在小黄花旁边，全神贯注地玩着。李奶奶怕宝贝坐在草地上会着凉，拉起宝宝就要走。沉浸在探索喜悦中的宝贝，被奶奶粗暴地打断了，生气得放声大哭。旁边一位奶奶见状说："宝宝在专心研究小花小草，是一种非常重要的注意力，不要随便打断哦。"这么小的宝宝要培养注意力？李奶奶没怎么明白，注意力对这么小的宝宝，有那么重要吗？

无意注意，有意注意

◇"注意是心灵的天窗"

19世纪俄国教育家乌申斯基说过："注意是心灵的天窗，只有打开注意力这扇窗户，智慧的阳光才能洒满心灵。"法国著名生物学家乔治－居维叶说："天才，首先是注意力！从小培养宝宝的有意注意，极其重要。"

为什么呢？因为宝宝的注意能力不是天生的，它是需要后天培养的。有一项调查显示，70％左右的0～1岁宝宝，缺少注意力的培养，长大后会或多或少地存在专注力缺陷的问题。注意力与宝宝的感知觉，与记忆密切相关，是学习的先决条件，影响着宝宝将来的学习效果！据统计，宝宝注意力差是学龄前宝宝存在的十大问题之首，会在宝宝认知能力、逻辑思维、情绪管理、与人交往、性格品行等方面，造成很大的影响。

注意是宝宝心理发育中的一个重要内容，是宝宝探究世界的"窗口"。宝宝的注意力都是从"无意注意"向"有意注意"慢慢发展的，这也符合宝宝认知的从无到有的规律。随着宝宝生理的发育，大脑功能不断完善，认知也随之发展，无意注意也逐渐发展为有意注意，有目的的注意开始出现了。有意注意力，即关注力，在宝宝 1 岁左右形成，但是持续的关注时间不长，只有几分钟，并且极不稳定。

有意注意能使宝宝有选择地接受外在环境中的信息，及时发现环境的变化，并调节自己的行为，还能使宝宝为应付外在刺激而准备新的动作，以适应新的变化。在 0～1 岁宝宝无意注意向有意注意的转变过程中，奶奶要根据宝宝每个阶段的发育特点，加以指导和训练，让宝宝的注意力发展得更好。

首先，奶奶要了解 0～1 岁宝宝注意力发展的阶段性特点；其次，要明白怎么才能更好地帮助宝宝培养注意力。

◇0～3 个月的无意注意

新生宝宝，思维和行为都是无意识的，对外界的刺激，是那种不自觉的注意，也就是无意注意，而且很容易被声音、颜色、多变的事物所吸引。无意注意的稳定性较差，持续的时间很短。宝宝特别喜欢注意人脸，黑白图案。到两个月，宝宝会对出现条件性的定向反射有明显的注意，例如，对成人的脸和声音，比较注意。到三个月，随着手脚动作的发展，对自己身体逐渐有了控制，宝宝注意到了自己的双手，并产生了极大的玩弄自己小手的兴趣。渐渐地，宝宝对周围的环境和许多事物，产生了浓厚的兴趣，注意的范围也随之越来越大。

此时宝宝的注意，即便是无意注意，也有注意的偏好，奶奶要“投其所好”。当有发亮的物体或色彩鲜艳的物体，出现在宝宝的视野内，他就会发出喜悦的声音或睁眼注视。宝宝还具有选择性注意的特点。比如，与直线相比，宝宝更喜欢关注曲线；与不规则图形相比，宝宝更喜欢关注规则图形；与密度小的图形相比，宝宝更喜欢关注轮廓密度大的图形；与无中心的图案相比，宝宝更喜欢关注有同一中心的图案；与不对称的物体相比，宝宝更喜欢关注对称的物体。奶奶尽量挑选宝宝更感兴趣的图片给宝宝吧。

宝宝一般注意时长为 3～4 秒，如果能到 6～7 秒，注意力是比较优秀的。如果能到 10 秒，是非常好的了。

◇有意注意的特点和时长

宝宝有意注意的形成大致要经历三个阶段。0～1 岁的宝宝会经历第一和第二阶段。8 个月左右宝宝开始经历有意注意的第一阶段：由成人的言语指令引起和调节。比如，奶奶问宝宝大气球在哪儿啊，宝宝会去寻找并用手指认。这时的注意具有找气球的目的性，宝宝在经历第一阶段的有意注意了。

当宝宝虽然不会说话，但有了一定的语言理解能力和喃喃自语的表现时，宝宝开始进入了通过自言自语进行自我控制和调节的第二阶段的有意注意。比如，奶奶给宝宝喜欢的娃娃玩具，宝宝会自己玩一些时间，并且在玩的投入中，会自觉地自言自语，说着谁也听不懂的话，与娃娃“交谈”，使注意集中在自己的工作上。这是宝宝第二阶段的有意注意。

产生了有意注意的宝宝，探索的兴趣日日见长，对外部世界更加好奇，探索和学习的驱动力更加活跃。宝宝双手触摸和抓取的技能，也开始比较精细和稳定了。随着对物体的观察和操作能力的发展，宝宝注意力的质量也得到了提高。由于前几个月记忆和学习的效果，这时宝宝对世界的体验，已有了一定的知识和经验。宝宝的注意，开始受到经验的影响和制约，尤其在社会性领域，这一点更加突出。

此时的宝宝视觉注意能力发展大致有六个特点：

- 注视后，辨别差异的能力和转换注意的能力增强。
- 探索活动更加积极主动，偏爱复杂和有意义的视察对象。
- 看得见的和可操作的物体，更能引起宝宝比较长的注意和兴趣。
- 喜欢注意颜色鲜艳的图片，喜欢注视妈妈和奶奶，或自己喜欢的食物和玩具。
- 比较注视数量多而小的物体，对更复杂、更细致的物体会保持较长的注意时间。
- 开始有了立体感，眼睛和双手还可以相互协调做一些简单的动作，注意的范围扩大了。

宝宝集中注意力一般能到 15 秒左右。

◇选择性注意

随着宝宝的成长,对新鲜事物的关注、好奇和兴趣日益增强,引发了宝宝更多的探索性行为和选择性注意。宝宝的注意不再像6个月以前那样,基本上只表现在视觉方面,而是以更复杂的形式表现出来。比如,宝宝会选择性够物,选择性抓握,选择性吸吮,选择性亲亲,等等。

宝宝的选择性注意,越来越受知识与经验的支配。例如,宝宝对熟悉的面孔微笑,对陌生的面孔焦虑,就是由经验和社会性认识控制的注意现象。宝宝从能坐会爬,到周岁时,能站会走,注意有了更多的色彩感和空间感。宝宝会用更长的时间去注视和探索事物,进行社会交往,获得新的信息,拓展自己的注意兴趣。

宝宝能集中注意力的时间,一般有2～4分钟。

宝宝的注意是受好奇心左右的。好奇心是人类认识事物,探索世界的原动力,宝宝亦如此。宝宝所具有的天然的、自发的好奇心尤其珍贵,它对宝宝认识世界,学习知识具有非常重要的帮助,需要被呵护被培育。宝宝的兴趣是宝宝最好的老师,如果宝宝对某些事物不感兴趣的时候,他大脑的对外接收器是关闭的,无论怎么引导,几乎都徒劳。

所以,奶奶要“顺时而为”。宝宝的注意力是有一定的时间性的,不可强求宝宝超时关注于某件事情上,否则,会适得其反。二要“顺孙而为”,尊重和顺从宝宝的好奇心和兴趣,不能因为奶奶觉得关注这个东西重要,而“诱逼”宝宝去注意他不感兴趣的东西,否则,会破坏宝宝的好奇心和关注力。

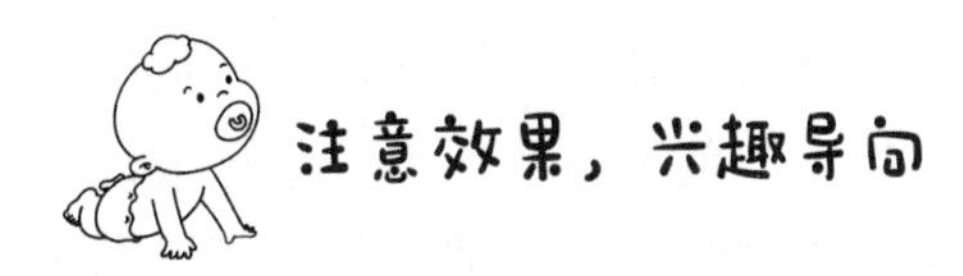

◇新生儿不用刻意训练

新生儿具有本能的无意注意。只要对这种本能不要压抑,不要忽略,就能保护宝宝的无意注意,慢慢地向有意注意发展。现在,奶奶虽然不用对宝宝进行专门的注意力培养,但可以把自己有意识地刺激宝宝注意的动作,分解到每一个与宝宝交流的活动中,渗透到日常养育的点点滴滴中,就能吸引和培养宝宝的无意注意向有意注意发展。

比如,对新生儿来说,父母的脸,奶奶的脸就是最自然和谐的刺激物,极容易得到新生儿的喜欢和注意,可以有意识地多在宝宝面前"露露脸"。此外,满足新生儿机体需要的食物和用品,如牛奶、奶瓶、水杯、小调羹等,也能引起宝宝的注意,用它们来培养宝宝的注意力,既简单又方便。

如果来个"瓶杯勺"交响乐,伴有表情,语言动作,那更是引发宝宝的最佳"注意大餐"哦!奶奶还可以有意识地,在距离宝宝眼睛 20～25 厘米处,拿宝宝喜欢看的图形、玩具或者黑白卡片,慢慢移动,视觉产生刺激,刺激会更好地吸引宝宝的注意。

◇消除分散注意力的因素

- 不愉快的刺激。如果宝宝身体不适,就容易被来自体内外的各种不良刺激所折磨,比如说瘙痒、疼痛、饥饿、冷热等不愉快的刺激。宝宝的注意力容易集中在某个不愉快的刺激上,也就无法直接地注意和感受外部世界。
- 不合适的环境。宝宝玩耍的环境也会影响到宝宝的注意力。如果宝宝身边的环境,过于混乱,太多刺激,不利于宝宝的注意力。如果宝宝周边的环境,奶奶认为有潜在的危险因素,不管宝宝在探索什么,总是不断提醒宝宝,这个不行,那个不可以,宝宝的注意力也就被经常打断。
- 不恰当的距离。选择有效的刺激距离给予宝宝。刺激物离宝宝的距离要控制在宝宝视力范围内。从视觉注意来说,合适距离能够让宝宝的视野更多地被刺激物填充,视觉干扰会大大减少,能增强注意的稳定性。科学研究发现,新生儿宝宝,比较合适的距离是 20 厘米左右。

因此,奶奶要尽量消除分散宝宝注意力的因素,时刻观察宝宝,及时缓解或消除宝宝身体的不舒服;给宝宝一个温馨,安全,有吸引力的环境,根据宝宝视觉的生理特点,给予宝宝合理适宜的刺激。

◇提供合适的刺激物

宝宝喜欢的刺激物，会因个体的不同而不尽相同。每个宝宝在0～12个月期间，成长快变化大，日新月异，不同的月龄期也会喜欢不同的刺激物。奶奶要根据宝宝的个性和喜好，提供不同的合适的刺激物，培育宝宝的注意力。

宝宝喜欢：

- 有差异性的刺激物。要选择颜色鲜艳，色块足够大，容易和其他物品区别的刺激物来吸引宝宝的注意。这样，刺激物的差异性才容易被宝宝识别出来。奶奶可引导宝宝注意观察在差异中和变化中的刺激物。
- 有和谐性的刺激物。要选择自然和谐的刺激物，以满足宝宝生理心理的需要。自然的就是和谐的，对于宝宝来说，自然中存在的事物是最和谐的事物。比如，形态各异的绿叶，配上五颜六色的花朵，美得多和谐哦！奶奶要多带宝宝到大自然中去，享受万千世界赠与的丰富刺激。宝宝会用他的方式观察和了解这美好的世界，并会用各种方法尝试与万物交流。在这个过程中，宝宝的注意力自然就得到了更充分的培养和发展。
- 有动态性的刺激物。动态的物体更能吸引宝宝的注意。比如，飞翔的小鸟，开动的小汽车，河里的鸭子，会摇摆的彩色气球，等等。这些处在动态中的事物，与那些静止的事物相比较，更能吸引宝宝的注意。比如，飞翔中的蝴蝶，比静止的蝴蝶更容易获得宝宝的注意和认知。
- 有互动性的刺激物。与动态的事物相比更能吸引宝宝注意的，是一些可以互动的物体和活动。比如，同宝宝一起玩滚皮球，藏猫猫，找玩具，等等。如果不存在互动，宝宝的注意力会很快转移，而去搜寻一些更特殊的事物。但是一旦存在着互动情况，就会完全不同。宝宝对可以互动的事物或活动兴趣倍增，注意力也会更加持久。因为宝宝更容易接受那些会受到自己活动影响，能够对自己行为产生回应的事物，往往都能够处于注意的焦点。

➢ 有兴趣的刺激物。宝宝来到这个世界，一切事物对他来说都是新奇的，对自己感兴趣的物体特别喜欢研究，注意力会比较稳定和持久。宝宝的注意力大都是在玩耍、游戏、户外活动等感兴趣的事情中培养起来的。宝宝天生就愿意专注地研究一个，哪怕是很简单的玩具或物品。比如，一张纸片，一棵小草，一块丝巾，都能让宝宝玩上好久。

要尊重宝宝自己对刺激物的选择，顺应宝宝的兴趣并善加引导。当宝宝对任何一件事物产生兴趣，进行观察的时候，在保证安全的前提下，奶奶都不要马上制止，而是顺着宝宝。而当宝宝对某件事物不感兴趣时，奶奶不能为了培养宝宝的注意力，拉着宝宝的手，扳过宝宝的头，硬要宝宝看不感兴趣的东西。

这样，不仅培养不了宝宝的注意力，而且会引起宝宝的反感，抵抗，甚至破坏宝宝的内在驱动力。另外，注意力也是一种很疲劳的消耗，要让宝宝有个正常的生活规律，保持身心愉悦，防止宝宝过度专注，产生厌烦和精神疲劳。

在提供宝宝感兴趣的刺激物时，奶奶要注意两点：

一是给宝宝玩具时，不能一下子给好几个，这样容易分散宝宝的注意力。而是给宝宝提供两三个玩具，让他自己选择，更有主动性，更能专注。

二是为宝宝提供安全的，简单开放式的，生动灵活的，信息简单的玩具。要避免给宝宝声光刺激太大的玩具，尽管宝宝喜欢，但会让宝宝的眼睛和耳朵，因为受到过度的刺激，变得容易疲劳，影响宝宝注意力的培养。

◇做一个能适时进退的观察者

在宝宝专注地玩耍时，奶奶千万不能“好心办错事”，急于帮忙纠错。比如，当宝宝一个人在玩积木时，因把小的放底下，大的放上面，积木会经常倒下来。如果奶奶看见了，赶快上去纠错，这样不仅会破坏宝宝的专注力，而且没有给宝宝一个试错的机会。奶奶可以引导纠错，但不能代替。宝宝是在不断试错的过程中成长的。

再比如，当宝宝正在聚精会神地探索一个玩具时，奶奶抱起宝宝就换尿布或喂奶，宝宝会因为奶奶破坏了自己的探索而哭闹，但奶奶不理解，会误认为宝宝脾气不好。当宝宝一门心思地在注视，观察某个事物时，奶奶千万不要打断，给宝宝一个独处的探索时间，这对培养宝宝的专注力非常重要。当然，奶奶在旁边，要确保宝宝的安全。

由于宝宝的大脑发育还不成熟，还难于区分并理解奶奶有意给予的各种刺激。所以，奶奶在宝宝眼前晃动刺激物时，要放慢速度，并要在宝宝的视线中持续一些时间。在宝宝把注意力转移到其他事物之前，最好不要马上将刺激物拿走。同时，在和宝宝说话时，语速一定要缓慢有节奏，语气要温柔而生动，以免引起宝宝的厌倦、急躁和反感。

◇从感官训练，“简单关注”入手

注意力的培养可从感官训练开始，最重要的是视觉注意力和听觉注意力。好的注意力不是天生的，而是需要从小就开始培养和训练的，尤其当宝宝的无意注意向有意注意发展时，感官训练中的视觉注意力和听觉注意力的培养尤为重要。

只要宝宝的视力发育成熟，奶奶就可以根据他的注意指向，比如各种灯，冰箱，电视机，先让宝宝安静地观察一会儿，不要马上打断。然后，等宝宝结束注视后，可告诉宝宝这是什么，长得怎么样，做什么用。如此反复，宝宝就能在一两个月内出现对周围物体的反应。比如，到 6 个月左右的时候，在厨房几个家电面前说冰箱，宝宝的目光会转向冰箱，这就是有意注意的萌芽。

当宝宝稍微大一些，奶奶可以顺应宝宝的兴趣和注意，适时给予正确的引导。比如，当发现宝宝的注意力集中在某件刺激物上，不管宝宝能否听懂，奶奶可用规范而生动的语言，告诉宝宝刺激物的正确名称，训练宝宝的听觉注意力。比如宝宝对马路上开的各种汽车都非常感兴趣，可以观察很长时间。奶奶就需要用规范的语言，告诉宝宝那是大汽车，蓝颜色的，这是小汽车，白颜色的，而不要告诉宝宝这是车车，或者那是嘟嘟。这样才能够帮助宝宝建立正确的概念、规范的语言和敏锐的注意力。

注意力和专注力是一种影响宝宝终身的“智慧之窗”。育儿专家大 J 说，关注包括简单专注、共同专注、沉浸其中、收回专注四个进阶层面。1 岁左右宝宝的专注力，基本上是处于“简单专注”阶段。

在这个阶段，奶奶可以从“简单关注”入手训练。奶奶要重视的是，创造条件为宝宝提供好的关注环境和关注对象；尊重宝宝对关注对象的选择；放手让宝宝在关注时的各种“折腾”，不强制，不干扰，不替代；不管宝宝一个人能玩多久，听绘本能坚持多久，只要宝宝有关注力尝试的表现，都要及时表扬和鼓励；确保宝宝在关注力探索活动中的安全。

当宝宝有了“简单关注”的兴趣和能力后，奶奶也可以给宝宝一点“挑战”，引导和培养宝宝的“共同专注”。比如，当宝宝在开始搭积木时，能专注于如何搭上二块，三块，甚至更多，宝宝此时的关注兴趣，只是简单重复的游戏。如果不加引导，宝宝可以很长时间停留在做简单的重复游戏中。奶奶需要“出手”了。当宝宝微笑着看奶奶，邀请奶奶参与时，奶奶可以在宝宝塔的旁边，再搭几块积木，搭成一座桥，并告诉宝宝，两座塔中架一块长积木，就变成一座桥啦。

然后，奶奶手里拿一个小人，给宝宝一部小汽车，做一个小人过桥的动作，并引导宝宝做一个小汽车过桥的动作，宝宝会非常感兴趣，会兴致勃勃地尝试自己搭桥，产生了一个新的共同关注点，把已有的关注能力再提高扩展。奶奶对宝宝“共同关注”的引导，能训练宝宝延长关注力的时间。

参考文献

[1] 万莹. 隔代教育书[M]. 合肥:安徽人民出版社,2005.
[2] 晏红. 中国儿童情绪管理[M]. 北京:中国妇女出版社,2016.
[3] 王佳. 不能错过的儿童敏感期[M]. 北京:中国华侨出版社,2012.
[4] 孙瑞雪. 捕捉儿童敏感期[M]. 北京:中国妇女出版社,2010.
[5] 李跃儿. 关键期关键帮助[M]. 北京:国际文化出版公司,2015.
[6] 李跃儿. 谁误解了孩子的行为[M]. 南宁:广西科学技术出版社,2008.
[7] 茅红美. 宝宝心语[M]. 上海:上海教育出版社,2017.
[8] 高钰彬. 1—3 岁宝宝早教十大关键[M]. 长春:吉林科学技术出版社,2012.
[9] 林久治. 决定宝宝一生的经典育儿法(0～1 岁)[M]. 广州:广东科技出版社,2016.
[10] 鲍亚范,戴淑凤. 0～3 岁婴幼儿早期教育家长指导手册[M]. 北京:华夏出版社,2013.
[11] 杨霞,叶蓉. 儿童感觉统合训练实用手册[M]. 上海:第二军医大学出版社,2007.
[12] 林馥妍. 引爆宝宝的潜能[M]. 广州:广州出版社,2000.
[13] 陶红亮. 0～1 岁婴幼儿全脑开发[M]. 长春:吉林科学技术出版社,2010.
[14] 林巨. 妈妈,请这样爱我[M]. 南宁:广西科学技术出版社,2013.
[15] 江慧. 我知宝宝心[M]. 济南:山东科学技术出版社,2012.
[16] 姜聚省,刘儒德. 宝宝你在想什么[M]. 北京:北京出版社,2005.
[17] 王如文. 聪明宝宝怎么教怎么养[M]. 上海:上海科学普及出版社,2011.
[18] 高钰彬. 激活宝宝脑潜能的亲子游戏[M]. 长春:吉林科学技术出版社,2010.
[19] 方心晴. 家庭情商课[M]. 昆明:云南人民出版社,2012.

[20] 大J. 跟美国儿科医生学育儿[M]. 昆明:云南人民出版社,2012.
[21] 大J. 跟美国幼儿园老师学早教[M]. 北京:中国妇女出版社,2017.
[22] 冯德全. 0～3岁婴幼儿家长指导手册(0～1岁)[M]. 北京:中国妇女出版社,2007.
[23] 郭念锋. 国家职业资格培训教程:心理咨询师[M]. 北京:民族出版社,2005.
[24] 李玫瑾. 心理抚养[M]. 上海:上海三联书店,2021.
[25] 牛牛爸爸. 读懂婴语:1岁前孩子的行为心理学[M]. 南昌:江西人民出版社,2018.
[26] [美]塔尼娅·奥尔特曼. 美国儿科学会育儿百科[M]. 唐亚,等译. 北京:北京科学技术出版社,2020
[27] [意]玛丽亚·蒙台梭利. 蒙台梭利家庭教育全书[M]. 袁媛,译. 哈尔滨:黑龙江科学技术出版社,2012.
[28] [美]白玛琳,[马来西亚]骆思洁. 真正的蒙氏教育在家庭[M]. 邓峰,译. 北京:中信出版社,2017.
[29] [意]玛丽亚·蒙台梭利,朱永新. 蒙台梭利教育箴言[M]. 北京:中国人民大学出版社,2016.
[30] [美]威廉·西尔斯,[美]玛莎·西尔斯,[美]伊丽莎白·潘特莉. 西尔斯亲密育儿练习手册[M]. 李鑫,译. 北京:九州出版社,2015.
[31] [美]威廉·西尔斯,[美]玛莎·西尔斯. 西尔斯橙色亲子课[M]. 邵艳美,译. 北京:九州出版社,2015.
[32] [美]伯顿·L. 怀特. 从出生到3岁:婴幼儿能力发展与早期教育权威指南[M]. 宋苗,译. 北京:京华出版社,2007.
[33] [美]丹尼尔·西格尔,[美]蒂娜·佩恩·布赖森. 全脑教养法[M]. 周玥,李硕,译. 杭州:浙江人民出版社,2013.
[34] [美]哈韦·卡普. 卡普新生儿安抚法[M]. 陈楠,译. 杭州:浙江人民出版社,2013.
[35] [美]阿黛尔·法伯,[美]伊莱恩·玛兹丽施. 如何说孩子才会听 怎么听孩子才肯说[M]. 安燕玲,译. 北京:中央编译出版社,2007.
[36] [澳]安德鲁·弗勒. 家有顽童[M]. 夏欣茁,译. 海口:南方出版

社,2011.
[37] [美]约翰・戈特曼. 培养高情商的孩子[M]. 付瑞娟,译. 杭州:浙江人民出版社,2014.
[38] [美]伊莱恩・阿伦. 发掘敏感孩子的力量:献给敏感的孩子及其父母[M]. 翟青,译. 北京:华夏出版社,2015.
[39] [美]路易丝・埃姆斯,[美]弗兰西斯・伊尔克,[美]卡罗尔・哈柏. 你的1岁孩子[M]. 崔运帷,译. 南昌:江西科学技术出版社,2012.
[40] [日]小西行郎. 婴儿行为心理:0～1岁[M]. 解礼业,译. 北京:国际文化出版公司,2019.
[41] [美]朱迪・赫尔,[美]特丽・斯文. 美国早教创意课程(0～1岁)[M]. 李颖妮,译. 上海:华东师范大学出版社,2014.

后 记

关于隔代家长如何帮助子女培育 0～1 岁宝宝的问题，是个涵盖面很广、涉及面很多的问题，也是个见仁见智的问题。有六点想要补充说一下：

(1)本书只是一本学习心得总结，虽然在考少儿心理咨询师时，学习过一些理论知识和案例，但学得有限。书中难免挂一漏百，甚至偏颇有错，请大家指教。作为隔代家长，本心是与同辈人分享，或许能给大家一点点启发，在帮助培育子孙的路上，共同进步。

(2)每个宝宝尽管气质个性不尽相同，但都是上天赠予我们的“稀世珍宝”，都需要我们按照宝宝的自身规律培育。宝宝每个月的各项能力发展，会有快有慢，有好有差，千万不能着急，千万不要一味地与其他宝宝做比较。保持平常心，不入竞争流。如果发现宝宝有发育异常的预示警号，一定要及时与子女交流沟通。

(3)宝宝每个月的能力发展、成长自测和警示，是依据国内外一些机构和专家们的观点和论述进行了综合归纳。宝宝的发育成长是有一定规律的，既有连续性，又有阶段性，更有明显的个体性。对于每一个宝宝来说，这些自测只是参考，不是唯一标准。

(4)我们隔代家长要铭记于心的是，在帮助子女培育孙辈的路上，我们永远是配角，不是主角；我们永远是绿叶，不是红花。要有界线感，底线感。为了表述简单点，书中运用了“奶奶”的称呼代表了四位长辈。

(5)在帮助子女培育第三代问题上，能帮则好，心有余而力不足，不帮亦无错。隔代家长只能是尽力而为，不能勉为其难。飞机上有一条安全知识是，需要时，先要把自己的氧气罩戴上，再帮他人戴。隔代家长首先要把自身搞得强强的，妥妥的，才能更好地发挥我们的优势。

(6)本书没有包括宝宝食物营养等方面的内容，不是这些内容不重要，而是很重要。只是由于篇幅有限，忍痛割爱了。

我非常感谢我的孙子。与宝宝生动有趣的沟通交流，给了我很多的灵感和启发,让我的许多想法有了佐证和提升。

我要衷心感谢我的先生、儿子和媳妇,尤其是我媳妇的鼓励和帮助,本书才得以完成。

我还要衷心感谢上海交通大学出版社的提文静老师,她为本书的修改和编辑倾注了大量的心血,本书才得以顺利出版。